高等学校"十三五"规划教材

分析化学实验

陈伟　汤胜　喻德忠　主编

化学工业出版社

·北京·

内 容 提 要

《分析化学实验》包含分析化学实验基础知识、定量分析仪器和基本操作、基础实验、选做实验、综合性实验等部分，其中基础实验选择了13个化学分析实验、15个仪器分析实验，安排了9个选做实验，并精选了18个综合性实验。本书的内容安排有助于对分析方法的原理及相关理论的理解，培养良好的实验素养及解决实际问题的能力，增强创新意识。

《分析化学实验》可作为化学、应用化学、化工、生物、环境、材料、食品和制药等专业的教材，也可供相关人员参考使用。

图书在版编目（CIP）数据

分析化学实验/陈伟，汤胜，喻德忠主编．—北京：化学工业出版社，2020.10
高等学校“十三五”规划教材
ISBN 978-7-122-37438-7

Ⅰ.①分…　Ⅱ.①陈…②汤…③喻…　Ⅲ.①分析化学-化学实验-高等学校-教材　Ⅳ.①O652.1

中国版本图书馆CIP数据核字（2020）第133233号

责任编辑：宋林青　甘九林　　　文字编辑：刘志茹
责任校对：张雨彤　　　装帧设计：刘丽华

出版发行：化学工业出版社（北京市东城区青年湖南街13号　邮政编码100011）
印　　刷：北京京华铭诚工贸有限公司
装　　订：三河市振勇印装有限公司
787mm×1092mm　1/16　印张12　字数324千字　　2020年10月北京第1版第1次印刷

购书咨询：010-64518888　　　售后服务：010-64518899
网　　址：http://www.cip.com.cn
凡购买本书，如有缺损质量问题，本社销售中心负责调换。

定　　价：32.00元

前言

分析化学实验是化学、化工、环境、生物、制药及药物制剂等相关专业的重要基础课程之一，通过该课程的学习，不仅可以使学生学习并掌握化学分析和仪器分析的基本知识、基本操作技能和典型的分析测定方法等，加深对分析方法的原理及相关理论的理解，而且可以增强学生对“量”的概念的认识，培养严谨的科学作风、良好的实验素养及解决化学分析实际问题的能力，增强创新意识。

为了推进一流专业和一流课程建设，我们融合了我校的《仪器分析实验》教材，编写了这本《分析化学实验》，可同时满足学生对化学分析实验和仪器分析实验的要求。编写时侧重如下几方面工作：1. 为了满足各专业人才培养方案修订的需要，增加了化学分析的实验内容，删减了仪器分析实验中部分过时的内容，更新了仪器操作方法；2. 为使实验内容有更大的选择余地，增加了一些新实验；3. 考虑到学生的实验记录不太规范的事实，在每个实验后都增加了相应的数据参考记录表格；4. 内容设置上依据我校环境与化工清洁生产中心的“环化结合”建设思路，加强了环境监测、食品检验等方面的实验；5. 本书中删去了原有的“计算机在分析化学实验中的应用”部分。教材编写过程中汲取兄弟院校的教学经验和参考已出版的分析化学实验教材，结合本校现有实验室条件整理而成。为了适应不同专业、不同层次的教学要求，在编写过程中，编者遵循“基础性、先进性、适应性和实用性”的原则，对实验原理部分力图做到阐述清晰，对实验步骤和注意事项力图做到叙述详细，以便读者预习和独立完成实验。

《分析化学实验》一书注重理论与实践相结合，在强化基础训练的同时，拓展了学生综合能力的培养，按照规范化操作训练、基础实验、综合性实验三个层次划分所选内容，不仅夯实学生的基本理论、实验技能，而且引导学生全面掌握分析化学实验流程，提升学生综合素质；此外，实验内容还引入了部分教师的科研成果，这有助于培养学生的创新能力，建立科学研究思维，养成一定的独立从事科学研究的习惯。

本书包含分析化学实验基础知识、定量分析仪器和基本操作、基础实验、选做实验、综合性实验等部分。其中基础实验选择了13个化学分析实验、15个仪器分析实验，安排了9个选做实验，并精选了18个综合性实验。本书可作为化学、应用化学、化工、生物、材料、食品、制药、制剂、环境工程和环境科学等专业的教材，也可供相关人员参考使用。

参加本书编写的人员有陈伟（第1章，实验39～41，43～47，50，53～55，实验21～23，29～34，36），汤胜（第2章除2.1.4部分），喻德忠（实验1～12，38，48～49），郑石（实验13～15，2.1.4和附录），万其进（实验16～20，35，42），张越非（实验24～28，

37，52）和余军霞（实验 51）。此外，陈伟还绘制了本书的大部分插图。全书由陈伟、汤胜和喻德忠统稿，万其进教授仔细审阅了全文，并提出了许多宝贵的意见和建议，使本书质量有了明显提高。本教材的出版得到化学工业出版社的大力支持，在此表示诚挚的谢忱。

限于编者的水平，本书难免存在不足之处，请读者批评指正。

编者

2020 年 3 月于武汉

目录

第5章 综合性实验 134

附 录 172

参考文献 184

第1章 分析化学实验基础知识

1.1 分析化学实验安全知识

在分析化学实验中，经常使用腐蚀性的、易燃的、易爆炸的或有毒的化学试剂，大量使用易损的玻璃仪器和某些精密分析仪器及水、电、气等。分析化学实验安全包括人身安全和仪器设备安全，主要应预防由化学药品引起的中毒，实验操作过程中发生的烫伤、割伤和腐蚀等，因高压电源、高压气体、燃气、易燃易爆化学品等产生的火灾、爆炸事故，自来水泄漏事故以及大型仪器引起的安全事故等。为确保人身安全，实验室、仪器和设备的安全，以及环境不受污染，必须严格遵守实验室安全规则。

1.1.1 实验室安全规则

凡在实验室工作的所有人员，必须了解实验室基本情况，掌握实验室有关安全知识，懂得应急措施等。

① 必须具备严谨的态度、良好的习惯和安全责任意识，遵守实验室安全的有关规定。

② 了解所用化学品的安全技术说明书（即MSDS)，做好风险评估，遵守操作规程，熟悉应急预案。了解实验室潜在危险以及可能出现的最严重的安全问题。

③ 参加有关部门组织的实验室安全教育及培训，掌握灭火器、消防设备的使用方法和设置地点。

④ 进入实验室前，应先熟悉实验室的安全防护要求、实验室常用灭火知识及工具、实验室所在楼层消防设备、逃生通道及疏散路线，必须熟悉实验室及其周围环境和水闸、电闸、灭火器的位置。

⑤ 进入实验室要穿实验服，根据需求穿戴防护镜、手套等；禁止穿短裤、裙子、3cm以上高跟鞋及拖鞋（实验室特殊要求换穿拖鞋除外）进入实验室。

⑥ 禁止在实验室吸烟、进食、使用燃烧型蚊香、睡觉等与实验无关的活动，禁止将废弃试剂、药品及浓酸、浓碱、易燃、易爆、有毒物品倒入下水道及垃圾道。

⑦ 不得随意离开正在运行的仪器装置和正在操作的化学反应，不得单独进行危险实验。

⑧ 实验完毕后，将玻璃容器洗净，公用设备放回原处，把实验台和药品架整理干净，清扫实验室。保持实验室整洁有序、清洁卫生，及时清理废旧物品，保证通道通畅，便于实

验室人员进出及紧急情况下逃生。

⑨ 使用电器时，要谨防触电，不要用湿的手、物去接触电源插座。实验完毕后及时拔下插座，切断电源。

⑩ 离开实验室前，应检查水、电、气、门、窗等是否关闭。

1.1.2 化学实验室的安全知识

在分析化学实验中，会使用水、电、煤气和易损的玻璃仪器，并常碰到一些有毒的、有腐蚀性的或者易燃、易爆的物质。由于不正确或不经心的操作，以及忽视操作中必须注意的事项往往有可能造成着火、爆炸和其它事故发生。因此重视安全操作，熟悉一般的安全知识是非常必要的。而且注意安全是每个人的责任，发生事故不仅损害个人健康，还会危害到他人，使国家财产受到损失，影响工作的正常进行。所以我们必须从思想上重视安全，绝不要麻痹大意，但也不能盲目害怕而缩手缩脚不敢做实验。

安全措施是为了保护实验的顺利进行，而绝不是实验的障碍。为此必须熟悉和注意以下几点。

(1) 常用化学分析室安全知识

① 易挥发的有毒或强腐蚀性的液体和有恶臭的气体，要在通风橱中操作（如常用的盐酸、氨水等挥发性试剂）。

② 为了防止试剂腐蚀皮肤或进入体内，不能用手直接拿取试剂，要用药勺或指定的容器取用。使用浓酸、浓碱及其它具有强烈腐蚀性的试剂时，操作要小心，防止腐蚀皮肤和衣物等。浓酸、浓碱如果溅到身上应立即用水冲洗，洒到实验台上或地面上时要立即用水冲稀后擦掉。取用一些强腐蚀性的试剂，如氢氟酸、溴水等，必须戴上橡皮手套。

③ 不允许将各种化学药品任意混合，以免引起意外事故，自行设计的实验必须和指导教师讨论，征得同意后方可进行。

④ 对易燃物（如酒精、丙酮、乙醚等）、易爆物（如氯酸钾），使用时要远离火源，敞口操作如有挥发时应在通风橱中进行。试剂用后要随手盖紧瓶塞，置阴凉处存放。低沸点、低闪点的有机溶剂不得在明火或电炉上直接加热，而应在水浴、油浴或可调电压的电热套中加热，用完后应及时加盖存放在阴凉、通风处。

⑤ 热、浓的高氯酸遇有机物易发生爆炸，如果试样为有机物时，应先用浓硝酸加热，破坏有机物后，再加入高氯酸。蒸发高氯酸所产生的烟雾易在通风橱中凝聚，所以经常使用高氯酸的通风橱应定期用水冲洗，以免高氯酸的凝聚物与尘埃、有机物作用，引起燃烧或爆炸，造成事故。

⑥ 汞盐、砷化物、氰化物等剧毒物品，使用时应特别小心。氰化物不能接触酸，因作用时产生氰化氢（剧毒!）。氰化物废液应倒入碱性亚铁盐溶液中，使其转化为亚铁氰化铁盐类，然后作废液处理。严禁直接倒入下水道或废液缸中。用过的废物不可乱扔、乱倒，应回收或进行特殊处理。不可将化学试剂带出实验室。

⑦ 酸、碱是实验室常用试剂，浓酸碱具有强烈的腐蚀性，应小心使用，避免洒在衣服或皮肤上。所用玻璃器皿不要甩干。在倾注或加热时，不要俯视容器，以防溅在脸上或皮肤上。实验用过的废酸应倒入指定的废酸缸中。

⑧ 要特别注意煤气或天然气的正确使用，严防泄漏！在用煤气或天然气灯加热过程中，火源要与其它物品保持适当距离，人不得较长时间离开，以免熄火漏气。用完煤气或天然气

灯要切实关闭燃气管道上的小阀门，离开实验室前还要再查看一遍，以确保安全。用完煤气后，或遇煤气临时中断供应时，应把煤气阀门关好，如遇漏气时，应停止实验，进行检查。

⑨ 实验过程中万一着火，不要惊慌，应尽快切断电源或燃气源，用石棉布或湿抹布熄灭（盖住）火焰。密度小于水的非水溶性有机溶剂着火时，不可用水浇，以防止火势蔓延。电器着火时，不可用水冲，以防触电，应使用干冰或干粉灭火器。着火范围较大时，应尽快用灭火器扑灭，并根据火情决定是否进行报警。

⑩ 使用汞时应避免泼洒在实验台或地面上，使用后的汞应收集在专用的回收容器中，切不可倒入下水道或污物箱内，万一发现少量汞洒落，应尽量收集干净，然后在可能洒落的地方洒上一些硫黄粉，最后清扫干净，并集中作固体废物处理。

⑪ 开启易挥发的试剂瓶时，尤其在夏季，不可使瓶口对着自己或他人脸部，以防万一有大量气液冲出时，造成严重烧伤。

⑫ 如果发生烫伤或割伤，可先用实验室的小药箱进行简单处理，然后尽快去医院进行医治。

(2) 常用分析仪器使用安全知识

① 气相色谱、高效液相色谱、红外光谱仪、核磁共振仪、质谱及联用仪（如液质联用、气质联用等）等大型精密分析仪器使用前应掌握其操作程序，规范操作，并在操作中采取必要的防护措施。

② 大型仪器必要时配备稳压电源、UPS不间断电源。部分仪器有120V和220V电路切换开关，严禁私自切换。

③ 分析设备使用完毕需及时清理，做好使用记录和维护工作。

④ 气相色谱使用气体钢瓶供气时，应遵循有关高压气体钢瓶的安全使用规范。

钢瓶应存放在阴凉、干燥、远离热源的地方；气体钢瓶须直立放置，妥善固定，并做好气体钢瓶和气体管路标识；可燃性气瓶应与氧气瓶分开存放，氢气瓶应放在远离实验室的专用小屋内，用铜管将氢气引入实验室；在钢瓶上装上配套的减压阀；不可把气瓶内气体用光，一般应保持0.5MPa表压以上的残留压力，以防重新充气时发生危险；严禁敲击、碰撞气体钢瓶；移动气体钢瓶最好用特制的担架或小推车，切勿拖拉、滚动或滑动气体钢瓶；钢瓶须定期送交检验，一般气瓶每三年检查一次，装腐蚀性气体的钢瓶每两年检查一次。

⑤ 使用易燃性高压气体钢瓶时，要严格按操作规程进行操作。例如在原子吸收光谱实验室中所用的各种火焰，其点燃与熄灭的原则是：点燃时先开助燃气，后开燃气；熄灭时先关燃气，后关助燃气（即燃气按“迟到早退”的原则开启和关闭）。乙炔钢瓶应存放在远离明火，通风良好，温度低于35℃的地方。钢瓶在更换前仍应保持一部分压力。使用前后应检查气体或液体管路、接头是否严密，防止渗漏。

⑥ 马弗炉、电烤箱、干燥箱（烘箱）等高温（加热）仪器设备使用时需放置在阻燃的、稳固的实验台上或地面上，不得在其周围堆放易燃易爆物或杂物。禁止用电热设备烘烤溶剂、油品、塑料筐等易燃、可燃挥发物。高温马弗炉使用结束后不能立即打开炉门，应该缓慢冷却后再打开，以免造成马弗炉炸膛、玻璃器皿骤冷而炸裂等现象的发生。如发现干燥箱冒烟，应立即切断电源，拔下电源插头。不要立即打开烘箱门，避免因氧气进入出现明火，应等温度降下后再开门清理。

⑦ 高速离心机必须安放在平稳、坚固的台面上。不得随意拆卸离心机部件，启动之前要扣紧盖子。离心管安放要间隔均匀，确保平衡，防止运转时因不平衡或试管垫老化产生移

动，造成事故。分离结束后，先关闭离心机，在离心机停止转动后，方可打开离心机盖，取出样品，不可用外力强制其停止运动。

1.1.3 实验室中意外事故的急救处理

(1) 实验室常备医药箱

医用酒精、碘酒、红药水、紫药水、止血粉、创可贴、烫伤油膏（或万花油）、1%硼酸溶液或2%醋酸溶液、1%碳酸氢钠溶液、20%硫代硫酸钠溶液等。

医用镊子、剪刀、纱布、药棉、绷带等。

(2) 化学灼伤及外伤的急救处理

① 眼睛灼伤或掉进异物，打开专用洗眼水龙头，立即用大量水彻底冲洗，急救后立即送往医院检查治疗。

② 皮肤灼伤

a. 酸灼伤：先用大量水冲洗，以免皮肤深度受伤，再用稀 $NaHCO_3$ 溶液或稀氨水浸洗，最后用水洗。如受氢氟酸腐伤，应迅速用水冲洗，再用5%苏打水溶液冲洗，然后浸泡在冰冷的饱和硫酸镁溶液中 30min，最后敷上硫酸镁（26%）、氧化镁（6%）、甘油（18%）、水和盐酸普鲁卡因（1.2%）配成的药膏（或甘油和氧化镁2∶1悬浮剂涂抹，用消毒纱布包扎），伤势严重时，应立即送医院急救。

b. 碱灼伤：先用大量水冲洗，再用1% 硼酸或2% HAc溶液浸洗，最后用水洗。当碱液溅入眼内时，除用大量水冲洗外，再用饱和硼酸溶液冲洗，最后滴入蓖麻油。

c. 溴灼伤：被溴灼伤后的伤口一般不易愈合，必须严加防范。当溴液沾到皮肤上，立即用 $Na_2S_2O_3$ 溶液冲洗，再用大量水冲洗干净，包上消毒纱布后就医。吸入溴、氯等有毒气体，可吸入少量酒精和乙醚的混合蒸气以解毒，同时应到室外呼吸新鲜空气。

d. 烫伤：一旦被火焰、蒸汽、红热的玻璃、铁器等烫伤时，立即将伤处用大量水冲淋或浸泡，可在伤处涂些烫伤膏或万花油后包扎送医院治疗。处理时，应尽可能保持水疱皮的完整性，不要撕去受损的皮肤，切勿涂抹有色药物或其它物质（如红汞、龙胆紫、酱油、牙膏等），以免影响对创面深度的判断和处理。

e. 割伤（玻璃或铁器刺伤等）：先取出伤口处的玻璃碎屑等异物，如轻伤可用生理盐水或硼酸溶液擦洗伤处，涂上紫药水（或红汞水），必要时撒些消炎粉，用绷带包扎。伤势较重时，则先用酒精在伤口周围擦洗消毒，再用纱布按住伤口压迫止血，立即送医院治疗。

(3) 常见化学试剂中毒的应急处理

实验中若感觉咽喉灼痛、嘴唇脱色或发绀，胃部痉挛或恶心呕吐、心悸头痛等症状时，则可能系中毒所致。视中毒原因施以不同急救后，立即送医院治疗。

强碱中毒的应急处理方法：立即饮服 500mL 食用醋稀释液（1份醋加4份水）或鲜橘子汁将其稀释，再服食橄榄油、蛋清、牛奶等。同时迅速送医院治疗。急救时，不要随意催吐、洗胃。

强酸中毒的应急处理方法：立刻饮服 200mL 0.17%氢氧化钙溶液、或 200mL 氧化镁悬浮液、或 60mL 3%～4%的氢氧化铝凝胶、或者牛奶、植物油及水等，迅速稀释毒物；再服食10多个打溶的蛋液作缓和剂。同时迅速送医院治疗。急救时，不要随意催吐、洗胃。因碳酸钠或碳酸氢钠溶液遇酸会产生大量二氧化碳，故不要服用。

有机磷中毒的应急处理方法：一般可用1%食盐水或1%～2%碳酸氢钠溶液洗胃，或用催吐剂催吐等方法将其除去，同时迅速送医院治疗。沾在皮肤、头发或指甲等地方的有机磷，要彻底把它洗去。

有机氯中毒的应急处理方法：应立即催吐、洗胃，可用1%～5%碳酸氢钠溶液或温水洗胃，随后灌入60mL 50%硫酸镁溶液；禁用油类泻剂。同时迅速送医院治疗。

重金属盐中毒的应急处理方法：硫酸铜中毒后，将0.3～1.0g亚铁氰化钾溶解于一杯水中饮服。也可饮服适量肥皂水或碳酸钠溶液。硝酸银中毒后，将3～4茶匙食盐溶解于一杯水中饮服。然后，服用催吐剂，接着用大量水吞服30g硫酸镁泻药。钡盐中毒后，将30g硫酸钠溶解于200mL水中饮服或洗胃。铅中毒后，饮服10%的右旋糖酐水溶液（按每千克体重10～20mL计）或静脉注射20%的甘露醇水溶液，至每千克体重达10mL为止。汞中毒后，先饮食脱脂牛奶以缓解胃的吸收，然后，立刻饮服二巯丙醇溶液及30g硫酸钠溶于200mL水制成的泻剂。砷中毒后，使患者立刻呕吐，然后，饮食500mL牛奶，再用温水洗胃。

吸入有毒气体的应急处理方法：吸入有毒气体或有毒物质的蒸气中毒后，立即转移至室外，解开衣领和纽扣，呼吸新鲜空气。对休克者应施以人工呼吸，立即送医院急救。

部分有机试剂中毒应急处理方法：误食有机试剂，如醛酮、胺类、酚类、烃类后立刻饮食大量水或牛奶，以减少胃对毒品的吸收，接着用洗胃或催吐等方法，使吞食的毒品排出体外，然后服下泻药。误服甲醇后，用1%～2%的碳酸氢钠溶液洗胃。为了防止酸中毒，每隔2～3h，吞服5～15g碳酸氢钠。同时为了阻止甲醇的代谢，在3～4日内，每隔2h，以平均每千克体重0.5mL的数量，饮50度以上的白酒。

1.1.4 实验室三废处理

实验室所用化学药品种类多、毒性大、三废成分复杂，应分别进行预处理再排放或进行无害化处理。

(1) 实验室废水处理

① 稀废水处理用活性炭吸附，工艺简单，操作简便，对稀废水中苯、苯酚、铬、汞均有较高的去除率。

② 浓有机废水主要进行有机溶剂收集、焚烧法无害处理，可建焚烧炉，集中收集，定期处理。

③ 浓无机废水以重金属酸性废水为主，处理方法如下。

a. 水泥固化法　先用石灰或废碱液中和至碱性，再投入适量水泥将其固化。

b. 铁屑还原法　含汞、铬酸性废水，加铁屑还原处理后，再加石灰乳中和。也可投放$FeSO_4$沉淀处理。

c. 粉煤灰吸附法　粉煤灰包含SiO_2、Al_2O_3、CaO、Fe_2O_3等，属多孔蜂窝状组织，具有较强的吸附性能。当pH 4～7时，Hg^{2+}、Pb^{2+}、Cu^{2+}、Ni^{2+}去除率达30%～90%。

d. 絮凝剂絮凝沉降法　聚铝、聚铁絮凝剂能有效去除Hg^{2+}、Cd^{2+}、Co^{2+}、Ni^{2+}等。

e. 硫化剂沉淀法　Na_2S、FeS使重金属离子呈硫化物沉淀析出而除去。

f. 表面活性剂气浮法　常用月桂酸钠，使重金属沉淀物具有疏水性上浮而除去。

g. 离子交换法　是处理重金属废水的一种重要方法。

h. 吸附法　活性炭价格高，利用天然资源硅藻土、褐煤、风化煤、膨润土、黏土制备吸附剂，物美价廉，适用于处理低浓度重金属废水。

i. 溶剂萃取法　常用磷酸三丁酯、三辛胺、油酸、亚油酸、伯胺等，操作简便。萃取剂磷酸三丁酯可脱除高浓度酚，含酚废水多采用此法处理。聚氨酯泡沫塑料吸附法处理高浓度含酚废水，去除率达 99%。表面活性剂 Span-80 对酚去除率也可达 99%。

④ 废酸废碱液采用中和法处理后排放。

(2) 实验室废气处理

化学反应产生的废气应在排风机排入大气前做简单处理，如用 NaOH、$NH_3 \cdot H_2O$、Na_2CO_3、消石灰乳吸附 H_2S、SO_3、HF、Cl_2 等，也可用活性炭、分子筛、碱石棉吸附或吸附剂负载硅胶、聚丙烯纤维吸附酸性、腐蚀性、有毒气体。

(3) 实验室废渣处理

一般是化学处理，变废为宝。如从烧碱渣制取水玻璃，盐泥制取纯碱、氯化铵，也可用蒸馏、抽提方法回收有用物质。对废渣无害化处理后，定期填埋或焚烧。

1.2 分析化学实验基本要求

1.2.1 分析化学实验目的

分析化学实验与分析化学理论课联系密切，是化学及其相关专业学生的基础课程之一。通过本课程的学习，可以掌握分析化学的基本概念、基础知识、基本操作、基本技能、典型的分析方法和实验数据处理方法；确立“量”的概念，掌握影响分析结果的主要因素，合理地选择实验条件和实验仪器，正确处理实验数据，以确保实验结果的可靠性；培养良好的实验习惯、实事求是的科学态度、严谨细致的科学作风；培养良好的环保和公德意识；通过自拟方案实验，培养分析归纳能力、动手能力、理论联系实际的能力、统筹思维能力、团结协作精神、创新精神和独立工作能力。为后续课程的学习和将来的工作打下良好基础。

1.2.2 分析化学实验目标

(1) 知识目标

① 掌握常用玻璃仪器（如滴定管、容量瓶、移液管等）及移液枪等规范操作；

② 掌握滴定分析法和重量分析法的基本原理、基本操作和应用；

③ 掌握实验数据的记录及处理方法，并正确评价实验结果；

④ 确立“量”的概念，掌握影响分析结果的主要因素；

⑤ 掌握色谱法、电化学分析法、光谱分析法常见仪器分析方法的基本原理、基本理论、实验技术和应用条件。

(2) 训练目标

① 能够正确使用滴定管、容量瓶和移液管等常用分析仪器；

② 能够正确选择实验条件和光谱分析、电化学分析及色谱分析实验仪器；

③ 能够正确记录和处理实验数据，并准确表述实验结果；

④ 能够通过查阅相关资料和文献，独立设计实验方案；

⑤ 能够综合应用所学理论知识和实验方法，解决实际问题。

(3) 能力目标

① 具备查找和阅读文献的能力；

② 具备规范使用常用分析仪器的能力；

③ 具备良好的实验习惯、实事求是的科学态度、严谨细致的科学作风；

④ 具备良好的环保意识和公德意识；

⑤ 具备独立设计实验方案、归纳整理实验数据、正确表达和评价实验结果的能力；

⑥ 具备一定的动手能力和解决实际问题的能力；

⑦ 具有良好的团队合作精神与竞争意识。

1.2.3 实验课学生守则

① 实验前认真预习并做好预习报告，经教师检查通过后开始实验。进入实验室后先整理个人实验台，清点、清洗各种玻璃仪器，若发现有仪器破损、短缺应及时报告。

② 实验课不允许迟到、早退，不能随意与其它学生对调实验；有事、有病须与任课教师请假，无故缺席两次者实验成绩不及格。

③ 听从教师指导，严格按照实验规程及仪器使用说明进行操作；实验时精神集中，认真操作，仔细观察实验现象，积极思考，详细如实地做好记录；忌在实验室喧哗、打闹；实验过程中如果实验结果达不到要求，要认真检查原因，必要时实验要重做。

④ 按规定的量取用药品，注意节约使用试剂。取用试剂时，应注意滴管、移液管等不可混用，以免沾污药品和试剂。称取药品后，及时盖好原瓶盖，放在指定地方的药品不得擅自拿走。绝对不允许用手直接接触任何药品。

⑤ 使用精密仪器时，必须严格按照操作规程进行操作，细心谨慎，避免因粗枝大叶而损坏仪器。严格遵守实验室安全守则和仪器操作安全注意事项；爱护仪器，规范操作；实验过程中出现异常情况或遇到问题时不要惊慌，及时告知老师，注意实验安全。

⑥ 实验过程中保持实验室、实验台和实验仪器设备的清洁和整齐；废纸、火柴梗和碎玻璃等应依据实验垃圾分类原则倒入指定垃圾箱内，切勿倒入水槽，以免堵塞水槽；剧毒或腐蚀性废液应倒入指定的废液缸后统一处理，产生有毒气体的实验应在通风橱中进行。

⑦ 爱护公物。节约使用水、电、煤气和药品试剂，公用仪器及药品等应就地使用，用毕立即送回原处。如有仪器破损，应及时报告登记后领取，并按规定赔偿。

⑧ 实验完毕后，清洗所用仪器，整理实验台，擦净台面，经老师检查后方可离开。值日生打扫教室地面、水槽、共用实验台、黑板等，严格检查水、电、煤气及门、窗是否关闭，以确保实验室的整洁和安全。

1.3 实验室用水的规格及制备

实验室用水是实验准确性的基础。分析化学实验用水是分析质量控制的一个因素，影响到空白值及分析方法的检出限，尤其是微量分析对水质有更高的要求。分析者对用水级别、规格应当了解，以便正确选用，并对特殊要求的水质进行特殊处理。

分析化学实验室用于溶解、稀释和配制溶液的水，都必须先经过纯化。分析要求不同，对水质纯度的要求也不同。故应根据不同要求，采用不同纯化方法制得纯水。

1.3.1 实验室用水规格

根据我国实验室用水规格的国家标准 GB/T 6682—2008，分析实验室用水共分为三个级别：一级水、二级水和三级水。三个级别水的规格见表 1-1。

表 1-1 分析实验室用水的级别和主要指标

名称	一级水	二级水	三级水
pH 值范围(25℃)	—	—	5.0～7.5
电导率(25℃)/$mS \cdot m^{-1}$	≤0.01	≤0.10	≤0.50
吸光度(254nm,1cm 光程)	≤0.001	≤0.01	—
蒸发残渣(105℃±2℃)/$mg \cdot L^{-1}$	—	≤1.0	≤2.0
可溶性硅(以 SiO_2 计)/$mg \cdot L^{-1}$	≤0.01	≤0.02	—

注：由于在一级水、二级水的纯度下，难以测定其真实的 pH 值，因此，对一级水、二级水的 pH 值范围不做规定。

一级水用于有严格要求的分析实验。对颗粒有要求的实验，如高效液相色谱（HPLC）、离子色谱（IC）、电感耦合等离子体光谱仪（ICP-AES）、等离子体质谱（ICP-MS）、痕量金属检测和气质联用（GC-MS）等分析用水一般用一级水。

二级水用于无机痕量分析等实验，如原子吸收光谱分析用水。

三级水用于一般化学分析实验。

1.3.2 实验室纯水的制备

天然水中通常含有电解质、有机物、颗粒物、微生物和溶解气体等杂质。不同的纯化方法得到不同的水质。实验室用的纯水一般采用反渗透法、离子交换法、活性炭吸附法、电渗析法、超滤法、紫外线照射法和蒸馏法中的一种或几种组合制备而成。

蒸馏法是一种广泛应用的制水方法。由于杂质中以无机盐类为主的杂质成分具有不挥发的特性，因此可以通过蒸馏的方法去除大部分的杂质。蒸馏法只能除去水中非挥发性的杂质，而溶解在水中的杂质气体（如 CO_2）并不能完全除去，且该法生产纯水的速度较慢，能耗较高，因此，逐渐被反渗透、离子交换等方法所取代。如果对水中总有机碳有严格要求，可以采用紫外线照射法来进行水处理，使用 254nm 波长的紫外线来杀菌可将纯水中的总有机碳浓度降低至 $5\mu g \cdot L^{-1}$以下。

(1) 反渗透法

反渗透（RO）法是一种常见的净水技术。它利用反渗透膜的半渗透性质，水和某些溶剂可透过膜，而其它溶质以及任何颗粒均不能通过，从而把溶液中的溶剂（一般常指水）分离出来。反渗透法的关键是反渗透膜的选择，膜的孔径和种类决定了其除杂效率。

反渗透法能有效滤除水中的无机盐、有机物、悬浮物及部分微生物等杂质。由于过滤的杂质会随着时间在膜表面累积，从而影响制水效率和制水质量，因此在运行一段时间后或长期停机前需要对其膜组件进行清洗；此外，水中溶解的氯及部分有机物会对膜表面有腐蚀作用，需用活性炭对水进行前处理。

反渗透法是可达到 90%～99%杂质去除率中最经济的方法，具有能耗低，运行过程连续稳定、效率高，设备体积小、操作简单，适应性强，对环境不产生污染而逐步取代传统的离子交换工艺。同时，该法也具有易堵塞，净化能力有限的局限性，一般只能获得二级用水。此方法也常与其它方法相结合进行超纯水的进一步制备。

(2) 离子交换法

离子交换法是一种传统的净水方法。离子交换树脂是一系列呈网状结构并带有活性基团的高分子化合物，它由骨架和固定基团及可交换离子组成的活性基团构成。根据离子交换树脂所带活性基团的性质，可分为强酸性阳离子、弱酸性阳离子、强碱性阴离子、弱碱性阴离子、螯合性、两性及氧化还原树脂，其中强酸性树脂应用相对较为广泛。

离子交换树脂制备实验室用水的原理是先用强酸性树脂交换水中的阳离子，再通过强碱性树脂交换水中的阴离子。使用前树脂需要进行酸碱浸泡的预处理工作，随着反应的进行，离子交换树脂反应受到抑制，导致效率逐渐降低，需要对树脂进行再生处理，通过加入相应的再生剂将阴、阳离子置换出来，重复利用。

离子交换树脂法工艺成熟，具有产水成本低、效率稳定的特点，适合企业大批量连续制水。但因为树脂需要不断更换并进行再生处理，操作相对复杂，自动化难度高以及酸碱使用量大。

若将离子交换法与其它方法（例如反渗透法、过滤法和活性炭吸附法）组合应用时，则离子交换法在整个纯化系统中，将扮演非常重要的一个部分。离子交换法能有效地去除离子，却无法有效地去除大部分的有机物或微生物。而微生物可附着在树脂上，并以树脂作为培养基，使得微生物可快速生长并产生热源。因此，需配合其它的纯化方法设计使用。

(3) 活性炭吸附法

活性炭的吸附过程是利用活性炭过滤器的孔隙大小及有机物通过孔隙时的渗透率来达到的。吸附率和有机物的分子量及其分子大小有关，某些颗粒状的活性炭能较有效地去除氯胺。活性炭也能去除水中的自由氯，以保护纯水系统内其它对氧化剂敏感的纯化单元。

在离子交换法中，一些非离子性的物质会被树脂包覆，造成树脂的“污染阻塞”现象，不但会减少树脂的寿命，而且降低其交换能力。为保护离子交换树脂，可将活性炭过滤器安装在离子交换树脂之前，以除去非离子性的有机物。因此，活性炭吸附法通常与其它处理方法组合应用。

(4) 电渗析法

电渗析法（EDI）结合了离子交换树脂和离子选择性通透膜，并结合直流电去除水中的离子化杂质。EDI法克服了离子交换树脂的局限性，特别是离子交换柱耗竭时离子杂质的释放及重填或再生离子交换柱的工作。

EDI技术对输入水质要求较高，进水的电导率、工作电压-电流、浊度及污染指数、硬度、总有机碳（TOC）、铁锰等金属离子、二氧化碳、总阴离子含量等参数均有可能影响其制水效率。其中水质硬度对设备影响极大，部分地区水质硬度过高，长时间使用可能导致膜堆结垢，严重影响设备的使用寿命，需对进水进行预处理才可使用。

电渗析法在超纯水的制备中有广泛应用。

以上几种方法制备纯水原理不同，得到的水质各项指标也不尽相同，因此水质级别也有差异。蒸馏法制得的纯水一般可达到三级水的指标，但不能完全除去水中溶解的气体杂质，适用于一般溶液的配制，二次蒸馏水一般可达到二级水指标。离子交换法得到的水的纯度比蒸馏水纯度高，质量可达到二级水或一级水指标，但对非电解质及胶体物质无效，同时会有微量的有机物从树脂中溶出。根据需要可将去离子水进行重蒸馏，以得到高纯水。一级水可用二级水经过离子交换混合床或石英设备蒸馏处理后，再经0.2μm微孔滤膜过滤来制取。二级水可用多次蒸馏或离子交换等方法制取。三级水可用离子交换或蒸馏等方法制取。

1.3.3 实验室用水的水质检验和注意事项

纯水的检验有物理方法（如测定水的电导率或电阻率）和化学方法两类。检验的项目一般包括：电导率或电阻率、pH值、硅酸盐、氯化物及某些金属离子，如Cu^{2+}、Pb^{2+}、Zn^{2+}、Fe^{3+}、Ca^{2+}、Mg^{2+}等。通常用水的电阻率或电导率来间接表示水的级别标准，常用方法如下。

(1) 电阻率

水的电阻率越高，表示水中的离子越少，水的纯度越高。25℃时，电阻率为10MΩ·cm的水称为纯水；电阻率大于10MΩ·cm的水称为高纯水。高纯水应保存在石英或聚乙烯塑料容器中。

(2) pH值

用酸度计测定与大气相平衡的纯水的pH值，一般应为6.6左右。可采用简易化学方法鉴定。取两支试管，在其中各加水10mL，于甲试管中滴加0.2%甲基红溶液2滴，不得显红色，于乙试管中加0.2%溴百里酚蓝溶液5滴，不得显蓝色。

(3) 硅酸盐

取30mL水于一小烧杯中，加入1：3硝酸溶液5mL、5%钼酸铵溶液5mL，室温下放置5min后，加入10%亚硫酸钠溶液5mL，观察是否出现蓝色。如呈现蓝色，则硅酸盐超标。

(4) 氯化物

取20mL水于试管中，加1滴1：3硝酸溶液酸化，加入0.1mol·L^{-1} AgCl溶液1～2滴，如有白色乳状沉淀，则氯化物超标。

(5) 金属离子

取25mL水，加入0.2%铬黑T指示剂1滴，pH值为10的氨性缓冲溶液5mL，如呈现蓝色，说明Cu^{2+}、Pb^{2+}、Zn^{2+}、Fe^{3+}、Ca^{2+}、Mg^{2+}等阳离子含量甚微，水合格。如呈现紫红色，则说明水不合格。

纯水制备不易，也较难保存。应根据不同情况选用适当级别的纯水，并在保证实验要求的前提下，注意尽量节约用水，养成良好的习惯。

为保持纯水纯净，纯水瓶要随时加塞，专用虹吸管内外均应保持干净。纯水瓶附近不要存放浓盐酸、浓氨水等易挥发试剂，以防污染。用塑料洗瓶取纯水时，不要用手触摸塑料洗瓶内的塑料管，也不要把盛装纯水瓶上的虹吸管插入塑料洗瓶内。

通常普通蒸馏水保存在玻璃容器中，去离子水保存在聚乙烯塑料容器中。用于痕量分析的高纯水，则需要保存在石英或聚乙烯塑料容器中。

一级水（有时也叫超纯水）取水后很容易遭到环境污染，所以使用前取水（即取即用），排掉前端初期水，取水时避免产生气泡。只有把超纯水与环境接触的时间缩到极短，才能够获得纯度极高的超纯水。

在配制高纯度的化学试剂时，尽量不要使用长时间存放的超纯水，因为储水桶经长时间使用后，会因杂质、微生物的污染而造成水质的劣化，在使用时已经不再是超纯水。储水桶请勿放置在日光直射处，水温上升，容易造成微生物繁殖。即使是半透明储水桶，也会因为日光通透而造成藻类繁殖。

1.4 化学试剂

1.4.1 化学试剂的分类和一般试剂的规格

化学试剂是符合一定质量标准的纯度较高的各种单质和化合物，是分析化学实验不可缺少的物质。化学试剂种类的选择和用量的多少将直接关系到实验的成败、实验结果的正确与否以及实验成本的高低。因此，必须了解试剂的分类标准，以便正确地使用试剂。

① 优级纯（G.R.），又称一级品或保证试剂，这种试剂纯度最高，杂质含量最低，适合于精密的分析工作和科学研究工作，使用绿色标签。

② 分析纯（A.R.），又称二级品或分析试剂，纯度仅次于优级纯，适合于多数分析工作和研究工作，使用红色标签。

③ 化学纯（C.P.），又称三级试剂，纯度与分析纯相差较大，适用于一般分析工作或定性分析，使用蓝色标签。

④ 实验试剂（L.R.），又称四级试剂，纯度较低，适用于实验辅助试剂，使用棕色标签。

此外，还有一些特殊用途的试剂，如基准试剂、光谱纯试剂、色谱纯试剂等。

基准试剂（P.T.）的纯度相当于（或高于）优级纯，是滴定分析中标定标准溶液的基准物质，可直接用于配制标准溶液。

光谱纯试剂（S.P.）中杂质的含量用光谱分析法已测不出或杂质含量低于光谱分析法的检测限，主要用作光谱分析中的标准物质。但由于有机物在光谱上显示不出来，所以有时主成分达不到99.9%以上，使用时必须注意，特别是作基准物时，必须进行标定。

色谱纯试剂是指其杂质含量用色谱分析法测不出或低于色谱分析法的检测限，主要用作色谱分析。

超纯试剂又称高纯试剂，用于痕量分析和一些科学研究工作，这种试剂的生产、储存和使用都有一些特殊的要求。

在分析工作中所选试剂的级别并非越高越好，而是要和所用的方法、实验用水、操作器皿的等级相适应。因此，必须对化学试剂的标准有一明确的认识，做到合理使用化学试剂，既不超规格引起浪费，又不随意降低规格影响分析结果的准确度。在通常情况下，分析实验中所用的一般溶液可选用 A.R. 级试剂，并用蒸馏水或去离子水配制。在某些要求较高的工作（如痕量分析）中，若试剂选用 G.R. 级，则不宜使用普通蒸馏水或去离子水，而应选用二次重蒸水，所用器皿在使用过程中也不应有物质溶出。在特殊情况下，当市售试剂纯度不能满足要求时，可考虑自己动手精制。

1.4.2 标准物质和溶液的配制

为了保证分析、测试结果准确可靠，并具有公认的可比性，必须使用标准物质校准仪器、标定溶液浓度和评价分析方法。因此，标准物质是测定物质成分、结构或其它有关特性量值的过程中不可缺少的一种计量标准器具。

1.4.2.1 标准物质

标准物质是指已确定其一种或几种特性，用于校准测量器具、评价测量方法或确定材料特性量值的物质。标准物质是由国家质量监督检验检疫总局颁布的一种计量标准，起到统一全国量值的作用。它具有材料均匀、性质稳定、批量生产、准确定性等特性，并有标准物质证书（其中标明特性量值的标准值及定值的准确度等内容）。

(1) 标准物质的分级

我国的标准物质分为一级和二级两个级别。一级标准物质采用绝对测量法定值，定值的准确度具有国内最高水平。它主要用于研究和评价标准方法。二级标准物质的定值用于高精确度测量仪器的校准。二级标准物质采用准确可靠的方法或直接与一级标准物质比较的方法定值，定值的标准度一般要高于现场（即实际工作）测量准确度的3～10倍。二级标准物质主要用于研究和评价现场分析方法及现场标准溶液的定值，是现场实验室的质量保证，二级标准物质又称为工作标准物质，它的产品批量较大，通常分析实验时所用的标准试样都是二级标准物质。滴定分析中常用的工作基准试剂及应用见附录四。

(2) 化学试剂中的标准物质

目前，我国的化学试剂中只有滴定分析基准试剂和pH基准试剂属于标准物质，其产品只有十几种。工作基准试剂（二级标准物质）的主体含量为99.95%～100.05%，工作基准试剂是滴定分析实验中常用的计量标准，可使被标定溶液的不准确度在±0.2%以内。

一级pH基准试剂（一级标准物质）的pH值总不确定度为±0.005。pH基准试剂（二级标准物质）的pH值总不确定度为±0.01，用该试剂按规定方法配制的溶液称为pH标准缓冲溶液，它主要用于酸度计的校准。

基准试剂仅是种类繁多的标准物质中很小的一部分。分析化学实验室中还经常使用非试剂类的标准物质，例如纯金属、合金、矿物、纯气体或混合气体、药物、标准溶液等。

1.4.2.2 标准溶液的配制和标定

标准溶液是已确定其主体物质浓度或其它特性量值的溶液。分析化学实验中常用的标准溶液主要有三类，即滴定分析用标准溶液、仪器分析用标准溶液和pH测定用标准缓冲溶液。

在实际工作中，还有一类经常使用的标准溶液，即杂质分析用标准溶液，在化学分析法中主要用于对样品中微量的杂质进行半定量或限量分析。其实，仪器分析用标准溶液中，很多亦属于杂质分析用标准溶液，因为仪器分析多半用于微量乃至痕量成分的测定。在此，不专门介绍杂质分析用标准溶液。

(1) 滴定分析用标准溶液

滴定分析用标准溶液用于测定试样中的主体成分或常量成分，其浓度值的不确定度一般在0.2%左右。主要有两种配制方法，一是用工作基准试剂或相当纯度的其它物质直接配制（使用分析天平和容量瓶等），这种做法比较简单，但成本很高不宜大量使用，而且很多标准溶液没有适用的标准物质供直接配制（例如HCl、NaOH溶液等）。第二种制备方法即最普遍使用的方法，是先用分析纯试剂配成接近所需浓度的溶液，再用适当的工作基准试剂或其它标准物质进行标定。

配制这类标准溶液时要注意以下几点。

① 要选用符合实验要求的纯水，配位滴定和沉淀滴定用的标准溶液对纯水的质量要求较高，一般应高于三级水的指标，其它标准溶液通常使用三级水。配制 NaOH、$Na_2S_2O_3$ 等溶液时，要使用临时煮沸并快速冷却的纯水。配制 $KMnO_4$ 溶液要煮沸 15min 以上并放置一周（以除去水中的还原性物质，使溶液比较稳定），过滤后再标定。

② 基准试剂要预先按规定的方法（见附录四）进行干燥。经热烘或灼烧进行干燥的试剂，如果是易吸湿的（例如 Na_2CO_3、NaCl 等），在放置一周后再使用时应重新进行干燥。

③ 当溶液可用多种标准物质及指示剂进行标定时（如 EDTA 溶液），原则上应使标定时的实验条件与测定试样时相同或相近，以避免可能产生的系统误差。使用标准溶液时的室温与标定时若有较大差别（相差 5℃以上），应重新标定或根据温差和水溶液的膨胀系数进行浓度校正。

④ 标准溶液均应密闭存放，避免阳光直射甚至完全避光。长期或频繁使用的溶液应装在下口瓶中或有虹吸管的瓶中，进气口应安装过滤管，内填适当的物质（例如钠石灰可过滤 CO_2，干燥剂可过滤水汽）。较稳定的标准溶液的标定周期为 1～2 个月，有些溶液的标定周期很短，例如 Fe^{2+} 溶液，甚至有的溶液要在使用的当天进行标定，例如卡尔・费休试剂（遇水分解较快）。溶液的标定周期长短，除与溶质本身的性质有关外，还与配制方法、保存方法及实验室的气氛有关。浓度低于 $0.01mol \cdot L^{-1}$ 的标准溶液不宜长期存放，应在临用前用较高浓度的标准溶液进行定量稀释。

⑤ 当实验结果的精确度要求不是很高时，可用优级纯或分析纯试剂代替同种的基准试剂进行标定。

⑥ 本书定量化学分析实验中的溶液标定，一般以优级纯试剂代替基准试剂，试样的标准值亦在同样的条件下测定。

在化学实验中，标准溶液常用 $mol \cdot L^{-1}$ 表示其浓度。溶液的配制方法主要分直接法和标定法两种。

a. 直接法。根据所需滴定液的浓度，计算出基准物质的质量，准确称取一定质量的基准物质，溶解后定量转移到容量瓶中，定容、摇匀即成为准确浓度的标准溶液。根据基准物质的质量和溶液体积，即可计算出标准溶液的准确浓度。

例如，需配制 500mL 浓度为 $0.01000mol \cdot L^{-1}$ $K_2Cr_2O_7$ 溶液时，应在分析天平上准确称取 1.4709g 基准物质 $K_2Cr_2O_7$，加少量水使之溶解，定量转入 500mL 容量瓶中，加水稀释至刻度，摇匀。

较稀的标准溶液可由较浓的标准溶液稀释而成。例如，光度分析中需用 $1.79 \times 10^{-3} mol \cdot L^{-1}$ 铁标准溶液。计算得知需准确称取 10mg 纯金属铁，但在一般分析天平上无法准确称量，因其量太小、称量误差大。因此常常采用先配制储备标准溶液，然后再稀释至所要求的标准溶液浓度的方法。可在分析天平上准确称取 1.0000g 高纯（99.99%）金属铁，然后在小烧杯中加入约 30mL 浓盐酸使之溶解，定量转入 1L 容量瓶中，用 $1mol \cdot L^{-1}$ 盐酸稀释至刻度。此标准溶液含铁 $1.79 \times 10^{-2} mol \cdot L^{-1}$。移取此标准溶液 10.00mL 于 100mL 容量瓶中，用 $1mol \cdot L^{-1}$ 盐酸稀释至刻度，摇匀，此标准溶液含铁 $1.79 \times 10^{-3} mol \cdot L^{-1}$。由储备液配制成所需溶液时，原则上只稀释 1 次，必要时可稀释两次。稀释次数太多，累积误差太大，影响分析结果的准确度。

b. 标定法。适用于直接法配制标准溶液的物质必须是基准物质，因此大多数物质的标准溶液不宜用直接法。不能直接配制成准确浓度的标准溶液，可先配制成近似所需浓度的溶液，再用基准物质或已知准确浓度的标准溶液标定其准确浓度。如由原装的固体酸碱（如浓盐酸或固体 NaOH）配制溶液时，一般只要求准确到 1～2 位有效数字，故可用量筒量取液体或在台秤上称取固体试剂，加入的溶剂用量筒或量杯量取即可。但是在标定溶液的整个过程中，一切操作要求严格、准确。称量基准物质要求使用分析天平，称准至小数点后四位有效数字。所要标定溶液的体积，如要参加浓度计算的均要用容量瓶、移液管、滴定管准确操作。

(2) 仪器分析中标准溶液的配制

仪器分析种类很多，各有特点，不同的仪器分析实验对试剂的要求往往也不同。配制仪器分析用标准溶液可能要用到专用试剂、高纯试剂、纯金属及其它标准物质、优级纯及分析纯试剂等。同种仪器分析方法，当分析对象不同时所用试剂的级别也可能不同。

配制这类标准溶液时一般应注意以下几点。

① 对纯水的要求都比较高，水质规格一般要在 2～3 级之间。电化学分析、原子吸收光谱分析和高效液相色谱分析等对水质要求最高，通常要用 2 级水或 1 级水。

② 溶解或分解标准物质时所用的试剂一般为优级纯或高纯试剂。当市售的试剂纯度不能满足实验要求时，还要自行提纯。

③ 仪器分析用标准溶液的浓度都比较低，常以 $\mu g \cdot mL^{-1}$ 或 $mg \cdot mL^{-1}$ 表示。稀溶液的保质期较短，通常配成比使用的浓度高 1～3 个数量级的浓溶液作为储备液，临用前进行稀释，有时还需对储备液进行标定。为了保证一定的准确度，稀释倍数高时应采取逐次稀释的做法。

④ 必须注意选用合适的容器保存溶液，以防止存放过程中由容器材料溶解可能对标准溶液造成的污染，有些金属离子标准溶液宜在塑料瓶中保存。

⑤ 仪器分析所用标准溶液种类很多、要求各异，应根据具体情况并参考有关资料选择配制方法。

(3) pH 测量用标准缓冲溶液

用 pH 计测量溶液的 pH 值时，必须先用 pH 标准缓冲溶液对仪器进行校准，亦称定位。

pH 标准缓冲溶液是具有准确 pH 值的专用缓冲溶液。要使用 pH 基准试剂进行配制。当进行较精确的测量时，要选用接近待测溶液 pH 值的标准缓冲溶液校准 pH 计。表 1-2 列出了 6 种 pH 标准缓冲溶液在 10～35℃时的 pH 值，其准确度为＋0.01。

表 1-2 不同温度下对应的 pH 值①

温度/℃	$0.05mol \cdot kg^{-1}$ 四草酸氢钾	25℃饱和酒石酸氢钾	$0.05mol \cdot kg^{-1}$ 邻苯二甲酸氢钾	$0.025mol \cdot kg^{-1}$ 磷酸氢二钠 $0.025mol \cdot kg^{-1}$ 磷酸二氢钾	$0.01mol \cdot kg^{-1}$ 硼砂	25℃饱和氢氧化钙
0	1.668		4.006	6.981	9.458	13.416
5	1.669		3.999	6.949	9.391	13.210
10	1.671		3.996	6.921	9.330	13.011
15	1.673		3.996	6.898	9.276	12.820

续表

温度/℃	$0.05mol\cdot kg^{-1}$ 四草酸氢钾	25℃饱和酒石酸氢钾	$0.05mol\cdot kg^{-1}$ 邻苯二甲酸氢钾	$0.025mol\cdot kg^{-1}$ 磷酸氢二钠 $0.025mol\cdot kg^{-1}$ 磷酸二氢钾	$0.01mol\cdot kg^{-1}$ 硼砂	25℃饱和氢氧化钙
20	1.676		3.998	6.879	9.226	12.637
25	1.680	3.559	4.003	6.864	9.182	12.460
30	1.684	3.551	4.010	6.852	9.142	12.292
35	1.688	3.547	4.019	6.844	9.105	12.130
40	1.694	3.547	4.029	6.838	9.072	11.975
45	1.700	3.550	4.042	6.834	9.042	11.828
50	1.706	3.555	4.055	6.833	9.015	11.679
55	1.713	3.563	4.070	6.834	8.990	11.553
60	1.721	3.573	4.087	6.837	8.968	11.426
70	1.739	3.596	4.122	6.847	8.926	
80	1.759	3.622	4.161	6.862	8.890	
90	1.782	3.648	4.203	6.881	8.856	
95	1.795	3.660	4.224	6.891	8.839	

① 表中数据引自国家标准 GB/T 27501—2011。

国家标准《pH 值测定用缓冲溶液制备方法》（GB/T 27501—2011）中规定的 6 种缓冲溶液的配制方法如下。

① $0.05mol\cdot kg^{-1}$四草酸氢钾［$KH_3(C_2O_4)_2\cdot 2H_2O$］溶液：称取在 57℃±2℃烘 4～5h 并在干燥器中冷却后的四草酸氢钾 12.61g，用水溶解后转入 1L 容量瓶中并稀释至刻度，摇匀。

② 饱和（25℃）酒石酸氢钾（$KHC_4H_4O_6$）溶液：将过量的酒石酸氢钾（每升加入量大于 6.4g）和水放入玻璃磨口瓶或聚乙烯瓶中，温度控制在 23～27℃，激烈摇振 20～30min，保存备用。使用前迅速抽滤，取清液使用。

③ $0.05mol\cdot kg^{-1}$邻苯二甲酸氢钾（$KHC_8H_4O_4$）溶液：称取在 105℃±5℃下烘 2h 并在干燥器中冷却后的邻苯二甲酸氢钾 10.12g，用水溶解后转入 1L 容量瓶中稀释至刻度，摇匀。

④ $0.025mol\cdot kg^{-1}$磷酸氢二钠（Na_2HPO_4）和 $0.025mol\cdot kg^{-1}$磷酸二氢钾（KH_2PO_4）混合溶液：分别称取在 110～120℃下烘 2～3h 并在干燥器中冷却后的磷酸氢二钠 3.533g、磷酸二氢钾 3.387g，用水溶解后转入 1L 容量瓶中稀释至刻度，摇匀。

⑤ $0.01mol\cdot kg^{-1}$四硼酸钠（$Na_2B_4O_7\cdot 10H_2O$）溶液：称取 3.80g 预先于氯化钠和蔗糖饱和溶液干燥器中干燥至恒重的四硼酸钠，用水溶解后转入 1L 容量瓶中并稀释至刻度，摇匀，再储存于聚乙烯瓶中。

⑥ 饱和（25℃）氢氧化钙［$Ca(OH)_2$］溶液：将过量的氢氧化钙（每升加入量大于2g）和水加入聚乙烯瓶中，温度控制在23～27℃，剧烈摇振20～30min，保存备用。用前迅速抽滤，取清液备用。

配制上述6种缓冲溶液所用纯水的电导率应不大于$0.2\mu S\cdot cm^{-1}$。最好使用重蒸水或新制备的去离子水。配制⑤和⑥两个碱性溶液所用的纯水应预先煮沸15min以上，以除去其中的CO_2。

缓冲溶液一般可保存2～3个月，若发现浑浊、沉淀或发霉现象，则不能继续使用。

有的pH基准试剂有袋装产品，使用很方便，不需要进行干燥和称量，直接将袋内的试剂全部溶解并稀释至规定体积（一般为250mL），即可使用。

1.4.2.3 一般溶液的配制及保存方法

配制溶液时，应根据对溶液浓度准确度的要求，确定药品在哪一级天平上称量、记录时应记准至几位有效数字、配制好的溶液应选择的盛装容器等。如果实验对溶液浓度的准确性要求不高，一般利用台秤、量筒、刻度校正过的烧杯等低准确度的仪器配制就能满足需要。如配制$0.1mol\cdot L^{-1}$ $Na_2S_2O_3$溶液需在台秤上称25g固体试剂，如在分析天平上称取试剂，反而是不必要的。

(1) 直接水溶法

对于易溶于水而不发生水解的固体试剂（如NaOH、NaCl、KNO_3等），在配制溶液时，可用台秤称取一定量的固体于烧杯中，加入少量蒸馏水，搅拌溶解后稀释至所需体积，再转入试剂瓶中。

(2) 介质水溶法

对于易水解的固体试剂（如$FeCl_3$、$SbCl_3$等），可称取一定量的固体，加入适量的一定浓度的酸（或碱）使其溶解，再用蒸馏水稀释，摇匀后转入试剂瓶。

对于在水中溶解度较小的固体试剂，需先选用合适的溶剂溶解，然后稀释，摇匀后转入试剂瓶。例如，在配制I_2的溶液时，可先将固体I_2用KI水溶液溶解。

(3) 稀释法

对于液态试剂（如HCl、HAc、H_2SO_4等）配制溶液时，先用量筒量取所需量的浓溶液，然后用适量的蒸馏水稀释。需特别注意的是，在配制H_2SO_4溶液时，应在不断搅拌下将浓H_2SO_4缓慢地倒入盛水的容器中，切不可将水倒入浓H_2SO_4中。

一些容易发生氧化还原反应或见光易分解的溶液，要防止在保存期间失效。例如，Fe^{2+}溶液中应放入一些铁屑；$AgNO_3$、KI等溶液应保存在棕色瓶中；容易发生化学腐蚀的溶液应存放在合适的容器中。

近年来，国内外文献资料中采用1∶1（1+1）、1∶2（1+2）等体积比表示浓度。例如，1∶1 H_2SO_4溶液，即量取1体积浓H_2SO_4与1体积的水混合均匀。又如1∶3 HCl，即量取1体积浓盐酸与3体积的水混匀。

配制及保存溶液时可遵循下列原则：

① 经常并大量用的溶液，可先配制浓度约大10倍的储备液，使用时取储备液稀释10倍即可。

② 易侵蚀或腐蚀玻璃的溶液，不能盛放在玻璃瓶内，如含氟的盐类（如NaF、NH_4F、

NH_4HF_2)、氢氧化钠等强碱性的试剂应保存在聚乙烯塑料瓶中。

③ 易挥发、易分解的试剂及溶液，如 I_2、$KMnO_4$、H_2O_2、$AgNO_3$、$H_2C_2O_4$、$Na_2S_2O_3$、$TiCl_3$、氨水、Br_2 水、CCl_4、$CHCl_3$、丙酮、乙醚、乙醇等溶液及有机溶剂均应存放在棕色瓶中，密封好放在阴凉处，避免光照。

④ 配制溶液时，要合理选择试剂的级别，不许超规格使用试剂，以免造成浪费。

⑤ 配好的溶液盛装在试剂瓶中，贴好标签，在标签上注明溶液的名称、浓度以及配制日期等。

1.4.3 试剂的使用和保管

试剂保管不善或使用不当，极易变质和沾污，在分析化学实验中往往是引起误差，甚至造成失败的主要原因之一。因此，必须按一定的要求保管和使用试剂。

① 使用前，要认明标签；取用时，不可将瓶盖随意乱放，应将盖子反放在干净的地方。取用固体试剂时，一般用干净的牛角匙，用毕立即洗净，晾干备用。取用液体试剂时，一般用量筒。倒试剂时，标签朝上，不要将试剂泼洒在外，取完试剂随手将瓶盖盖好，切不可"张冠李戴"，引起沾污。

② 装盛试剂的试剂瓶都应贴上标签，写明试剂的名称、规格、日期等，不可在试剂瓶中装入与标签不符的试剂，以免造成差错。标签脱落的试剂，在未查明前不可使用。标签最好用碳素墨水书写，以保存字迹长久，标签四周要剪齐，并贴在试剂瓶的 2/3 处，以使整齐美观。

③ 使用标准溶液前，应把试剂充分摇匀。

④ 易腐蚀玻璃的试剂，如氟化物、苛性碱等，应保存在塑料瓶或涂有石蜡的玻璃瓶中。

⑤ 易氧化的试剂（如氯化亚锡、低价铁盐）和易风化或潮解的试剂（如 $AlCl_3$、无水 Na_2CO_3、NaOH 等），应用石蜡密封瓶口。

⑥ 易受光分解的试剂应用棕色瓶盛装，并保存在暗处。

⑦ 易受热分解的试剂、低沸点的液体和易挥发的试剂，应保存在冰箱中。

1.5 实验数据的记录、处理和实验报告

1.5.1 实验数据的记录

在分析实验过程中，正确记录测量的各种数据，科学地处理所得数据并正确报告出实验结果，在实验课的学习中应予以足够重视。

① 实验数据的记录应有专门的、预先编有页码的实验记录本。记录实验数据时，本着实事求是和严谨的科学态度，对各种测量数据及有关现象，应认真并及时准确地记录下来。切忌夹杂主观因素随意拼凑或伪造数据。绝不能将数据记录在单片纸或记在书上、手掌上等。

② 实验开始之前，应首先记录实验名称、实验日期、实验室气候条件（包括温度、湿度和天气状况等）、仪器型号、测试条件及同组人员的姓名等。

③ 实验过程中测量数据时，应根据所用仪器的精密度正确记录有效数字的位数。用万分之一分析天平称量时，要求记录至0.0001g；移液管及吸量管的读数，应记录至0.01mL；用分光光度计测量溶液的吸光度时，如吸光度在0.6以下，读数记录至0.001；大于0.6时，读数记录至0.01。

④ 实验过程中的每一个数据，都是测量结果，重复测量时，即使数据完全相同，也应认真记录下来。

⑤ 记录过程中，对文字记录，应整齐清洁；对数据记录，应采用一定表格形式，如发现数据算错、测错或读错需要改动时，可将该数据用双斜线划去，在其上方书写正确的数字，并由更改人在数据旁签字。实验记录是原始资料，不能随便涂改，更不能事后凭记忆补写"回忆录"。字迹要工整，内容应简明扼要。

⑥ 实验完毕，将完整实验数据记录交给试验指导教师检查并签字。

1.5.2 实验数据处理和结果表达

实验数据的处理是将测量的数据经科学的数学运算，推断出某量值的真值或导出某些具有规律性结论的整个过程。通常包括实验数据的表达、数据的统计学计算和结果表达。

(1) 实验数据的表达

数据表达可用列表法、图解法和数学方程表示法显示实验数据间的相互关系、变化趋势等相关信息，清楚地反映出各变量之间的定量关系，以便进一步分析实验现象，得出规律性结论。

① 列表法　列表法是将有关数据及计算按一定形式列成表格，具有简单明了、便于比较等优点。实验的原始数据一般用列表法记录。

② 图解法　图解法是将实验数据各变量之间的变化规律绘制成图，能够把变量间的变化趋向，如极大、极小、转折点、周期性以及变化速率等重要特性直观地显示出来，便于进行分析研究。该法现在主要通过计算机相关处理软件进行绘图。

③ 数学方程式表示法　分析实验数据的自变量与因变量之间多呈直线关系，或是经过适当变换后，使之呈现直线关系，通过计算机相关处理软件处理后便得到相应的数学方程式（也叫回归方程）。许多分析方法利用这一特性由数学方程式计算出待测组分的含量。

(2) 数据的统计学处理

在分析实验中主要涉及的统计学处理有可疑值的取舍、平均值、标准偏差和相对标准偏差等，有关计算方法参阅相应教材内容。对于分析结果含量大于1%小于10%时，用3位有效数字表示；含量大于10%，则用4位有效数字表示。

1.5.3 实验报告的书写

实验完毕，应用专门的实验报告本，认真地写出实验报告。实验报告要求字迹整齐、内容完整、条理清晰、图表规范、步骤详略得当、实验数据正确、实验结论合理、实验讨论深入。实验报告一般包括以下内容。

① 实验名称、实验日期、实验地点、实验者姓名等。

② 实验目的和要求。

③ 实验原理。简要介绍实验基本理论、化学反应方程式、反应的条件、影响因素、试

样的处理、定性定量分析的依据、实验装置图、方法的应用范围等内容。

④ 主要试剂和仪器。列出实验中所用的主要试剂浓度和仪器型号。

⑤ 实验步骤。记录实验实际操作过程，可用表格、图表、方框图、流程图等形式描述，要求直接明了、详略得当、条理清晰。

⑥ 实验数据及处理。采用表格或图形记录实验数据，同时附上简要的文字说明；通过计算、作图、查表等形式正确处理和分析数据并得出实验结果，计算实验偏差或误差。

⑦ 问题讨论。可以是对实验中出现的异常现象、实验中存在的问题、实验中的影响因素等的分析讨论，也可以是实验的收获、经验教训和改进等。

第2章 定量分析仪器和基本操作

2.1 滴定分析仪器与基本操作

化学分析实验中常用的仪器大部分是玻璃器皿。玻璃仪器按照玻璃性能分为可加热的（如烧杯、烧瓶、试管等）和不可加热的（如试剂瓶、量筒、容量瓶等）；按用途可分为容器类（如烧杯、试剂瓶等）、量器类（如吸管、容量瓶等）和特殊用途类（如干燥器、漏斗等）。

2.1.1 玻璃器皿的洗涤

2.1.1.1 洗涤方法

一般的器皿如烧杯、锥形瓶、试剂瓶、表面皿等，可用刷子蘸取洗涤剂直接刷洗其内外表面，然后用自来水冲洗，再用蒸馏水或去离子水润洗2～3次；滴定管、移液管、容量瓶等具有精确刻度的容器，为了避免容器内壁受机械磨损而影响其准确度，通常不用刷子刷洗，而是用合适的洗涤剂淌洗，必要时把洗涤剂加热，并浸泡一段时间，然后再依次用自来水、蒸馏水冲洗、润洗；光度分析所用的比色皿是由光学玻璃制成的，也不能用毛刷刷洗，要视其沾污的程度，选用合适的洗涤剂浸泡。

洗干净的玻璃器皿，其内壁应能被水均匀润湿而无条纹，且不挂水珠。用纯水冲洗仪器时，采用顺壁冲洗并加摇荡以及少量多次的冲洗办法，可以节约用水、提高效率。

2.1.1.2 常用的玻璃器皿洗涤剂

(1) 合成洗涤剂

合成洗涤剂主要指洗衣粉、洗洁精等，大部分的仪器都可以用它们洗涤。

(2) 盐酸洗液

用化学纯的盐酸与水以1∶1的体积比混合，配成的洗涤液属于还原性的强酸洗液，可用于洗涤器皿上的金属氧化物和金属离子。

(3) 高锰酸钾碱性洗液

用于洗涤器皿上的油污及有机物，洗后玻璃壁上可能附着少量的MnO_2沉淀，可用粗亚铁盐或亚硫酸钠溶液洗去。该洗涤液的配制方法如下：称取高锰酸钾4g，溶于少量水中，缓缓加入 100mL 10%的 NaOH 溶液。

(4) 碱性酒精洗液

将 NaOH 配成 30%～40%的酒精溶液，用于洗涤器皿上的油污及某些有机物。注意洗涤精密仪器时，不可长时间浸泡，以免腐蚀玻璃。

(5) 草酸洗液

取 5～10g 草酸，溶于 100mL 水中，加数滴浓盐酸，配成的洗液可洗去器壁上沉积的 MnO_2 沉淀。

(6) 酒精-浓硝酸洗液

该洗涤液可洗涤沾有有机物或油污的结构较复杂的仪器。洗涤时先加少量酒精于仪器中，再加少量浓硝酸，即产生大量 NO_2，注意采取防护措施。

(7) 硝酸-氢氟酸洗液

将 50mL 氢氟酸、100mL 硝酸和 350mL 水混合，得到的洗涤液可有效去除器皿表面的金属离子。较脏的仪器应先用其它洗涤剂及自来水清洗后再用此溶液洗涤。该洗涤液对玻璃、石英器皿的洗涤效果较好，但对器皿表面有一定的腐蚀作用，因此精密量器、标准磨口、活塞、玻璃砂芯滤器、比色皿等光学玻璃都不宜使用该洗涤剂。另外，使用时，操作人员要戴防护手套。

(8) 铬酸洗液

铬酸洗液具有较强的氧化性和酸性，适合于洗涤无机物和部分有机物，加热至 70～80℃时效果更好。其配制方法是：按重铬酸钾：水：浓硫酸=1：1：10 比例配制，即 10g 重铬酸钾加 10mL 热水，搅匀后再小心加入 100mL 浓硫酸，边加边搅拌，冷却后转入棕色磨口试剂瓶中保存。使用铬酸洗液时应注意以下事项。

① 由于铬属于有毒元素，大量使用会造成环境污染，因而，凡是能用其它洗涤剂洗涤的器皿，尽量不要使用铬酸洗液。

② 使用时要避免被水稀释。加洗液之前应尽量除去仪器内的水分。

③ 洗液要循环使用。使用后将其倒回原瓶，并用瓶盖盖严。当洗液变为绿色时，表明洗液中的六价铬变成了三价，其氧化能力显著降低，洗液已失效。

④ 欲用铬酸洗液洗涤的仪器中不能存有残留的氯化物，否则加入铬酸洗液后会产生有毒的氯气而逸出。

2.1.2 滴定管

在滴定分析中，用于准确测量溶液体积的玻璃仪器有滴定管、容量瓶和移液管等。正确使用这些玻璃仪器，是滴定分析最基本的操作技术。

滴定管（见图 2-1）是具有精确刻度的用来准确测量滴定剂体积的细长玻璃管。用于常量分析的滴定管容积有 50mL 和 25mL，最小刻度为 0.1mL，读数可估计到 0.01mL。

实验室最常用的滴定管有两种。①酸式滴定管：下端带有磨口玻璃旋塞，用来盛放酸性、中性或氧化性溶液，但不宜盛放碱性溶液，磨口玻璃活塞会被碱性溶液腐蚀，放置久了会粘连；②碱式滴定管：下端连接橡胶软管，内放玻璃珠，橡胶管下端再连尖嘴玻璃管。碱式滴定管用来盛放碱性溶液，不能盛放氧化性溶液如 $KMnO_4$、I_2 或 $AgNO_3$ 等，避免腐蚀橡胶管。

近年来，又制成了酸碱两用的聚四氟乙烯滴定管，其旋塞是用聚四氟乙烯材料做成的，

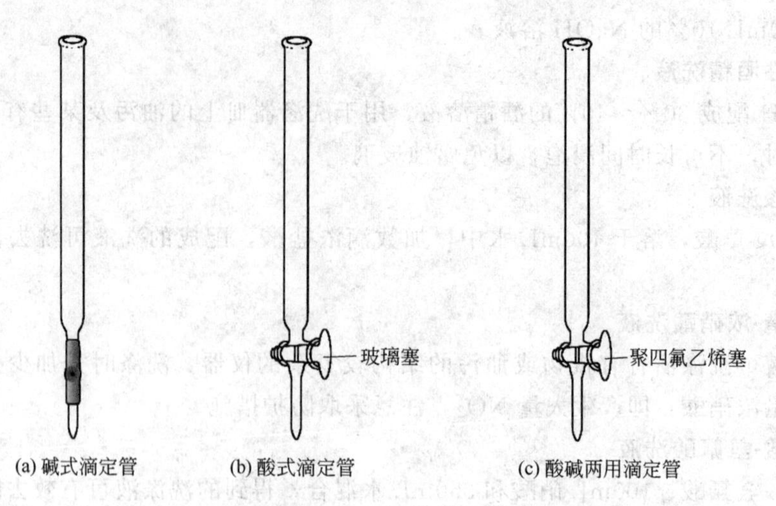

图 2-1　滴定管

具有耐腐蚀、不用涂油、密封性好等优点。本书主要介绍酸式滴定管和碱式滴定管的洗涤和使用方法。

(1) 滴定管的准备

酸式滴定管使用前应检查玻璃活塞转动是否灵活以及是否漏水。检漏方法是：把滴定管充满水，垂直夹在滴定管架上，放置 5min，观察管口及活塞两端是否有水渗出（可用滤纸试），如无渗水，将活塞转动 180°，放置 5min，再观察有无水渗出。如发现漏水或活塞转动不灵活，则应先在玻璃塞和塞槽内壁涂上凡士林后再使用。涂抹方法是：取下玻璃活塞，用滤纸将活塞及活塞槽内壁擦干净，用手指蘸少许凡士林在活塞 A、B 两端涂上薄薄一层（如图 2-2 所示），在活塞孔的两旁少涂一些，以免凡士林堵住活塞孔，然后将活塞径直插入活塞槽内，向同一方向转动活塞，直到从外面观察到凡士林均匀透明为止。转动活塞时，应有一定的向活塞小头部分方向挤的力，以免来回移动活塞，堵塞活塞孔。如果酸式滴定管的出口管尖堵塞，可先用水充满全管，将出口管尖浸入热水中，温热片刻后，打开活塞，使管内的水流突然冲下，将溶化的油脂带出。最后将橡皮圈套在玻璃旋塞小头槽上，防止玻璃活塞滑出。

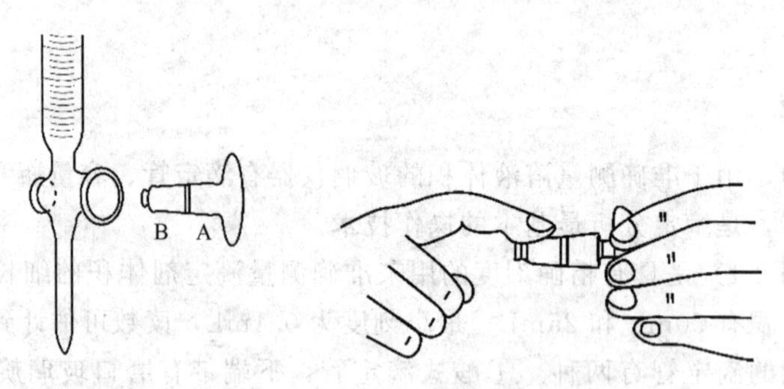

图 2-2　旋塞涂凡士林的操作

碱式滴定管使用前应检查橡皮管是否老化；玻璃珠是否适当，玻璃珠过大，则不便操作，过小，则会漏水。

(2) 滴定管的洗涤

无明显油污的滴定管，直接用自来水冲洗。若有油污，则用洗涤剂洗涤。洗涤后，先用自来水将滴定管中附着的洗液冲净，再用蒸馏水洗 2～3 次。洗净的滴定管内壁应完全被水均匀润湿而不挂水珠。

(3) 装入溶液和排除气泡

装入溶液前，应先将溶液摇匀，使凝结在瓶内壁上的液珠混入溶液。溶液应从试剂瓶中直接倒入滴定管中，不能用其它容器（如烧杯、漏斗等）转移。倒入溶液时，用左手拿着滴定管上端无刻度处，并使之稍微倾斜，右手拿住细口瓶往滴定管中倒入溶液，让溶液沿滴定管内壁缓缓流下。其次，为了避免装入后的溶液被稀释，在装溶液之前，应先用少量该溶液润洗滴定管 2～3 次，以除去滴定管内残留的水分，确保溶液的浓度不变。每次使用 10～15mL 溶液润洗滴定管，双手拿住滴定管两端无刻度部位，在转动滴定管的同时，使溶液流遍全管内壁，待溶液与管壁接触 1～2min 后，从下管口放出溶液，并尽量放尽残留溶液。

滴定管装好溶液后，应检查管出口下部的尖嘴部分是否充满溶液，如有气泡，则需要将气泡排除。酸式滴定管排除气泡的方法是：右手拿滴定管上部无刻度处，并使滴定管倾斜 30°，左手迅速打开活塞，使溶液冲出管口，反复数次，即可达到排除气泡的目的，如图 2-3 所示。碱式滴定管排除气泡的方法是：将碱式滴定管垂直地夹在滴定管架上，左手拇指和食指捏住玻璃珠部位，使胶管向上弯曲并捏挤橡胶管，使溶液从管口喷出，再一边捏橡皮管，一边将其放直，即可排除气泡，如图 2-4 所示。注意，橡皮管放直后再松开拇指和食指，否则出口管仍会有气泡。排尽气泡后，加入溶液使之在“0”刻度以上，再调节液面在 0.00mL 刻度处。如液面不在 0.00mL 处，则应记下读数。

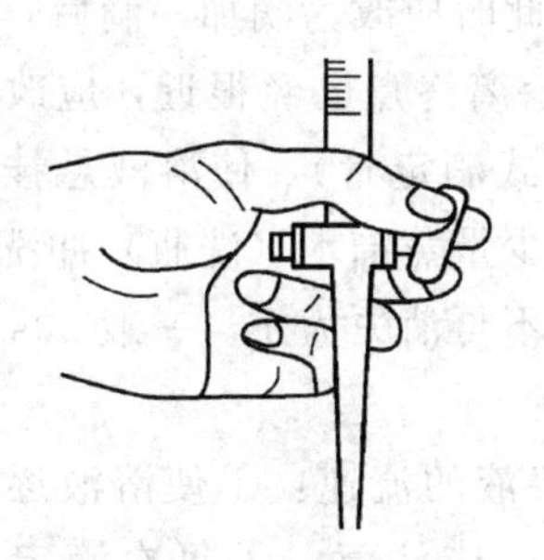

图 2-3 酸式滴定管的操作

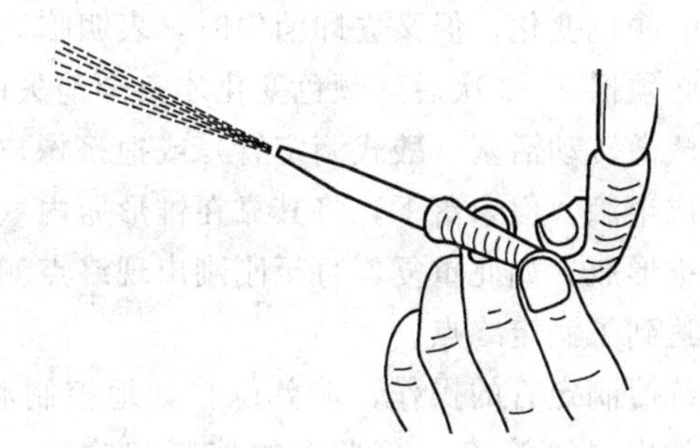

图 2-4 碱式滴定管排气泡的方法

(4) 滴定管的操作

将滴定管垂直地夹于滴定管架上。使用酸式滴定管时，用左手控制活塞，无名指和小指向手心弯曲，轻轻抵住出口管，大拇指在前，食指和中指在后，手指略微弯曲，轻轻向内扣住活塞，手心空握。转动活塞时切勿向外用力，以防顶出活塞，造成漏液。也不要过分往里拉，以免造成活塞转动不灵活，操作困难。使用碱式滴定管时，左手拇指在前，食指、中指在后，三指尖固定住橡皮管中玻璃珠，捏挤橡皮管内玻璃珠的外侧（以左手手心为内），使其与玻璃珠之间形成一条缝隙，从而放出溶液。注意不能捏玻璃珠下方的橡皮管，以免空气进入而形成气泡，也不要用力捏挤玻璃珠使其上下移动。

滴定操作通常在锥形瓶内进行，锥形瓶下垫白瓷板作背景。滴定时，右手拇指、食指和中指捏住瓶颈，其余两指辅助在下侧，使瓶底离滴定台高约 2～3cm，滴定管下端伸入瓶口内约 1cm，左手握滴定管，边滴加溶液，边用右手摇动锥形瓶，使滴下去的溶液尽快混匀，如图 2-5 所示。摇瓶时，应微动腕关节（注意不要用大臂带动小臂摇），使溶液向同一方向旋转。有些样品宜在烧杯中滴定，将烧杯放在滴定台上，滴定管尖嘴伸入烧杯内约 1cm，不

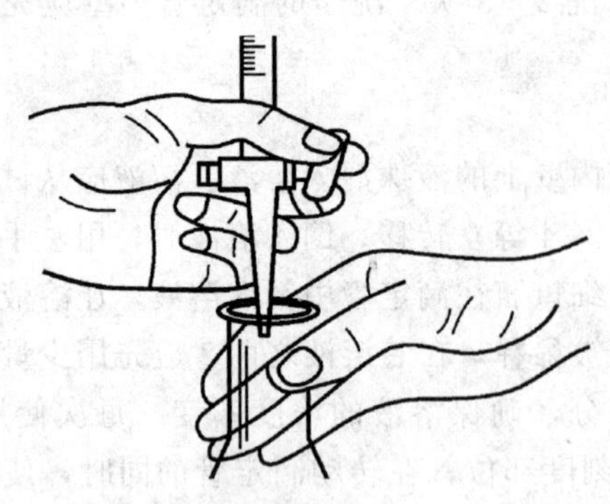

图 2-5　酸式滴定管两手操作姿势

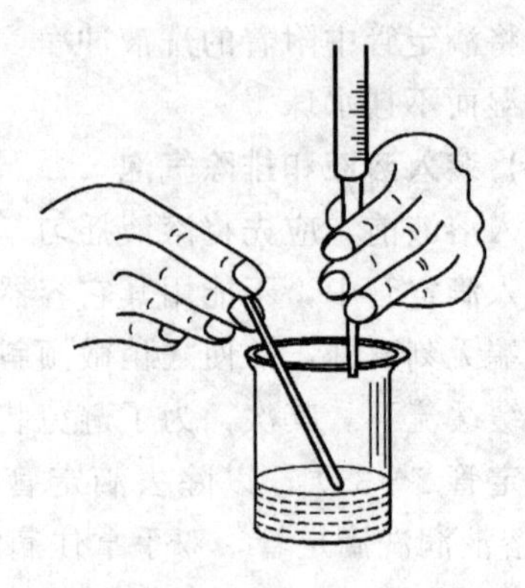

图 2-6　烧杯中的滴定操作

可靠烧杯内壁，左手滴加溶液，右手拿玻璃棒搅拌溶液，如图 2-6 所示。玻璃棒做圆周搅动，不要碰到烧杯壁和底部。接近终点时滴加的半滴溶液可用玻璃棒下端轻轻沾下，再浸入溶液中搅拌。注意玻璃棒不要接触管尖。

在整个滴定过程中，左手一直不能离开活塞而任溶液自流。摇动锥形瓶时，要注意勿使溶液溅出，勿使瓶口碰到滴定管口，也不要使瓶底碰到白瓷板，不要前后振动，更不要把锥形瓶放在白瓷板上前后推动。滴定开始时，滴定速度可稍快，使溶液逐滴滴加，不要呈流水状放出，一般为 $10mL \cdot min^{-1}$，即 3～4 滴/s。随时观察溶液颜色的变化，当滴落点周围出现暂时性的颜色变化，但又立即消失时，表明临近终点，此时应改为滴加一滴后，摇动锥形瓶。等到必须摇 2～3 次后，颜色变化才完全消失时，表示离终点已经很近，应改为滴加半滴溶液。微微转动活塞（酸式滴定管）或捏挤橡皮管（碱式滴定管），使溶液悬挂在出口管嘴上，形成半滴，但未落下，将其靠在锥形瓶内壁，再用少量蒸馏水（洗瓶）冲洗锥形瓶内壁，摇动锥形瓶。如此重复，直至刚刚出现终点颜色而又不再消失为止。一般 30s 内不再变色即认为达到了滴定终点。

应多练习滴定管的操作，能熟练自如地控制滴定管溶液的流速：①使溶液逐滴连续滴出；②只放出一滴溶液；③半滴的控制和吹洗。滴定时，应注意：①每次滴定最好都从 0.00mL 开始，或接近 0.00mL 的任一刻度开始，这样在使用同一滴定管重复测定时，可减小误差，提高精密度；②滴定时，眼睛要观察滴落点周围颜色的变化，而不要去看滴定管上的刻度变化；③滴定完毕后，应弃去滴定管内剩余的溶液，不得倒回原试剂瓶。依次用自来水、蒸馏水冲洗滴定管，保存备用。

(5) 滴定管的读数

滴定开始前和终点时都要读取数值。读数时将滴定管从滴定管夹取下，用右手大拇指和食指捏住滴定管上部无刻度处，使滴定管保持竖直，然后再读数。

滴定管内的溶液形成一个弯液面，无色或浅色溶液的弯液面下缘比较清晰，易于读数。读数时，视线应与弯液面下缘实线的最低点相切，即读取与弯液面水平相切的刻度，如图 2-7。由于液面是球面，改变眼睛的位置会得到不同的读数，平视是正确的读数位置，仰视时读数偏高，俯视时读数偏低。深色溶液读数时，如 $KMnO_4$、I_2 溶液等，弯曲液面很难看清楚，视线应与液面两侧的最高点相切，即读取视线与液面两侧的最高点呈水平处的刻度。在使用带有蓝色衬背的滴定管时，液面呈现三角交叉点，应读取交叉点与刻度相交之点的读数。

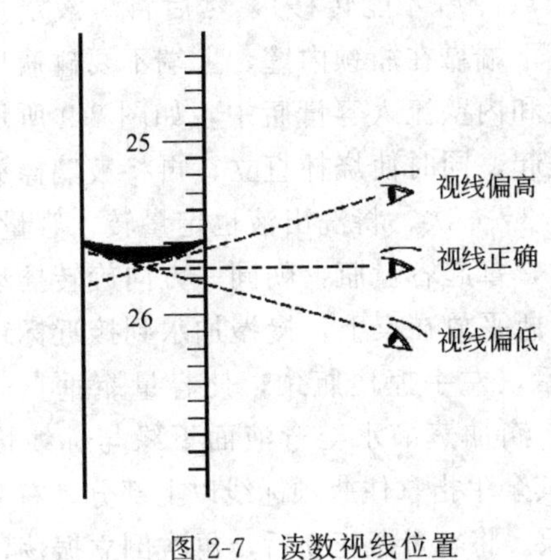

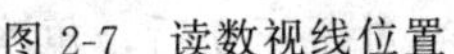

图 2-7　读数视线位置

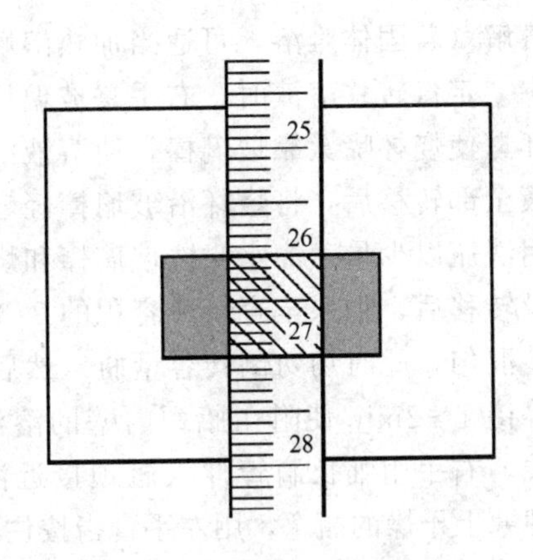

图 2-8　用读数卡读数

读数的原则是：初读数与终点读数应采取相同的读数方法，注入或放出溶液后，需等待 1～2min，使附着在滴定管内壁上的溶液流下来后再读数。因此，刚添加完溶液或刚滴定完毕，不要立即调整零点或读数。读数必须精确到小数点后第二位，即要求估读到 0.01mL。读取初读数前，若滴定管尖悬挂液滴时，应将其靠在锥形瓶外壁。在读取终点读数时，若出口管尖悬有溶液，则此次读数不能取用。

对于蓝带滴定管，读数方法与上述相同。蓝带滴定管盛溶液后将有近似两个弯月面的上下两个尖端相交，此上下两尖端相交点的位置，即为蓝带管的正确读数位置。

为便于读数，可采用读数卡，它有利于初学者练习读数，如图 2-8 所示。读数卡是用贴有黑纸或涂有黑色长方形（约 3cm×1.5cm）的白色纸板制成。读数时，将读数卡放在滴定管背后，使黑色部分在弯月面下约 1mL 处，此时即可看到弯月面的反射层全部成为黑色。然后，读此黑色弯月面下缘的最低点。然而，对有色溶液需读其两侧最高点时，可用白色卡片作为背景。

2.1.3　容量瓶

容量瓶是一种细颈梨形平底玻璃瓶，主要用途是配制准确浓度的溶液或定量地稀释溶液。容量瓶是由无色或棕色玻璃制成，带有磨口玻璃塞或塑料塞，颈上有一标线，表示在所指温度下（一般为 20℃），当液体充满到标线时瓶内液体体积。常用的容量瓶有 50mL、100mL、250mL、500mL 等规格。

(1) 容量瓶的准备

容量瓶在使用前应先检查容量瓶的体积与要配制的体积是否一致，瓶口与瓶塞是否配套以及瓶塞处是否漏水。容量瓶检漏的方法是：加自来水至标线附近，盖好瓶塞后，用左手食指按住塞子，其余手指拿住瓶颈标线以上部分，右手用指尖托住瓶底，将容量瓶倒立 2min，用干滤纸沿瓶口缝隙处检查看有无水渗出。如不漏水，将容量瓶直立，旋转瓶塞 180°后，再倒立 2min 检查，如仍不漏水，即可使用。用橡皮筋将塞子系在瓶颈上，防止玻璃磨口塞沾污、摔碎或与其它瓶塞搞混。检验合格的容量瓶应洗涤干净。洗涤方法、原则与洗涤滴定管相同。洗净的容量瓶内壁应均匀润湿，不挂水珠。

(2) 容量瓶的操作

用容量瓶配制标准溶液时，将准确称取的固体物质置于小烧杯中，加水或其它溶剂使固体完全溶解（若固体难溶，可适当加热溶解，但须放冷后才能转移），然后将溶液定量转入容量瓶中。定量转移溶液时，右手拿玻璃棒，使其下端靠在瓶颈内壁，上端不要碰瓶口，左手拿烧杯，使烧杯嘴紧靠玻璃棒，使溶液沿玻璃棒和内壁流入容量瓶中，如图 2-9 所示。烧杯中溶液全部转移后，将烧杯沿玻璃棒轻轻向上提起，同时使烧杯直立，再将玻璃棒放回烧杯中。用洗瓶以少量蒸馏水吹洗玻璃棒和烧杯内壁 3～4 次，将洗出液也定量转入容量瓶中。完成定量转移后，加水至容量瓶容积的 2/3 左右时，拿起容量瓶，朝同一方向旋转摇动，使溶液初步混匀，此时切勿倒转容量瓶。然后把容量瓶平放在桌上，慢慢加水到接近标线 1cm 左右，等待 1～2min 使附在瓶颈内壁的溶液流下后，左手捏住瓶颈，使容量瓶垂直，眼睛平视标线，右手用细长滴管伸入瓶颈接近液面处，滴加蒸馏水至弯液面下缘与标线恰好相切。立即塞上干燥的瓶塞，用左手食指按住塞子，其余手指拿住瓶颈标线以上部分，右手用指尖托住瓶底，将容量瓶倒转并摇动，使气泡上升到顶。将容量瓶正立后，再次倒立振荡，如此反复多次，使溶液充分混合均匀，如图 2-10 所示。最后放正容量瓶，打开瓶塞，使其周围的溶液流下。重新塞好塞子，再倒立振荡 1～2 次，使溶液全部充分混匀。若用容量瓶稀释溶液，则用移液管移取一定体积的溶液于容量瓶中后，采用上述相同的方法加水至刻度。

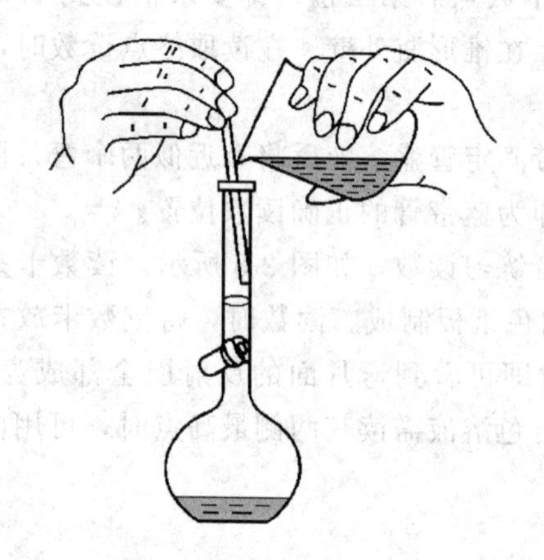

图 2-9　转移溶液的操作

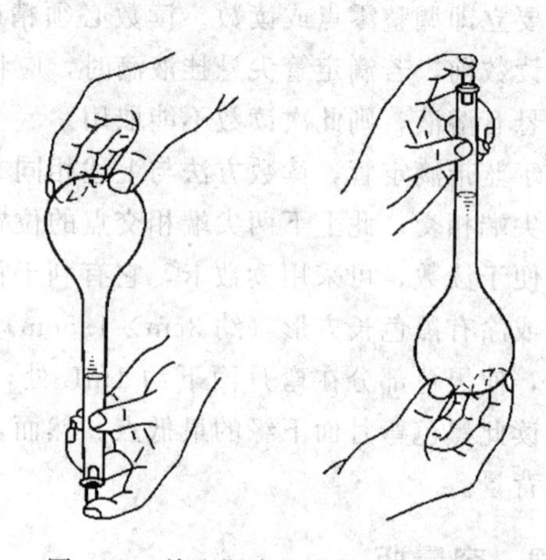

图 2-10　检查漏水和混匀溶液的操作

容量瓶的使用原则：①定容过程中，当液面不到标线时，不可将容量瓶倒立振荡；②如固体溶解需加热或放出大量的热时，应将溶液冷却至室温后，再移入容量瓶，否则会造成体积误差；③需避光的溶液应用棕色容量瓶配制；④容量瓶不宜长期存放溶液，应转移到试剂瓶中保存；⑤容量瓶为有刻度的精确玻璃量器，不宜放在烘箱中烘烤；⑥容量瓶若长期不用，磨口处应洗净擦干，并用纸片将磨口隔开。

2.1.4　移液管和吸量管

移液管是用于准确移取一定体积的量出式玻璃量器，它是一根细长而中间膨大的玻璃管，在管的上端有一环形刻度线，称为标线，膨大部分标有容积和标定时的温度。常用的移液管有 10mL、25mL、50mL 等规格。

吸量管是具有分刻度的玻璃管，用于移取非固定体积的溶液，通常用于量取小体积的溶液。常用的吸量管有 1mL、2mL、5mL、10mL 等规格。

(1) 移液管和吸量管的准备

使用前先弄清移液管的规格大小，检查移液管是否有破损，要特别注意检查管口，必须完整无损；对于吸量管，还应熟悉它的分刻度，然后进行洗涤。移液管和吸量管一般先用自来水冲洗，内壁应不挂水珠，否则要用铬酸洗液洗涤：右手拿着管的上端，左手持洗耳球，吹去残留的水，除去管尖的液滴（可用滤纸从下管口尖端吸水），然后吸取一定量洗液到管内，将移液管或吸量管横过来，用两手的拇指及食指分别拿住管的两端，转动使洗液布满全管内壁 1～2min，洗涤完毕后将管直立，使溶液由尖嘴放回洗液瓶中。用洗液洗涤后，再用自来水冲洗干净，最后用蒸馏水洗涤 2～3 次。洗好的移液管或吸量管必须要求达到内壁完全不挂水珠。

(2) 移液管和吸量管的操作

用洗净的移液管和吸量管移取溶液前，先吹尽管尖残留的水，并用滤纸将管尖内外的水擦去，否则会因水滴的引入而改变原溶液的浓度。然后用待取溶液润洗 2～3 次，以确保所移取的溶液浓度不变。注意勿使溶液回流，以免稀释及沾污溶液。移取溶液时，将管尖直接插入液面下 1～2cm。注意，管尖不应伸入液面太深，以免管外壁黏附过多的溶液；也不应伸入太浅，以免液面下降后造成吸空。吸取溶液时，右手拿着管的上端，左手持洗耳球，如图 2-11 所示，应注意液面和管尖的位置，应使管尖随液面下降而下降。当管内液面升高到刻度以上时，迅速移去洗耳球，并立即用右手食指堵住管口，然后将管尖提离液面。左手改拿待吸液容器，使其倾斜 30°，右手将管往上提起，使管尖端靠着容器的内壁。略微松开右手食指，并用拇指和中指轻轻转动管身，使液面缓慢而平稳下降，直到视线平视时，溶液弯液面的最低点与刻度线相切。此时，立即用食指按紧管口，取出移液管或吸量管，用干净的滤纸擦拭管外溶液。然后把准备承接溶液的容器稍倾斜，将移液管或吸量管移入容器中，使管垂直，管尖靠着容器内壁，松开食指，使溶液自由地沿器壁流下，如图 2-12 所示，待溶液流尽后，继续停靠 15s，将管尖端在承接容器上转动几圈，最后取出移液管。注意！整个移液过程中，移液管和吸量管始终保持垂直。管上未刻有“吹”字的，切勿把残留在管尖内的溶液吹出，因为在校正时，已经考虑了末端所保留溶液的体积。但管上刻有“吹”字，一定要吹出！移液管和吸量管使用后，应洗净放在移液管架上，不能放在烘箱中烘烤。

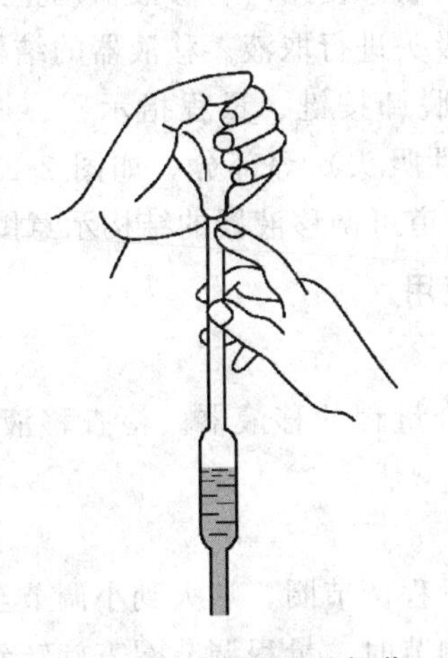

图 2-11　吸取溶液的操作

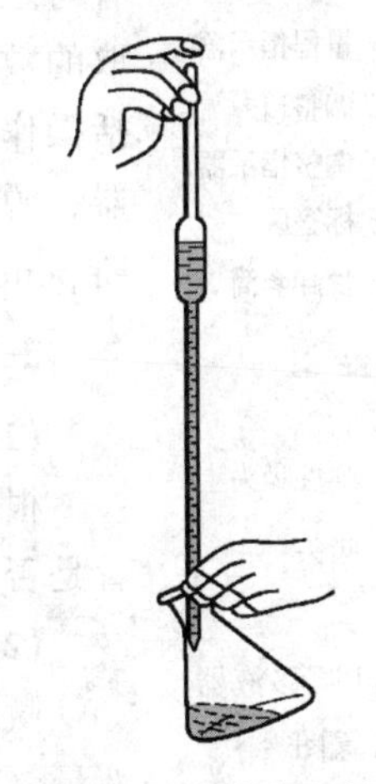

图 2-12　放出溶液的操作

2.1.5　移液器

微量可调移液器，简称移液器或移液枪，是一种用于定量转移液体的精密取样仪器，可以对少量液体进行迅速、准确的定量取样和加样，加样体积的范围在0.1μL～10mL。与传统的移液管相比，移液器具有取样准确、操作便捷、简单轻巧等优点，因而广泛应用于生物、化学、环境、医学、食品、司法鉴定等领域。

2.1.5.1　移液器的工作原理

按照工作原理的不同，微量移液器主要分为气体活塞式移液器（air-cushion）和外置活塞式移液器（positive-displacement）。两类移液器的核心结构基本相同，即通过弹簧的伸缩力量使活塞上下活动，排出或吸取液体。两者的区别在于活塞是否直接接触待测液体。

在气体活塞式移液器中，活塞通过推动空气来操纵液体。通过按动移液器芯轴，在活塞的推动下，排出部分空气。将前端安装的吸头插入液体试剂中，放松对芯轴的按压，靠内装弹簧机械力复原轴芯，形成负压，利用大气压吸入液体。再按动芯轴，由活塞推动空气排出液体。该类移液器适用于大部分日常液体的移取，具有较高的准确度。

在外置活塞式移液器中，活塞直接接触液体，移液器通过分液管或吸头内活塞的连续运动移取或打出液体。由于操作过程中没有空气柱，因此可轻松转移易挥发液体、非水性黏稠液体、水性黏稠液体及非室温下的标准水性溶液。

2.1.5.2　移液器的分类

按照是否手动可分为手动移液器和电动移液器；按照量程是否可调可分为固定量程移液器和可调量程移液器；按排出的通道数可分为单道、8道、12道、96道移液器；按照灭菌情况可分为半支灭菌和整支灭菌。其中每类移液器又包含多种不同的量程，比如单道可调量程移液器就包含0.1～2.5μL、0.5～10μL、2～20μL、10～100μL、20～200μL、100～1000μL、0.5～5mL、1～10mL等型号。

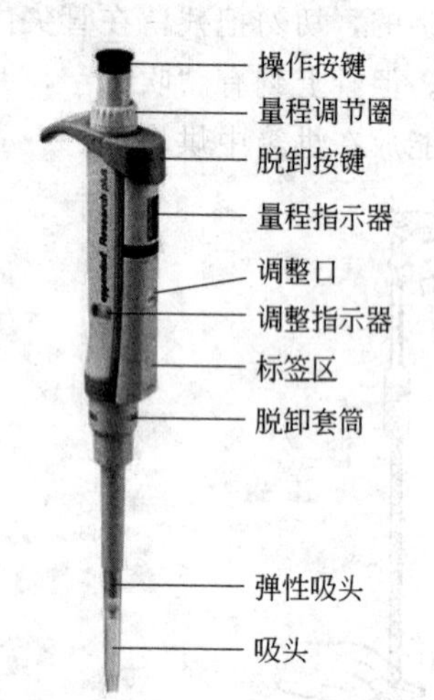

图2-13　微量可调移液器的结构示意图

2.1.5.3　移液器的结构组成

为了满足不同的量取需求，移液器包含多个量程规格，并配有与之适应的可更换移液器吸头。使用时将移液器调整到需要量取的数值上，装上相配套的吸头进行取液。移液器的结构一般包括操作按键、量程调节圈、脱卸按键、量程指示器、调整指示器、脱卸套筒、吸头（一次性吸头）等部分。如图2-13所示为Eppendorf Research® plus单道可调移液器的结构示意图。

2.1.5.4　移液器的使用

(1) 选择移液器及吸头

根据实验需求，选择适合量程的移液器。检查移液器状态，看是否损坏。

(2) 设定移液体积

微微转动移液器顶部的量程调节圈，从大到小调节至所需移液量。当由小量程向大量程调节时，量程调节圈需旋转到超过所需量程1/3圈处，然后回调到所需量程。设定的移液量不能超出该移液器标定的移液范围，不能把按钮转至额定范围之外，否则将造成移液器损坏。

(3) 装配吸头

选择与移液器适配的一次性吸头。移液器通过吸头来转移液体，因此要求吸头的规格必须大于所需移液量。装配吸头时，将移液器弹性吸头部分垂直插入吸头，稍微用力左右微微转动，上紧即可。吸头可以用移液器在吸头盒中装配，也可以手动插上吸头。在接触吸头时，需要注意避免污染和加热吸头。

(4) 吸液

移液方法主要包含前进移液法和反向移液法两种。最为常见的是前进移液法，即将移液器操作键按下至第一挡位置，然后将吸头垂直浸入液体一定深度，平稳松开按钮，使液体吸入吸头内。吸液时注意保持浸入深度，防止吸入空气。然后将吸头缓慢地移出液面，擦拭掉吸头外壁残留的液体。图 2-14 所示的吸液方法就是前进移液法。

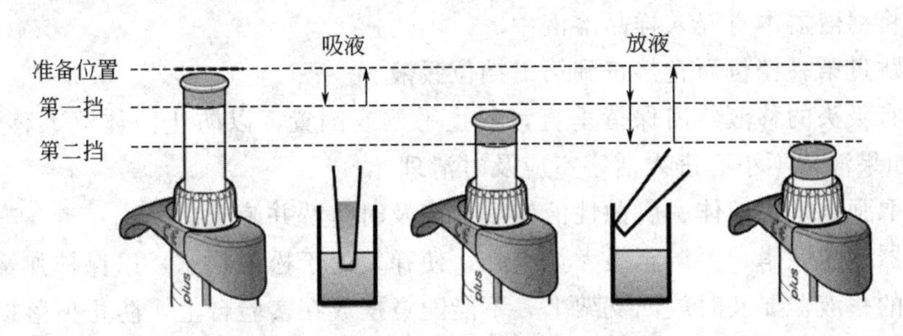

图 2-14　移液器吸液、放液操作示意图

对于高黏度液体、易起泡液体、生物活性液体、极微量液体，常采用反向移液法，即先吸入多于设置量程的液体，转移液体的时候不用吹出残余的液体。先按下按钮至第二挡位置，缓慢松开按钮至原点。接着将按钮按至第一挡位置，排出设置好量程的液体，继续保持按住按钮位于第一挡位置，千万不要再往下按，取下有残留液体的吸液嘴。

吸头垂直浸入液体的最佳深度与使用的移液器量程相关，一般来说，量程为 0.1～1μL 的移液器吸头需要浸入液体 1mm；1～100μL 的移液器吸头需要浸入液体 2～3mm；100～1000μL 的移液器吸头需要浸入液体 2～4mm；1～10mL 的移液器吸头需要浸入液体 3～5mm。

(5) 放液

放液体时，将吸头倾斜地紧贴容器壁，先将操作键缓慢按下至第一挡位置，略作停顿至不再有液体流出后，再按至第二挡位置，将液体完全排空。按住操作键，将吸头上残留的液体靠在容器内壁上，然后让操作键在试剂瓶外缓慢回弹。

(6) 卸掉吸头

按下脱卸按键，卸掉吸头，用过的吸头丢入垃圾箱。如果取用的液体为有毒有害试剂，需要将吸头放入指定的垃圾回收处进行处理。如果重复取液，可更换新的枪头，重复上述步骤。

(7) 回收移液器

移液器使用完毕，将移液器量程调至最大值，垂直放置在移液器支架上保存。

2.1.5.5　移液器使用的注意事项

① 移液器的最佳使用温度为 20～25℃，移液器、吸头和液体间的温度差都会影响测量的准确度。使用时需提前将移液器放入工作环境，使其温度和工作室温相同。

② 移液体积需包含在移液器所提供的量程范围之内。移液操作需要一次移取到位，禁止分成小体积多次移取。

③ 调整移液器量程时速度不宜过快，避免计数器部件的磨损。

④ 装配吸头时，用力要适度，用力过轻会导致吸液过程中吸头脱落，用力过猛会导致内部零部件松动或损坏。

⑤ 在安装新的吸头或吸取大体积液体时，最好使用待转移的液体润洗吸头两到三次。润洗有助于吸头内壁形成一道同质液膜，使吸头内部空气温度和样品温度一致，确保移液工作的精密度和准确度。但是，移取高温或低温样品时，为了避免温度的影响，移液前不能润洗吸头，且每次移液均需要更换吸头，并尽快排液。

⑥ 需要保持均匀地吸、放液速度，否则容易造成反冲、产生气雾或吸入空气。

⑦ 严禁将移液器本身浸入样品溶液中。

⑧ 严禁跳过第一挡位而直接按到第二挡位吸液。

⑨ 安装有吸头的移液器需保持垂直，禁止平放或倒置，以防止液体流入移液器造成腐蚀或污染。如果液体不小心进入活塞室应及时清理。

⑩ 在吸取强挥发性液体、腐蚀性液体后，应及时清洗并晾干。

⑪ 移液器使用完毕，要调至最大量程处，使弹簧处于松弛状态，以保护弹簧。

⑫ 用过的移液器要及时放回支架上，不能随意摆放在实验台上，防止掉落损坏。

2.1.5.6 移液器的日常维护

(1) 移液器的清洁

定期清洗移液器。可以使用含肥皂液、洗洁精或60%异丙醇的湿布清洁移液器外部污垢，再用双蒸水清洗，自然晾干即可。

(2) 移液器的检漏

定期检查是否有漏液现象。可以将吸取液体的移液器垂直放置在支架上，静置15s，观察吸头顶端是否有液滴。如果有液滴，检查吸头是否有问题。更换吸头后，如果仍然有漏液现象，则说明移液器组件出现问题，需要找专业维修人员修理。

(3) 移液器的校准

移液器容量的准确性直接影响数据结果，因此为保证测量结果具有良好的精确度和可信度，必须对移液器进行定期校准。移液器的校准方法采用国标 JJG 646—2017《移液器检定规程》中的衡量法，检定周期为1年，也可根据使用频率自行确定校准时间。

2.2 分析天平

2.2.1 分析天平的分类

分析天平是定量分析中进行准确称量时最常用的仪器，万分之一的分析天平可精确称量至0.0001g（即0.1mg）。分析天平的类型多种多样，可以分为等臂（双盘）分析天平、不等臂（单盘）分析天平、电子天平等。

2.2.2 电子天平的介绍

2.2.2.1 电子天平的工作原理

电子天平是采用电磁力平衡的原理，应用现代电子技术设计而成的。将秤盘与通电线圈相连接，置于磁场中，当被称量物质置于秤盘后，重力方向向下。线圈内有电流通过时，根据电磁基本理论，通电的导线在磁场中将产生一个向上作用的电磁力，与秤盘重力方向相反、大小相同，而通过导线的电流与被称量物质的质量成正比。通用分析天平如图 2-15 所示。

2.2.2.2 电子天平的构造

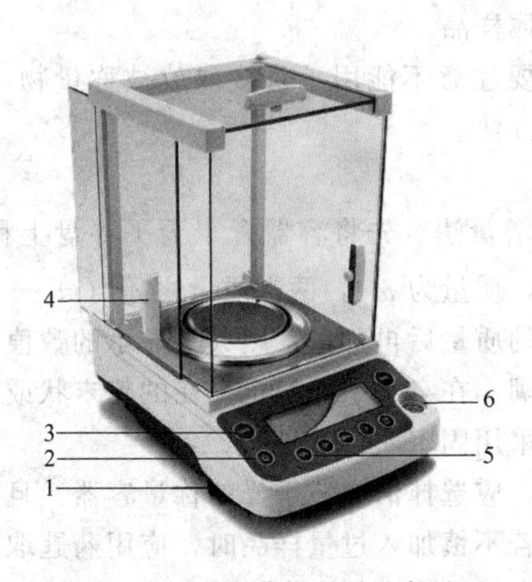

图 2-15 通用分析天平示意图

1—水平调节器；2—电源开关；3—清零、去皮键；4—天平门；5—校正键；6—水平仪

2.2.2.3 电子天平的使用流程

① 检查天平的清洁情况，如不干净，应用专用毛刷清洁。对于难清洁的样品，可用水清洁，尽量不要使用有机溶剂清洁。

② 检查水平仪，如气泡不在中心位置，应调节天平的水平调节脚，使气泡位于水平仪的中心。

③ 通电，预热 30min 以上。

④ 开启显示器，按 ON 键，显示器亮，等待显示屏出现 0.0000g。如果显示器出现的质量值不为 0.0000g 时，则轻按去皮键 TARE，待出现 0.0000g 后再称量。

⑤ 称量，将被称量物放在秤盘中间，待显示数字稳定后，即可读取、记录称量结果。

⑥ 称量结束后，关闭显示器。轻按 OFF 键，显示器熄灭，此时天平还接通电源，处于待机状态，再次使用时不需预热。如天平长时间不使用，应关闭电源。

2.2.2.4 注意事项

① 远离震源，并防止气流和磁场干扰；称量的时候尽量避免气流流动，影响稳定性。

② 天平刚装好新启用，或使用较长时间，或移动，或环境变化等，都需进行校正。

③ 称量容器和样品应尽量和周围环境温度保持一致，不要直接称量刚从烘箱或冰箱中取出的样品；温度的差异可导致空气的流动或在容器、样品上形成水膜，影响称量结果。

④ 称量时应将样品或容器置于秤盘中间位置，避免偏载误差。

⑤ 易挥发和腐蚀性样品应盛放在密闭的容器中进行称量，以免腐蚀和损坏天平。

⑥ 称量时应降低空气流动，注意轻开轻关天平门。

⑦ 读数时天平门应处于关闭状态。

⑧ 称量后应清洁天平，包括天平门、托盘及托盘内部等，尤其注意是否有样品掉落至

托盘下面。

2.2.2.5 称量方法

(1) 直接称量法

当天平零点调定后，将被称量物直接放在秤盘上，按天平使用方法进行称量，所得读数即为被称量物的质量。直接称量方法适用于称量洁净干燥的器皿、棒状或块状的金属及其它整块的不易潮解或升华的固体样品。

采用直接称量法时，需要注意不能用手直接取放被称量物，而应该采取戴手套、垫纸条、用镊子或钳子等适宜的办法。

(2) 固定质量称量法

固定质量称量法，也称增量法。先将容器置于天平秤盘上称量（质量为 m_1），然后将样品加到称量容器中再称量，质量为 m_2，两次质量之差（m_2-m_1）即为称取样品的质量；如采用去皮键消除称量容器的质量后再称重，则天平显示的数值即为称取样品的质量。固定质量称量法适于称量不易吸潮、在空气中能稳定存在的粉末状或小颗粒样品。例如，称量固定质量的基准物质时，即可采用固定质量称量法。

采用固定质量称量法时，应选择洁净、干燥的称量容器，且容器加上所称取样品的质量必须在天平称量范围之内。若不慎加入过量样品时，应用药匙取出多余样品，直至样品质量符合指定要求为止。严格要求时，取出的多余样品应弃去，不要放回原试剂瓶中。操作时不能将样品散落于天平盘等容器以外的地方，称好的样品须定量转入接收容器中，此即所谓“定量转移”。

(3) 递减称量法

递减称量法，也称减量法或差减法，适用于易吸水、易氧化或易与 CO_2 反应的物质（在空气中相对不稳定的物质）的称取。取适量样品置于一干燥洁净的容器（称量瓶、小滴瓶等）中，置于天平秤盘上称量，质量为 m_1，然后转移出欲称量的样品于实验器皿中，再称量剩余样品和称量瓶的质量（m_2），两次质量之差（m_1-m_2）即为称取样品的质量。使用电子天平时，可以将第一次准确称量（m_1）用除皮键清除，转移样品后第二次准确称量显示为负值，其绝对值则为所称取样品的质量。

称量瓶是减量法称量粉末状、颗粒状样品最常用的容器。称量瓶使用前要洗净烘干，用时不能直接用手拿，而是应该用纸条套住瓶身中部，用手指捏紧纸条进行操作，这样可以避免手汗和体温的影响。称量的步骤如下：a. 待称样品放于洁净、干燥的称量瓶中，置于干燥器中保存；b. 左手用纸条套取出称量瓶（操作如图 2-16 所示），置于天平上称量，记录

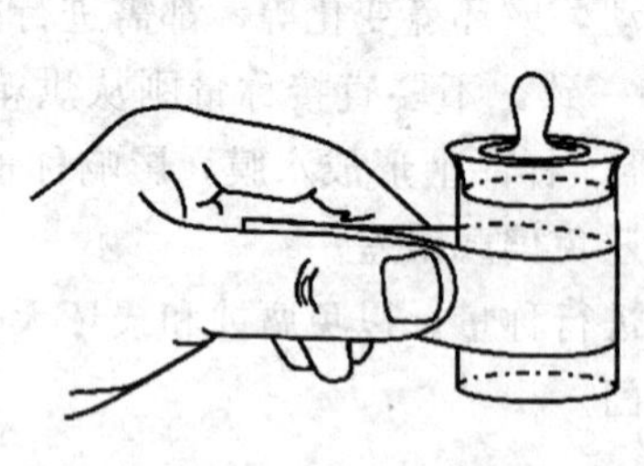

图 2-16 称量瓶的拿法

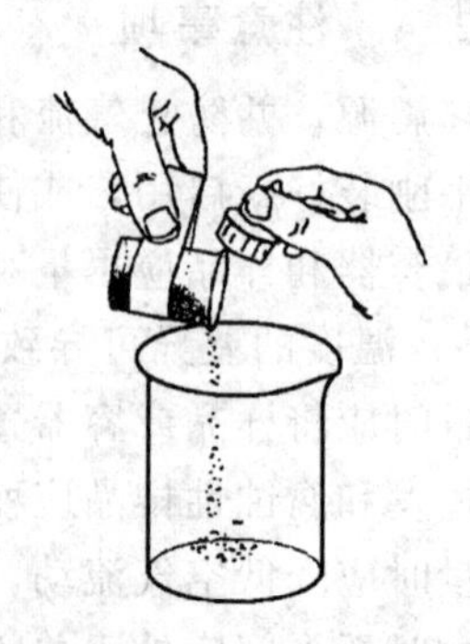

图 2-17 从称量瓶中敲出试样的操作

称量瓶的质量；c. 将称量瓶取出，在接收样品的容器上方打开瓶盖，倾斜瓶身，用称量瓶盖轻敲瓶口上端，使试样慢慢落入容器中，瓶盖始终不要离开接收器上方（操作如图 2-17 所示）。当倾出的样品接近所需量时，一边继续用瓶盖轻敲瓶口，一边逐渐将瓶身竖直，使黏附在瓶口上的试样落回称量瓶中，盖好瓶盖后方可离开容器的上方，再准确称其质量。两次质量之差，即为称取试样的质量。如果一次倾出的样品量不够，可再次将称量瓶拿出继续倾倒样品，直至倾出样品的量满足要求后，再记录第二次天平称量的读数。按上述方法连续递减，可称取若干份样品。

2.3 重量分析

重量分析是定量分析方法之一，它是通过称量被测组分的质量来确定被测组分含量的分析方法。在重量分析中，一般是先将被测组分从试样中分离出来，并转化为一定的称量形式，然后用称量的方法测定该组分的含量。

2.3.1 重量分析法分类

应用重量分析法测定时，必须先用适当的方法将被测组分从样品中分离出来，然后才能进行称量。因此，重量分析包括分离和称量两大步骤。根据分离方法的不同，重量分析可分为沉淀法、汽化法、电解法等。

2.3.1.1 沉淀法

沉淀法是重量分析的重要方法，它是利用沉淀反应将被测组分转化成难溶物从溶液中分离出来，然后经过滤、洗涤、干燥或灼烧，得到可供称量的物质进行称量，根据称量的质量求算样品中被测组分的含量。

在沉淀法中，向待测试液中加入适当的沉淀剂，可使被测组分沉淀出来，生成的沉淀称为沉淀形式。沉淀经过滤、洗涤、烘干或灼烧后，获得最后称量的沉淀，称为称量形式。沉淀形式与称量形式可以相同，也可以不相同。例如，测定 Cl^- 时，加入沉淀剂 $AgNO_3$ 后得到 $AgCl$ 沉淀，其沉淀形式和称量形式相同。但测定 Mg^{2+} 时，沉淀形式为 $MgNH_4PO_4$，经灼烧后得到的称量形式为 $Mg_2P_2O_7$，则沉淀形式与称量形式不同。

对沉淀形式的要求：①保证待测组分沉淀完全，且沉淀的溶解度必须很小。由沉淀溶解造成的损失应不超过分析天平的称量误差范围（即沉淀的溶解损失≤0.2mg）；②沉淀必须纯净，尽量避免其它杂质的沾污，称量形式所含杂质的量不得超出称量误差所允许的范围；③沉淀应易于过滤和洗涤，便于操作；④沉淀应易于转化为称量形式。

对称量形式的要求：①必须有确定的化学组成，符合一定的化学式，否则无法计算分析结果；②化学稳定性要高，称量形式不易吸收空气中的水分和 CO_2，也不易被空气中的 O_2 所氧化；③称量形式的摩尔质量要大，这样可减小称量的相对误差，提高分析结果的准确度。

2.3.1.2 汽化法

汽化法是利用物质的挥发性，通过加热或其它方法使试样中的待测组分或其它组分挥发而达到分离的目的，然后通过称量确定待测组分的含量。根据称量对象的不同，汽化法可分为直接法和间接法。

待测组分与其它组分分离后，如果称量的是待测组分，通常称为直接法。例如，碳酸盐的测定时，加入盐酸与碳酸盐反应后放出 CO_2 气体，用石棉与烧碱的混合物吸收，后者所增加的质量就是 CO_2 的质量，据此即可求得碳酸盐的含量。

待测组分与其它组分分离后，如果称量其它组分，通过测定样品减失的质量来求得待测组分的含量，则称为间接法。药品检验中的“干燥失重测定法”就属于间接法，它是利用汽化法测定样品中的水分或易挥发的物质。具体的操作方法是：准确称取适量样品，在一定条件下加热干燥至恒重（所谓恒重是指样品连续两次干燥或灼烧后称得的质量之差小于0.3mg），根据减失质量和取样量即可计算干燥失重。

2.3.1.3 电解法

电解法是使待测金属离子在电极上还原析出，然后称重，根据电极增加的质量求得待测金属离子的含量。

2.3.2 重量分析基本操作

重量分析的基本操作步骤包括样品溶解、沉淀、过滤、洗涤、干燥和灼烧等。

2.3.2.1 溶解

称取一定量样品置于烧杯中，加水或其它溶剂进行溶解，盖上表面皿，轻轻摇动，必要时可加热促其溶解。若样品需要用酸溶解且有气体放出时，应先在样品中加少量水调成糊状，然后盖上表面皿，从烧杯嘴处注入溶剂，待溶解完全后，用洗瓶冲洗表面皿凸面并使之流入烧杯内。

2.3.2.2 沉淀

重量分析要求尽可能地沉淀完全，且获得纯净的沉淀，因此，应按照沉淀的不同类型选择不同的沉淀条件，如沉淀时溶液的体积、温度、加入沉淀剂的量、加入速度、搅拌速度、放置时间等，都必须按照规定的操作步骤进行。

2.3.2.3 沉淀的过滤和洗涤

(1) 滤纸

滤纸是最常用的过滤介质，可分为定性滤纸和定量滤纸两种，定量分析中常用定量滤纸进行过滤。定性滤纸和定量滤纸的区别主要在于灰化后产生灰分的量。定量滤纸，也称无灰滤纸，在制造这种滤纸时，已用盐酸和氢氟酸除去其中的杂质，一般在灼烧后，一张定量滤纸的灰分含量小于0.1mg，其质量可忽略不计。

按过滤速度或分离性能不同，定量分析滤纸可分为快速、中速和慢速三类，在滤纸盒上分别用白带（快速）、蓝带（中速）、红带（慢速）为分类标志。实际工作中，可根据沉淀的性质和漏斗的规格来选用合适的滤纸。例如，晶形沉淀（$BaSO_4$、CaC_2O_4 等）可选用慢速定量滤纸，胶状沉淀（$Fe_2O_3 \cdot xH_2O$ 等）可选用快速定量滤纸，粗晶形沉淀（$MgNH_4PO_4$），可选用中速定量滤纸。

(2) 滤器

滤纸通常需要与适合的滤器配合使用，常用的滤器有玻璃漏斗、布氏漏斗和玻璃砂芯漏斗等。玻璃砂芯漏斗无需滤纸，即可将沉淀直接过滤在烧结玻璃片上，然后在一定温度下烘至恒重。根据烧结玻璃片的孔径大小可分为不同的规格，可视沉淀或分离对象的实际情况而选定。

(3) 滤纸的折叠和放置

将滤纸对折后，再对折成四分之一圆。然后把折叠的滤纸，按照一侧三层，另一侧一层打开，成漏斗状，如图 2-18 所示。注意将三层一侧的外两层折角撕去一小块，以便使其用水湿润后与漏斗内壁紧密贴合，滤纸的大小应以其上沿低于漏斗边 1cm 左右为合适。将折好的滤纸放入洁净干燥的漏斗中，三层的一侧对应着漏斗出口较短的一边。用食指按紧三层一侧，用洗瓶吹入少量蒸馏水将滤纸湿润，轻压滤纸边缘使其与漏斗密合，但下部留有缝隙，加水至滤纸边缘，此时空隙应全部被水充满，形成水柱，最后将漏斗放在漏斗架上备用。若用布氏漏斗，则不需折叠，只要选择与漏斗直径相适合的滤纸即可。

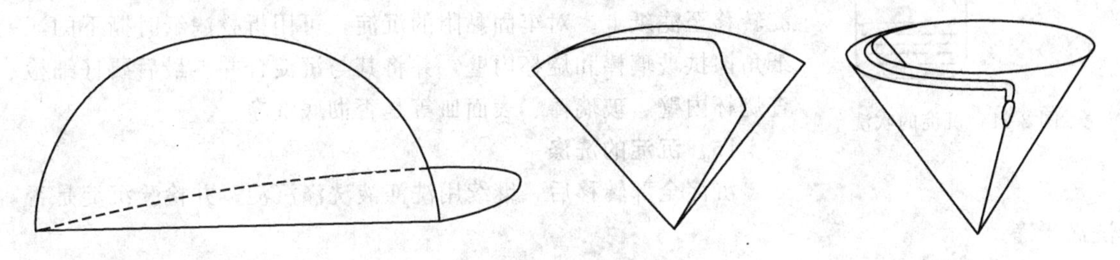

图 2-18　滤纸的折叠

(4) 过滤和沉淀的转移

通常采用“倾泻法”过滤。即先把沉淀上层清液沿玻璃棒倾入漏斗，让沉淀尽量留在烧杯内，如图 2-19 所示。注意玻璃棒应垂直立于滤纸三层部分的上方，尽量接近而不接触滤纸，倾入的溶液高度应不超过滤纸边缘下 5～6mm 处，以免沉淀浸到漏斗上去。当暂停倾注时，将烧杯沿着玻璃棒慢慢上提的同时缓缓扶正烧杯，再将玻璃棒放回烧杯中，这样可以避免烧杯嘴上的液体沿杯壁流到杯外。此外，玻璃棒不要靠在烧杯嘴处，以免烧杯嘴处的少量沉淀沾在玻璃棒上。清液倾注完毕，加适量洗涤液于烧杯中，将玻璃棒放回烧杯，烧杯放在台面上后，一边用木块垫起（见图 2-20），以利于沉淀和清液分离。待沉淀下沉后再次倾注，洗涤液应少量多次加入，且每次待滤纸内溶液流尽后，再倾入下一次的上层清液。

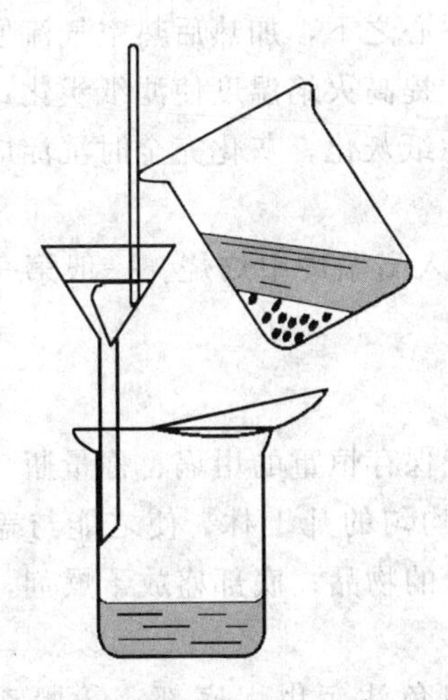

图 2-19　倾泻法过滤

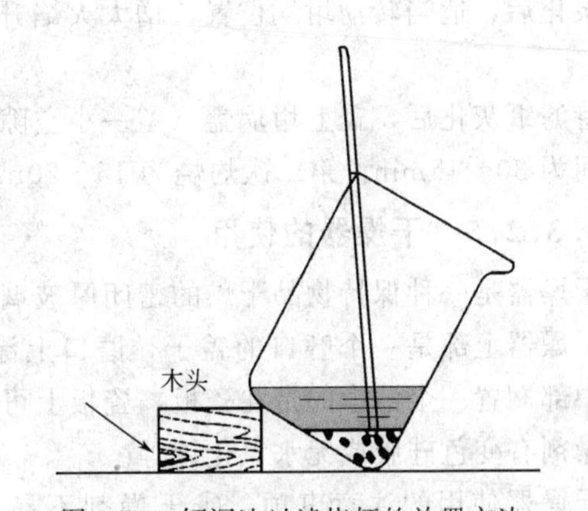

图 2-20　倾泻法过滤烧杯的放置方法

图 2-21　沉淀的吹洗

清液转移后，应对烧杯中的沉淀进行初步的洗涤。每次用约10mL洗涤液吹洗烧杯内壁，使附着的沉淀集中到烧杯底部，搅动沉淀，充分洗涤。待沉淀下沉后，再将清液转移。如此反复洗涤、过滤3～4次。最后加入少量洗涤液并搅动沉淀，立即将沉淀和洗涤液一起转移至漏斗中，再加入少量洗涤液，搅拌后转移至漏斗，如此反复几次，使沉淀基本都转移到漏斗中的滤纸上。如仍有少量沉淀难以转移，则按照图2-21所示的方法，倾斜烧杯，使其嘴对着漏斗，用食指将玻璃棒架在烧杯口上，玻璃棒下端对着三层滤纸一边，用洗瓶吹洗整个烧杯内壁，使洗涤液和沉淀转移至滤纸上。对牢固黏附的沉淀，可用折叠滤纸时撕下的滤纸角擦拭玻璃棒和烧杯内壁，并将其与沉淀合并。最后要仔细检查烧杯内壁、玻璃棒、表面皿等是否彻底洗净。

(5) 沉淀的洗涤

沉淀全部转移后，继续用洗涤液洗涤沉淀，并检验沉淀是否洗涤干净。

2.3.2.4　沉淀的干燥与灼烧

(1) 坩埚的准备

将洗净的坩埚晾干并在灼烧沉淀的温度条件下灼烧至恒重（即前后两次称量结果之差小于0.3mg）。通常，第一次灼烧30min（新坩埚需灼烧1h），第二次灼烧15～20min。

(2) 将沉淀包转移入坩埚

当沉淀洗涤干净后，用玻璃棒将滤纸从三层一侧的边缘开始向内折卷，使滤纸圆锥体的敞口封上，把沉淀包起来，然后将沉淀包取出，并将其放入坩埚中。注意将沉淀包倒置过来使尖端向上，此时，大部分的沉淀与坩埚底部接触，以便沉淀的干燥和灼烧。

(3) 沉淀的烘干和灼烧

将上述坩埚斜放在泥三角上，将坩埚盖半掩地倚在坩埚口，利用火焰将滤纸干燥、炭化和灰化。在这个过程中要适当调节火焰温度，当滤纸未干时，用小火均匀地烘烤坩埚，温度不宜过高，以免坩埚炸裂；在中间阶段将火焰放在坩埚盖中心之下，加热后热空气流便反射入坩埚内部，以加速滤纸干燥，随后将火焰移至坩埚底部，提高火焰温度使滤纸炭化；滤纸完全炭化后，适当转动坩埚位置，增大火焰升高温度，使滤纸灰化，灰化完全时沉淀应不带黑色。

待滤纸灰化后，盖上坩埚盖（留一小空隙），将坩埚放入高温炉中灼烧。一般第一次灼烧时间为30～45min，第二次灼烧为15～20min。

2.3.2.5　干燥器的使用

干燥器是一种保持物品干燥的密闭厚玻璃器皿，常用于保存恒重的坩埚、称量瓶、试样等。干燥器上部是一个磨口的盖子，磨口上涂有一层薄而均匀的凡士林，使之能与盖子密合；中部搁置一个洁净的带孔瓷板，瓷板上可放置需要干燥的物品；底部盛放干燥剂，常用的干燥剂有变色硅胶或无水氯化钙等。

干燥器使用的注意事项：①干燥剂不易放得过多，以免沾污坩埚底部；②搬动干燥器时，要用双手拿着，同时，两手的大拇指紧紧按住盖子，以防盖子滑落而打碎，如图

2-22 所示；③打开干燥器时，不能往上掀盖子，应当左手按住干燥器下部，右手小心把盖子沿水平方向向左前方稍微推开，盖子取下后应放在桌上安全的地方（注意要磨口向上，圆顶朝下），如图 2-23 所示；④取出物品后，应及时盖好干燥器盖，加盖时，也应当用右手拿住盖子圆顶，沿水平方向推移盖好；⑤温度较高的物品不能直接放入干燥器，必须冷却至室温或略高于室温后，方可放入干燥器内；⑥灼烧或烘干后的坩埚及沉淀，不能在干燥器中存放过久，否则会应吸收水分而使质量略有增加；⑦干燥的变色硅胶为蓝色，受潮后变为粉红色，受潮的硅胶可在 120℃烘干至蓝色后反复使用，直至破碎不能用为止。

图 2-22　搬动干燥器的操作

图 2-23　打开干燥器的操作

2.4　紫外-可见分光光度计

2.4.1　基本原理

紫外-可见吸收光谱是由于分子中的官能团吸收了紫外-可见辐射光后，发生了电子能级跃迁而产生的。分光光度分析就是根据物质的吸收光谱研究物质的成分、结构和物质间相互作用的有效手段，紫外-可见吸收光谱属于带状光谱，反映了分子中某些基团的信息，可用标准图谱再结合其它手段进行定性分析。

将分析样品和标准样品在同一溶剂中配制成相同浓度，然后在相同条件下分别测定紫外-可见吸收光谱。若分析样品和标准样品为同一物质，则两者的光谱图应完全一致。如果没有标准样品，也可以和现成的标准谱图对照进行比较，但要求仪器准确、精密度高，且测定条件相同。

紫外-可见分光光度法定量分析的依据和基础是朗伯-比耳定律（Lambert-Beer）。根据 Lambert-Beer 定律：$A=\varepsilon bc$（A 为吸光度，ε 为摩尔吸光系数，b 为液池厚度，c 为溶液浓度），可对溶液进行定量分析。

2.4.2　分光光度计的结构

紫外-可见分光光度计主要由光源、单色器、吸收池、检测器、数据处理、输出打印系统等几个部分组成。

(1) 光源

光源的作用是提供符合要求的入射光，对光源的要求是：①能提供连续的辐射；②光强度足够大；③在整个光谱区内光谱强度不随波长有明显变化；④光谱范围宽；⑤使用寿命长，价格低。钨灯（320～2500nm）用于可见光区，氢灯或氘灯（195～375nm）用于紫外光区。

(2) 单色器

单色器是将光源发射的复合光分解成连续光谱并从中选出任一波长单色光的光学系统，包括狭缝、准直镜、色散元件等。单色器的主要部件及作用是：①入射狭缝，限制杂散光进入；②色散元件，即棱镜或光栅，将混合光分解为单色光；③准直镜，将来自入射狭缝的光束转化为平行光，并将来自色散元件的平行光聚焦于出射狭缝上；④出射狭缝，让特定波长的光射出单色器。

(3) 吸收池

吸收池又称比色皿，是指用来盛放参比溶液和待测溶液的器皿，可用石英或玻璃两种材料制作。其中，玻璃比色皿由于吸收紫外线，仅适用于可见光区；石英比色皿适用于紫外和可见光区。

(4) 检测器

检测器是利用光电效应将光信号转变为电信号的装置，常用的检测器有光电管、光电倍增管、二极管阵列检测器等。

(5) 数据处理、输出打印系统

数据处理、输出打印系统是决定整机的自动化程度的关键部件，特别是软件部分，直接影响紫外-可见分光光度计的质量。

2.4.3 分光光度计的工作原理

由光源灯发出的连续辐射光线，经滤光片和球面反射镜至单色器的入射狭缝聚焦成像，光束通过入射狭缝经平面反射镜到准直镜产生平行光，射至光栅上色散后又以准直镜聚焦在出射狭缝上形成连续光谱，由出射狭缝选择射出一定波长的单色光，经聚光镜聚光后，通过样品室中的参比溶液部分吸收后，经光门再照射到光电管上。调整仪器，使透光率为100%，再移动试样架拉手，使同一单色光通过待测溶液后照射到光电管上。若待测试样有光吸收现象，光亮减弱，将光能的变化程度通过数字显示器显示出来。可根据需要直接在数字显示器上读取透光率值（T）或吸光度值（A）。

2.4.4 分光光度计的基本操作

紫外-可见分光光度计的种类和型号繁多，不同型号的仪器操作方法略有不同（详见各仪器的使用说明书）。下面简单概括一下紫外-可见分光光度计的一般使用步骤。

(1) 开机

① 检查线路连接是否正确，各旋钮及开关是否在起始位置。

② 检查样品室内是否有异物或吸收池。

③ 接通电源并打开仪器开关，开始自检预热（大约10～30min）。

(2) 光谱扫描

① 将参比溶液和待测溶液分别置于比色皿中，放入样品室。

② 调整仪器的参数，设置测量波长。

③ 将参比溶液置于光路中，调零（$A=0$ 或 $T=100\%$）。

④ 将待测溶液置于光路中，读取并记录吸光度示值 A。

⑤ 改变测量波长，重复③～④操作步骤。测量设定波长范围内一定波长间隔的所有波长对应的吸光度值。

⑥ 根据测得的不同波长对应的吸光度绘制吸收曲线，完成光谱扫描。

⑦ 对于带有工作站的紫外-可见分光光度计，可在参数设置中直接设定测量波长的范围。测定时，先以参比溶液进行全波长范围的基线背景校正，再以待测溶液测定全波长范围扣除背景后的吸光度值（自动扣除），并自动绘制光谱吸收曲线。

(3) 定量测定

① 设置定量测定方式：吸光度测量、定量测定等。

② 设置相关参数，选定测量波长。

③ 将参比溶液置于光路中，调零（$A=0$ 或 $T=100\%$）。

④ 将待测溶液置于光路中，读取并记录吸光度示值 A。

⑤ 更换待测溶液，重复③～④操作步骤，直至完成所有溶液的测量。

⑥ 根据测量数据，计算定量结果。

⑦ 对于带有工作站的紫外-可见分光光度计，可以直接进行标准曲线的绘制及数据处理、打印报告等操作。

(4) 测量结束

① 取出吸收池，洗净晾干后保存。

② 关闭仪器电源，拔下电源插头，整理实验台面。

2.4.5 分光光度计使用注意事项

① 预热是保证仪器准确稳定的重要步骤，仪器自检过程中禁止打开样品室盖。若仪器不能初始化，关机重启。

② 比色皿的清洁程度直接影响实验结果的准确性。因此，必须将比色皿清洗干净。先用自来水将比色皿反复冲洗，然后用蒸馏水淋洗，倒立于滤纸片上，待晾干后再收回比色皿盒中。必要时，还要对比色皿进行更精细的处理，如用铬酸洗液浸泡、冲洗等。

③ 比色皿与分光光度计应配套使用，否则会引起较大的实验误差。

④ 比色皿内溶液装入量应以其容量的 2/3～3/4 为宜，过少会影响实验结果的测定，过多则液体溢出腐蚀仪器。测定时应保持比色皿清洁，池壁上液滴应用拭镜纸擦干，切勿用手拿捏透光面。测定紫外波长时，应选用石英比色皿。

⑤ 测定时，禁止将试剂或液体放在仪器的表面上，若溶液溢出或其它原因将样品槽弄脏，应尽可能及时清理干净。

⑥ 尽量将吸光度控制在 0.2～0.8 的读数范围内，以保证测量的准确度。若测定的吸光度值异常，应依次检查：a. 波长设置是否正确，如有误，重新调整波长，并重新调零；b. 测量时是否调零，如操作有误，重新调零；c. 比色皿是否用错，测定可见波段时，可用玻璃比色皿，测定紫外波段时，需用石英比色皿；d. 样品准备是否有误，如有误，重新准备样品。

⑦ 实验结束后应将比色皿中的溶液倒尽，然后用蒸馏水或有机溶剂冲洗干净后，倒立

晾干。关闭电源，盖上防尘罩，做好使用登记，得到实验教师认可后方可离开。

2.5 酸度计

酸度计，又称为 pH 计，主要用于精密测量液体介质的酸碱度值，若配上相应的离子选择性电极，也可以测量电极电位值，广泛应用于工业、农业、科研、环保等领域。

2.5.1 pH 计的分类

(1) 按应用场合分类

根据应用场合不同，可分为笔式 pH 计、便携式 pH 计、实验室 pH 计、工业 pH 计等。笔式 pH 计主要用于替代 pH 试纸的功能，具有精度低、使用方便的特点；便携式 pH 计通常是检测人员带到现场检测时使用，要求具有较高的精度和完善的功能；实验室 pH 计是一种台式高精度分析仪器，要求测量范围宽、精度高、功能全；工业 pH 计主要用于工业流程的连续测量，不仅要有测量显示功能，还要有报警和控制功能，同时，还需考虑安装、清洗、抗干扰等问题，要求稳定性好、工作可靠。

(2) 按测量精度分类

根据仪器的测量精度可分为 0.2 级、0.1 级、0.01 级、0.001 级等，数字越小，精度越高。

2.5.2 pH 计的原理

pH 计是采用氢离子选择性电极来测量溶液 pH 值的一种广泛使用的化学分析仪器。pH 计的基本原理是：将一个连有内参比电极的氢离子指示电极和一个外参比电极同时浸入待测溶液中而形成原电池，在一定温度下，产生的电池电动势只与溶液中氢离子活度有关，而与其它离子的存在基本没有关系。因此，通过测量该电动势的大小，即可转化为待测液的 pH 值而显示出来。

2.5.3 pH 计的结构

pH 计由三个部件构成，即参比电极、指示电极和电流计，简单地说就是由电极和电流计组成。

参比电极对溶液中氢离子活度无响应，具有已知和恒定的电极电位。最常用的参比电极是甘汞电极。指示电极是 pH 玻璃膜电极，由玻璃支杆、玻璃膜、内参比溶液、内参比电极、电极帽、电线等组成。pH 玻璃膜电极的功能是建立一个对待测溶液的氢离子活度发生变化作出反应的电位差。若温度恒定，电池的电位随待测溶液的 pH 值的变化而变化。由于参比电极和指示电极之间产生的电池电动势非常小，且电路的阻抗又非常大（1～100MΩ），因此，测量 pH 计中的电池产生的电位是比较困难的，必须使信号放大，才足以推动标准毫伏表或毫安表。电流计的功能就是将原电池的电位放大若干倍，放大了的信号通过电表显示出来，电表指针偏转的程度表示其推动的信号的强度，为了使用的需要，pH 电流表的表盘刻有相应的 pH 数值，而数字式 pH 计则直接以数字显出 pH 值。

实际工作中，为了操作方便，常常把连有内参比电极的氢离子指示电极和外参比电极复合在一起构成复合电极。复合电极的主要组成部件如下。

① 玻璃薄膜球泡：由具有 H^+ 交换功能的锂玻璃熔融吹制而成，呈球形，膜厚为 0.1～0.2mm，电阻值＜250MΩ(25℃)。

② 玻璃支持管：是支持电极球泡的玻璃管体，由电绝缘性优良的铅玻璃制成，其膨胀系数与电极球泡玻璃一致。

③ 内参比电极：多为 Ag/AgCl 电极，主要作用是引出电极电位，要求其电位稳定，温度系数小。

④ 内参比溶液：为 pH 值恒定的缓冲溶液或浓度较大的强酸溶液，如 0.1mol·L^{-1} HCl 溶液。

⑤ 电极壳：支持玻璃电极和液接界，盛放外参比溶液的壳体，通常由聚碳酸酯（PC）塑压成型或者玻璃制成。

⑥ 外参比电极：多为饱和甘汞电极，其作用是提供一个固定的参比电势，要求电位稳定，重现性好，温度系数小。

⑦ 外参比溶液：通常为饱和氯化钾溶液或 KCl 凝胶电解质。

⑧ 液接界：是外参比溶液和待测溶液之间的连接部件，要求渗透量大且稳定，通常由瓷砂芯材料构成。

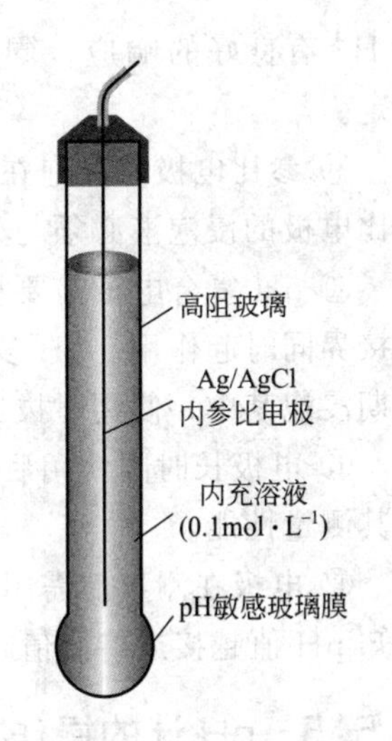

图 2-24 pH 玻璃电极的基本结构示意图

⑨ 电极导线：为低噪声金属屏蔽线，内芯与内参比电极连接，屏蔽层与外参比电极连接。pH 计通常以玻璃电极为指示电极，pH 玻璃电极如图 2-24 所示。

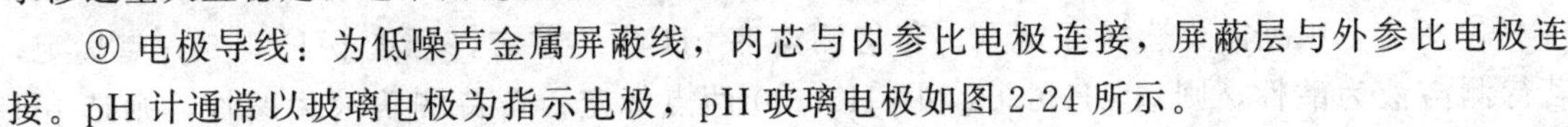

2.5.4 pH 计的使用及维护

① 电极球泡前端不应有气泡，如有气泡应用力甩去。

② 电极从电极壳中取出后，应在蒸馏水中晃动清洗并甩干，不要用纸巾擦拭球泡，否则，由于静电感应电荷转移到玻璃膜上，会延长电势稳定的时间，可使用待测溶液冲洗电极。

③ pH 复合电极插入待测溶液后，需要搅拌晃动几下再静止放置，这样可以加快电极的响应速度。尤其使用塑壳 pH 复合电极时，需要稍微用力地搅拌晃动，这是由于球泡和塑壳之间会有一个小小的空腔，电极浸入溶液后有时空腔中的气体来不及排出会产生气泡，从而使球泡或液接界与溶液接触不良，因此必须用力搅拌晃动，以排除气泡。

④ 在黏稠性试液中测完 pH 之后，电极必须用蒸馏水反复冲洗多次，以除去沾附在玻璃膜上的试液。若用水冲洗不干净，还需先用其它溶剂洗去残留的试液后，再用水洗去溶剂，浸入浸泡液中活化。

⑤ 尽量避免接触强酸、强碱或腐蚀性溶液，若测试此类溶液，应尽量减少浸泡时间，用完后将电极仔细清洗干净。

⑥ 避免在无水乙醇、重铬酸钾、浓硫酸等脱水性介质中使用 pH 计，以免损坏球泡表面的水合凝胶层。

⑦ 塑壳 pH 复合电极的外壳材料是聚碳酸酯塑料（PC），PC 塑料在部分有机溶剂中会溶解，如四氯化碳、三氯乙烯、四氢呋喃等，若待测溶液中含有以上溶剂时，就会损坏电极外壳，此时应改用玻璃外壳的 pH 复合电极。

⑧ pH 玻璃膜电极使用前需要在蒸馏水中浸泡一段时间，这是由于 pH 计的球泡是一种特殊的玻璃膜，在玻璃膜表面有很薄的水合凝胶层，只有在充分湿润的条件下才能与溶液中

的 H^+ 有良好的响应。同时，玻璃电极经过浸泡后，可以使不对称电位大大降低并趋向稳定。

⑨ 参比电极需浸泡在饱和 KCl 溶液中，若液接界干涸会使液接界电位增大或不稳定。参比电极的浸泡液必须与外参比溶液一致，即饱和 KCl 溶液。

⑩ pH 复合电极需要浸泡在含 KCl 的缓冲溶液（pH 4.00）中，这样才能对玻璃球泡和液接界同时起作用。pH 复合电极头部装有一个密封的塑料小瓶，内装电极浸泡液，电极头长期浸泡其中，使用时拔出洗净即可，使用非常方便。

⑪ 电极长时间使用后，响应可能会变慢或产生噪声，需进行清洗等相关的处理，以改善其测量性能。

⑫ 电极在测量前需用已知 pH 值的标准缓冲溶液进行定位校准，为取得更准确的结果，已知 pH 值越接近待测值越好。

2.5.5 pH 计的操作

① 用之前插好电源，按“开/关”键开机，按“mV/pH”键选择 pH 测量，将电极空甩几下，使电极周围充满液体，拔下橡皮塞，再拔下电极保护套。

② 用蒸馏水冲洗电极，并用滤纸吸干。

③ 标定。根据需要选择标定点，若待测溶液 pH 在 7 左右，可选 pH 6.86 一点标定；若待测溶液为酸性，则选 pH 6.86 和 pH 4.00 两点标定；若待测溶液为碱性，则选 pH 6.86 和 pH 9.18 两点标定。

具体的标定步骤如下。

a. 第一点标定：先用温度计测量溶液温度，然后按 pH 计上的“温度”键，调整显示温度与溶液温度一致。将清洗过的电极插入 pH＝6.86 的缓冲溶液中，待显示稳定后，按“定位”键，显示读数与缓冲溶液当时温度下的 pH 值一致时，按“确定”键，完成一点标定。

b. 第二点标定：冲洗电极并用滤纸吸干，先将温度调到溶液的温度，然后将电极插入 pH＝4.00（或 pH＝9.18）的标准缓冲溶液中，待显示稳定后，按“斜率”键，显示读数与缓冲液当时温度下的 pH 值一致时，按“确定”键，完成两点标定。

定位斜率调整后，将电极洗净并用滤纸吸干后，再依次放入 6.86 和 4.00（或 9.18）的标准溶液中测量，观察是否与标准溶液数值一致，若有误差，可进行多次标定。标定完成后，用蒸馏水将电极冲洗干净，并用滤纸吸干。

④ 将电极插入待测溶液中，待显示稳定后读数。

⑤ 用蒸馏水冲洗电极，滤纸吸干后，套上电极保护帽，并盖上橡皮塞，放在电极架上。

⑥ 关闭仪器电源。

2.5.6 pH 计使用注意事项

① 经标定后，“定位”键与“斜率”键不应再有变动。如有变动，则需重新标定。

② 电极玻璃膜部分用滤纸吸干，不允许摩擦玻璃泡部分。

③ 测量时，要拉下电极上端的小橡皮套使之露出上端小孔。电极不使用时，可以塞上橡皮套，防止补充液挥发干涸。

④ 测量完毕，应将电极浸泡在饱和 KCl 溶液中，以保持电极球泡的湿润。当复合电极

内的液位降低时，将饱和 KCl 溶液从电极上端小孔加入。

⑤ 长时间干放的玻璃膜可在 4% HF（氢氟酸）溶液中浸泡 3～5s 后，用蒸馏水洗净，再用 $0.1mol \cdot L^{-1}$ 的盐酸溶液浸泡使之复新，最后在 $3mol \cdot L^{-1}$ 的 KCl 溶液中浸泡 6h 后方可使用。

⑥ 电极不允许倒置。

2.6 原子吸收分光光度计

2.6.1 原子吸收光谱分析的基本原理

原子吸收光谱分析，又称原子吸收分光光度分析，是基于从光源辐射出待测元素的特征谱线，通过样品蒸气时，被蒸气中待测元素的基态原子所吸收，根据辐射光源强度减弱的程度，即可求出样品中待测元素的含量。定量分析的依据是朗伯-比耳定律，数学表达式：$A=kbc$（A 为吸光度，k 比例常数，b 为基态原子层的厚度，c 为蒸气中基态原子的浓度）。

原子吸收光谱法是测量试样中待测金属元素含量的重要方法之一，具有适用范围广、选择性好、灵敏度高、分析速度快等特点。原子吸收分光光度计广泛应用于环保、医药卫生、冶金、地质、食品、石油化工和工农业等领域的微量和痕量元素分析。

2.6.2 原子吸收分光光度计的构造

原子吸收分光光度计主要由四部分组成：光源、原子化器、分光系统和检测系统。工作原理是：由光源发出的光，通过原子化器产生的待测元素的基态原子层，经单色器分光进入检测器，检测器将光强度变化转变为电信号变化，并经信号处理系统计算出测量结果。

目前，绝大多数商品化原子吸收分光光度计都是单道型仪器，即只有一个单色器和一个检测器，工作时只使用一支空心阴极灯。使用连续光源校正背景的仪器还有一个连续光源，如氘灯。单道型仪器不能同时测定两种或两种以上的元素。

(1) 光源

光源的作用是提供待测元素的特征波长光。优良光源的要求是光强度足够高，有良好的稳定性，使用寿命长。原子吸收分光光度计的光源主要有空心阴极灯和无极放电灯两种。

空心阴极灯是目前应用最广的光源，它由一个钨棒阳极和一个内含待测元素的高纯金属或合金的空心圆柱形阴极组成。两极密封于充有低压惰性气体（氖或氩）带有石英窗的玻璃管中。接通电源后，在空心阴极上发生辉光放电而辐射出待测元素的共振线。若阴极物质只含一种元素则为单元素灯，若阴极物质含有多种元素则可制成多元素灯，但多元素灯的发光强度一般都低于单元素灯，所以在通常情况下都使用单元素灯。测量不同的元素必须使用相对应的元素灯，因此，元素灯切换是否便利对原子吸收分光光度计来说非常重要。

无极放电灯是将待测元素的金属粉末与碘（或溴）一起装入石英管中，封入 267～667Pa 压力的氩气。将石英管放入 2450MHz 微波发生器的微波谐振腔中进行激发。无极放电灯发射的原子谱线强，谱线宽度窄，测定的灵敏度高，是原子吸收光谱法中性能较为突出的光源。

(2) 原子化器

原子化器的作用是将待测试样转变成基态原子（原子蒸气）。原子化器要有足够高的原子化效率、良好的稳定性和重现性，且操作简单。常用的原子化器可分为火焰原子化器和非火焰原子化器。

火焰原子化器由雾化器、雾化室和燃烧器组成。① 雾化器是火焰原子化器最重要的部件，它的作用是将试液变成细小的雾滴，并使其与气体混合成为气溶胶。雾粒越细、越多，在火焰中生成的基态自由原子就越多，仪器的灵敏度就越高。雾化器的雾化效果越稳定，火焰法测量的数据就越稳定。雾化器的雾化效率在10%左右。目前，商品化仪器大多使用气动同心圆式雾化器。这种雾化器与预混合式燃烧器匹配，具有雾化性能好、使用方便等优点。②雾化室又称预混合室，它要求有一个充分混合的环境，能使较大的液滴得到沉降，里面的压力变化要平滑、稳定，不产生气体旋转噪声，排水畅通，记忆效应小，耐腐蚀。③燃烧器是根据混合气体的燃烧速度设计的，因此不同的混合气体有不同的燃烧器。燃烧器应是稳定的、再现性好的火焰，有防止回火的保护装置，抗腐蚀，受热不变形，在水平和垂直方向能准确、重复地调节位置。

非火焰原子化器常用的是石墨炉原子化器。石墨炉原子化法的过程是将试样注入石墨管中间位置，用大电流通过石墨管以产生高温，使试样经过干燥、灰化和原子化的过程。目前，应用最普遍的是Massmann型石墨炉。石墨炉的核心部件是石墨管（长约50mm、外径为8～9mm、内径为5～6mm），管壁中间部位有一个直径为1～2mm的小孔，用于注入试样溶液。石墨管两端安装在连接电源的石墨锥体上。为了防止石墨管在高温下燃烧，其外侧设置了一个惰性气氛保护罩，保护罩内有惰性气体流过，称为外气。另有一路惰性气体从石墨管两端进入其中，从中间的小孔逸出，这一路气流称为内气或载气。炉体两端装有石英窗，光束透过石英窗从石墨管内通过。炉体的最外层是一个水冷套，以降低电接点的温度和炉体的热辐射。石墨炉由一个低电压大电流电源供电。分析过程一般分为干燥、灰化、原子化和净化四个阶段。通过石墨炉电源的自动程序，设定各阶段的温度、升温方式和加热时间。各阶段的升温方式分为斜坡升温和快速升温两种。斜坡升温是使炉温在一定时间内达到设定温度；快速升温又称最大功率升温，是使炉温在瞬间达到设定值。快速升温的升温速率可达2000℃·s^{-1}以上。在升温过程中，利用安装在炉体上的光学温度传感器测量炉内温度，测量的信号反馈给电源的控制电路，实现温度的自动控制。在原子化阶段，采用快速升温往往能使待测元素在极短的时间内实现原子化，以获得更高的瞬时峰值吸收信号。根据石墨炉升温电流方向的不同，又可分为横向加热石墨炉和纵向加热石墨炉。横向加热石墨炉是最先进的石墨炉加热技术，其最大的特点在于温度变化均匀，2650℃相当于纵向加热的3000℃，提高了原子化效率及仪器灵敏度，减少了化学干扰和记忆效应，降低了加热温度，延长了石墨炉和石墨管的寿命。

与火焰原子化器相比，石墨炉原子化器具有如下特点：①灵敏度高、检出限低，这是由于试样直接注入石墨管内，样品几乎全部蒸发并参与吸收，自由原子在石墨管内平均滞留时间长，因此管内自由原子密度高，灵敏度高；②进样量小，通常液体进样量为5～20μL，因此，石墨炉原子化器特别适用于微量样品的分析，但由于取样量少，样品不均匀性的影响比较严重，方法精密度比火焰原子化法差；③干扰因素减少，减少了溶液物理性质对测量的影响，排除了被测组分与火焰之间的相互作用。

(3) 分光系统

分光系统的作用是将待测元素的共振线与邻近谱线分开，可分为单光束和双光束两种形式。

单光束分光系统具有结构简单、价格低、能量高等特点，但不能消除光源波动所引起的基线漂移。使用时要使光源预热30min，并在测量过程中注意校正零点，补偿基线漂移。单光束系统有助于获得较高的测定灵敏度和较宽的线性范围，仪器的造价也比较低。

双光束分光系统将光源发射的光分为两束，一束不通过原子化器而直接照射在检测器上，称为参比光束，另一束通过原子化器后再照射到检测器上，称为样品光束，最后指示出的是两路光信号的差。双光束分光系统可以克服光源波动所引起的基线漂移，因此，不需要预热光源。但缺点是光能量损失大，光能量的损失造成信噪比变差，往往限制了检出限的进一步改善。此外，双光束仪器的结构复杂，造价也比较高。

目前，越来越多的仪器采用单光束的形式，因为单光束与双光束相比具有明显的优势：①单光束的光损失量远小于双光束；②单光束仪器的信噪比高，使得测量的结果更加稳定可靠（但需要至少30min的预热时间）；③双光束的仪器光路及结构复杂，因而故障率高。

(4) 检测系统

经分光系统分出的特征光谱线，送入光电倍增管中，将光信号转变为电信号，此信号经前置放大和交流放大后，进入解调器进行同步检波，得到一个和输入信号成正比的直流信号，再把直流信号进行对数转换、标尺扩展，最后用读数器读数或记录。

2.6.3 原子吸收分光光度计的操作

(1) 火焰原子化法

① 打开稳压电源，待电压稳定在220V后开主机电源开关。

② 打开空气压缩机，设置合适的输出压力。

③ 打开燃气钢瓶主阀及减压阀，设置合适的输出压力，乙炔钢瓶主阀最多开启一圈。

④ 打开排风扇。

⑤ 运行软件，根据向导提示设置仪器参数。

⑥ 点火。

⑦ 将雾化器毛细管插入蒸馏水中，调零后，再将雾化器毛细管插入待测溶液，待吸光度显示稳定后，点“开始（Start）”测量，记录测试结果，然后将雾化器毛细管插入蒸馏水中，待仪器显示回到零点，再同法依次测定其它溶液。

(2) 石墨炉法

① 打开主机、石墨炉及循环水系统电源。

② 打开氩气阀门，设置合适的输出压力。

③ 连接主机与计算机，进入自检。

④ 选择元素及方法，编辑方法。

⑤ 用移液枪将样品注入石墨炉进样口后，点“开始”键。

⑥ 标准溶液和样品数据将自动计算出来。

(3) 关机步骤

① 测量完毕，火焰法应在点火状态下吸喷洁净的蒸馏水清洗原子化器系统；石墨炉法应空烧一次去除残留物。

② 关闭软件。

③ 火焰法关闭燃气钢瓶主阀，待管路中残余燃气燃净后关闭仪器的燃气阀门，并将燃气钢瓶减压阀旋松。

④ 火焰法关闭空气压缩机，给空气压缩机排水、放气；石墨炉法则关闭氩气、30A 电源、循环水及石墨炉电源。

⑤ 关仪器电源，关稳压电源。

⑥ 关排风扇，填写仪器使用记录。

(4) 注意事项

① 火焰法使用的吸样管如需更换，要特别小心，注意对准接口，动作轻柔，切不可用蛮力。

② 原子吸收分光光度计是利用高温使样品原子化，在操作过程中应尽量避免触碰仪器，以免烫伤，也不可将易燃物品堆放在仪器上。

③ 当乙炔钢瓶的压力小于 0.5MPa 或氩气钢瓶的压力小于 1.0MPa 时，就得更换新钢瓶。

④ 火焰法操作前应检查连接部位是否漏气，可涂上肥皂液进行检查，确保不漏气后方可进行操作。

⑤ 燃气钢瓶使用时要牢牢固定，以免摇动或翻倒，使用结束后必须处于关闭状态。

⑥ 空气压缩机要注意排水，防止水进入仪器内部堵塞管路。

2.6.4 原子吸收分光光度计工作条件的选择

① 分析线。通常采用最灵敏线，但也要根据待测元素的含量来选择。例如测定 Co 时，为了得到最高灵敏度，应选用 240.7nm 谱线，但要得到较高精度且 Co 含量较高时，最好选用较强的 352.7nm 谱线。此外，还需考虑干扰问题。例如测定 Rb 时，为了消除 K、Na 的电离干扰，可用 798.4nm 谱线代替 780.0nm 谱线；测定 Pb 时，为克服短波区域的背景吸收和噪声，不选用 217.0nm 灵敏线而采用 283.3nm 谱线。

② 光谱通带。选择的原则是：在能将邻近分析线的其它谱线分开的情况下，应尽可能采用较宽的通带，可提高信噪比，对测定有利。但对于谱线复杂的元素来说，如 Fe、Co、Ni 等，为避免光谱干扰、灵敏度下降、工作曲线弯曲，要选择较窄的通带。

③ 灯电流。在保证仪器稳定的前提条件下，采用较低的电流，可提高测定灵敏度和延长灯的使用寿命。对大多数元素而言，应采用额定电流的 40%～60%。

④ 对光。调节燃烧头，使其缝口正好在光束的中央，升高或降低燃烧器，使光束正好在缝口上方。点燃火焰，吸入标准溶液时，对燃烧器再进行调节，直到获得最大吸收。

⑤ 燃气流量。吸入标准溶液时，固定助燃气的流量，逐步改变燃气的流量，使得到最大吸收值和稳定的火焰，也要有利于减少干扰。

⑥ 燃烧器高度。选择燃烧器高度也就是选择火焰的区域。首先考虑灵敏度和稳定性来

选择适宜的高度；若遇到干扰时，再改变其高度以设法避免干扰。

2.6.5 原子吸收分光光度计的使用及维护

① 实验室内应使用稳压电源，功率 2000W 以上。使用石墨炉时应具备 380V 电源。室内应具备上、下水设施，用自来水作石墨炉冷却水时，水压不应低于 0.15MPa。火焰法使用的燃气钢瓶尽量放在距离不远、出入方便的其它房间内。

② 使用火焰法测定时，要特别注意防止回火，尤其注意点火和熄火的操作顺序。点火时一定要先开助燃气，然后再开燃气；熄火时必须先关燃气，待熄灭后再关助燃气。

③ 测定溶液须过滤或彻底澄清，以防止堵塞雾化器。金属雾化器的进样毛细管堵塞时，可用软细金属丝疏通；玻璃雾化器的进样毛细管堵塞时，可用洗耳球从前端吹出堵塞物，也可用洗耳球从进样端抽气，同时从喷嘴处吹水，洗出堵塞物。

④ 使标准曲线上的点都在线性范围内，最佳分析范围的吸光度值在 0.1～0.6 之间，最大吸光度值尽量不要大于 0.8。

⑤ 每次测定前，都应充分预热仪器和燃烧头，使仪器处于稳定的工作状态。

⑥ 测量过程中数据不稳定的原因有：a. 电压不稳定；b. 元素灯没有预热；c. 原子化器没有调节到最佳位置；d. 雾化器雾化效果不好，观察是否有物体堵塞了毛细管；e. 乙炔流量是否稳定，检查钢瓶压力是否充足；f. 如为石墨炉，观察每次进样是否准确。

⑦ 测量时发现吸光度值整体偏低的原因有：a. 原子化器没有调节到最佳位置；b. 没有选择待测元素的最灵敏线；c. 雾化器雾化效果不好；d. 如为石墨炉，检查石墨管是否损坏。

⑧ 测量吸光度值偏大的解决办法：a. 溶液浓度过大，需要稀释；b. 调节燃烧头的角度，改变通过的光程；c. 减少进样量。

⑨ 进行石墨炉分析时，如遇突然停水，应迅速切断主电源，以免烧坏石墨炉。进行火焰法测定时，若发生回火，千万不要慌张，应迅速关闭燃气和助燃气，切断仪器的电源。在查明回火原因、排除引起回火的故障之前，不要轻易再次点火。

⑩ 每次测量操作完成后，应喷雾蒸馏水 5min 左右，以冲洗燃烧器内酸、碱和盐类物质。燃烧头缝口积炭堵塞只能用薄的硬纸片、胶片或竹片疏通，不能用刀片或其它金属片，以免损坏燃烧头缝口。

⑪ 实验室要保持清洁卫生，尽量做到无尘，无大磁场、电场，无阳光直射和强光照射，无腐蚀性气体，仪器抽风设备良好，室内空气相对湿度应小于 70%，室内温度应保持在 15～30℃之间。

⑫ 仪器若较长时间不使用，应保证至少每周 1～2 次打开仪器电源开关通电 30min 左右。气路、水路需要注意经常检漏。

2.7 气相色谱仪

气相色谱分析于 1952 年出现，经过半个多世纪的发展已成为重要的近代分离分析手段之一，具有分离效能高、分析速度快、定量结果准确、易于自动化等特点，当其与质谱结合进行色-质联用分析时，可对复杂的多组分混合物进行定性和定量分析。

2.7.1 气相色谱法基本原理

当气体流动相携带混合物流经色谱柱中的固定相时，混合物会与固定相发生相互作用，并在两相间分配。由于各组分在性质和结构上的差异，发生相互作用的大小、强弱也有差异，因此不同组分在固定相中滞留时间有长有短，从而按先后不同的顺序从固定相中流出，达到各组分分离的目的。

气相色谱主要是利用物质的沸点、极性及吸附性质的差异来实现混合物的分离。待测样品在汽化室汽化后被惰性气体（即载气，一般是 H_2、N_2、He 等）带入色谱柱，由于样品中各组分的沸点、极性或吸附性能不同，各组分都倾向于在流动相和固定相（液相或固相）之间形成分配或吸附/脱附平衡。但因为载气是流动的，这种平衡实际上很难建立起来，也正是由于载气的流动，使样品组分流经色谱柱时进行反复多次的分配或吸附/脱附，从而使在载气中分配浓度大的组分先流出色谱柱，而在固定相中分配浓度大的组分后流出。当组分流出色谱柱后，立即进入检测器，将样品组分的存在与否转变为电信号（电信号的大小与待测组分的量或浓度成正比），当将这些信号放大并记录下来时，就能获得色谱图。在没有组分流出时，色谱图记录的是检测器的本底信号，即色谱图的基线。

2.7.2 气相色谱仪的结构

气相色谱仪通常由以下几个部分组成：气路系统、进样系统、分离系统、温控系统、检测器及记录系统。气相色谱仪的一般工作流程为：载气由气体发生器或高压钢瓶中流出，调整输出压力后，通过净化干燥管使载气净化，再经稳压阀和转子流量计后，以稳定的压力、恒定的速度流经汽化室与汽化的样品混合，然后将样品带入色谱柱中进行分离。分离后的各组分随着载气先后流入检测器，然后载气放空。检测器将物质的浓度或质量的变化转变为电信号，经放大后在记录仪上记录下来，就得到色谱流出曲线。根据色谱流出曲线上每个峰的保留时间，可以进行定性分析，根据峰面积或峰高的大小，可以进行定量分析。

下面详细介绍一下气相色谱仪的基本组成和核心部分。

(1) 气路系统

由开关阀、稳定阀、针形阀、压力表、电子流量计等部件组成，主要作用是提供稳定的载气和有关检测器必需的燃气、助燃气及辅助气体，以保证进样系统、分离系统和检测器的正常工作。气路控制系统的好坏将直接影响仪器的分离效率、灵敏度和稳定性，从而将直接影响定性定量的准确性。

(2) 进样系统

进样系统包括进样器和汽化室，作用是将样品直接或经过特殊处理后引入气相色谱仪的汽化室，然后将样品进行汽化。微量注射器是常用的手动进样器，抽取一定量的气体或液体样品注入气相色谱仪即可完成手动进样，广泛适用于热稳定的气体和沸点相对较低的液体样品分析。目前，用于气相色谱的微量注射器种类繁多，可根据样品性质选用不同的注射器。

(3) 色谱柱和柱箱

色谱柱的作用是分离混合物样品中的各组分，是气相色谱仪的关键部件。色谱柱选用的正确与否，将直接影响分离效率、稳定性和检测灵敏度。柱箱是装接和容纳色谱柱的精密控温炉箱，是气相色谱仪的重要组成部分之一，柱箱结构设计的合理与否，将直接影响整体性能。

(4) 检测器

检测器的功能是将随载气流出色谱柱的各组分进行非电量转换，将组分转变为电信号，便于记录测量的处理。检测器主要影响稳定性和灵敏度，检测器的性能直接影响整机仪器的性能，也决定了仪器的应用范围。一般气相色谱仪的检测器都配有热导检测器和氢火焰离子化检测器（氢焰检测器）两种。

① 热导检测器的原理　气体具有热导作用，不同物质具有不同的热导率，热导检测器就是根据不同物质热导率的差异而设计的，对有机、无机样品均有响应，是一种通用型检测器。热导检测器是基于气体热传导原理，用热电阻式传感器组成的一种检测装置。热导检测器热电阻是采用铼钨丝材料制成的热导元件，装在不锈钢池体的气室中，在电路上连接成典型的惠斯顿电桥电路。当热导池气室中的载气流量稳定，热导池体温度恒定时，由铼钨丝热电阻组成的电桥电路就处于平衡状态。当有样品进入时，由于样品热导率的不同，铼钨丝热电阻发生变化，产生一个电压信号，其大小即可反映组分的浓度。

② 氢焰检测器原理　以 H_2 与空气中的 O_2 燃烧生成的氢火焰为能源，有机物在火焰的作用下，被激发而产生离子。在火焰的上下部有一对电极（上部是收集极，下部是极化极），在两电极间施加一定电压时，有机物在氢火焰中被激发产生的离子在极间直流电场的作用下会做定向移动，形成微弱电流，然后流经高电阻（$10^7 \sim 10^{10}\Omega$）放大取出电压信号，送到记录装置被记录下来。

(5) 温控系统

温度是气相色谱技术中的重要参数，因此，必须对色谱柱和检测器进行温度控制。温度控制系统中一般用铂电阻作为感温元件，柱箱采用电炉丝，检测器中采用内热式电热管作为加热元件，温控的执行元件采用固态继电器。气相色谱仪的温度控制系统的温控精度和稳定性直接影响仪器的分离效果、基线稳定性和检测灵敏度等性能。

(6) 数据记录与处理系统

检测器将样品组分转换成电信号后需要在检测电路输出端连接一个对输出信号进行记录和数据处理的装置，记录仪量程一般为$-1 \sim 4$mV。随着计算机技术的普及应用，在微型计算机中接入专用的色谱数据采集器，配置一套相应的软件就成为色谱数据工作站，可与色谱仪直接联用。数据记录与处理系统一般是与气相色谱仪分开设计的独立系统，可由使用者任意选配，但在使用上，是整套气相色谱仪不可分割的一个重要组成部分，将直接影响定量的精度。

2.7.3 气相色谱仪的操作

(1) 开机

① 检查仪器各部分连接是否正常，检查各开关和阀门是否处于关闭状态。

② 按顺序打开气体发生器开关或钢瓶总阀、减压阀以及净化器上的开关阀，通气10min左右，如长时间没开机应通气20min以上。

③ 在通气期间，检查各压力表是否达到规定指示值。

④ 打开电源开关和色谱工作站，进行参数设置（柱箱温度、进样器温度、检测器温度），并观察界面上的温度设定值和流量是否正确。

⑤ 上述检查无误后，进行升温，可以看到温度指示灯亮，各路温控开始加热。

⑥ 点火：当氢火焰温度达到设定值后，按点火键点火。可用明亮的金属片靠近检测器

出口，当火点着时在金属片上会看到有明显的水汽。若氢气没有被点燃，则需重新点火。在色谱工作站上判断氢火焰成功点燃的方法是：观察基线在氢火焰点着后的电压应高于点火之前。

⑦ 待基线稳定后，即可进样。分析结束时，点击“停止”按钮，数据即自动保存。

(2) 关机

① 首先关闭 H_2 和空气气源，使氢焰检测器灭火。待氢火焰熄灭后，再将柱箱、检测器温度及进样器温度设置为室温，待温度降至设定温度后，最后再关闭 N_2 气源。

② 关闭色谱工作站及色谱仪电源开关。

(3) 进样技术

在气相色谱分析中，一般采用注射器或六通阀进样。这里主要介绍一下注射器进样方式。

① 进样量　进样量与汽化温度、柱容量和仪器的线性响应范围等因素有关，因此，进样量应控制在能瞬间汽化、达到规定分离要求和允许的线性响应范围之内。液体样品或固体样品溶液的进样量一般为 0.01～10μL，气体样品的进样量一般为 0.1～10mL。在定量分析中，应注意进样量读数准确。

② 注射器中空气的排除　用微量注射器抽取液体样品时，只需重复地将液体抽入注射器后又迅速将其推出，即可将空气排除。另外一种更好的方法是，用约 2 倍进样量的样品置换注射器 3～5 次，每次取到样品后，垂直拿起注射器，针尖朝上，注射器中的空气就会跑到针管顶部，此时推进注射器塞子，空气就会全部被排掉。

③ 保证进样量的准确　用经过置换的注射器取约 2 倍进样量的样品，垂直拿起注射器，针尖朝上，让针穿过一层纱布，这样可用纱布吸收从针尖排出的液体。推进注射器塞子，直到读出所需要的数值，用纱布擦干针尖，至此准确的液体体积即可测得。

④ 进样手法　双手拿注射器，用左手扶针插入垫片，注射大体积样品（即气体样品）或柱前压力极高时，要防止从气相色谱仪进样器来的压力把注射器活塞弹出，可用右手的大拇指按压住活塞顶部。让针尖穿过垫片，尽可能深地插入进样口，压下注射器活塞停留 1s，然后尽可能快而稳地抽出针尖，抽出的同时继续压住注射器活塞。

⑤ 进样时间　进样时间长短对柱效率影响很大，若进样时间过长，会使色谱峰变宽而降低柱效。因此，进样时间越短越好，一般必须控制在 1s 以内。

2.7.4　气相色谱仪的使用及维护

① 进样隔垫一般为硅橡胶材料制成，不可避免地含有一些残留溶剂或低分子聚合物，由于汽化室高温的影响，硅橡胶会发生部分降解，使残留溶剂和降解产物进入色谱柱，就可能出现“鬼峰”（即不是样品本身的峰），从而影响分析结果。解决的办法有：一是进行“隔垫吹扫”，二是更换进样隔垫。

② 气相色谱的衬管多为玻璃或石英材料制成，起到保护色谱柱的作用，在分流/不分流进样时，不挥发的样品组分会滞留在衬管中而不进入色谱柱。若污染物在衬管内积存一定量后，就会对分析产生直接影响。例如，极性样品组分会被吸附而造成峰拖尾，甚至峰分裂，因此，一定要保持衬管干净，注意及时清洗和更换。当出现“鬼峰”或保留时间和峰面积重现性差时，应考虑对衬管进行清洗。清洗的方法和步骤如下：a. 拆下玻璃衬管；b. 取出石英玻璃棉；c. 用浸过溶剂（比如丙酮）的纱布清洗衬管内壁。玻璃衬管更换时需注意玻璃

棉的装填，装填量为3～6mg，高度为5～10mm，要求填充均匀、平整。

③ 氢焰检测器的温度设置不应低于色谱柱实际工作的最高温度。若检测器被污染，则灵敏度明显下降或噪声增大，甚至点不着火。消除污染的办法是对喷嘴和气路管道进行清洗。具体方法是：断开色谱柱，拔出信号收集极，用一细钢丝插入喷嘴进行疏通，并用丙酮、乙醇等溶剂浸泡。

④ 注射器应经常用溶剂（如丙酮）进行清洗，实验结束后，注射器应立即清洗干净，以免被样品中的高沸点物质污染。

⑤ 净化干燥管中的硅胶、分子筛等应定期进行更换或干燥，以保证气体的纯度，满足检测器的要求。

⑥ 载气用钢瓶总阀和减压阀要注意经常检漏，可用肥皂水或洗洁精水检漏法，载气纯度要求尽量高，当有氧存在时会加速色谱柱的损坏。

第3章 基础实验

实验1 酸碱标准溶液的配制及浓度比较

【实验目的】

1. 掌握滴定分析常用仪器的洗涤和正确使用方法。

2. 通过练习滴定分析操作，初步掌握甲基橙、酚酞指示剂终点的确定。

3. 掌握酸碱标准溶液的配制方法。

【实验原理】

0.1mol·L^{-1} HCl溶液（强酸）与0.1mol·L^{-1} NaOH溶液（强碱）相互滴定时，pH_{sp}为7.0，滴定的pH突跃范围为4.3～9.7，选择在突跃范围内变色的指示剂（如甲基橙、酚酞），可保证测定有足够的准确度。在指示剂不变的情况下，一定浓度的HCl溶液与NaOH溶液相互滴定时，所消耗的体积之比V_{HCl}/V_{NaOH}应是一定的，借此，可以检验滴定操作技术和判断终点的能力。

【主要试剂】

1. HCl溶液（6mol·L^{-1}）。

2. NaOH饱和溶液（15～19mol·L^{-1}）。

3. 甲基橙溶液（1g·L^{-1}）。

4. 酚酞溶液（2g·L^{-1}乙醇溶液）。

【实验步骤】

1. 酸碱溶液的配制

（1）0.1mol·L^{-1} HCl溶液　用洁净的量筒量取约8.3mL 6mol·L^{-1} HCl溶液倒入装有约480mL水的试剂瓶中，加水稀释至500mL，盖上玻璃塞，摇匀。

（2）0.1mol·L^{-1} NaOH溶液　用洁净的量筒量取约3.3mL NaOH饱和溶液，倒入装有约480mL水的试剂瓶中，加水稀释至500mL，盖上橡皮塞，摇匀。

2. 酸碱溶液的相互滴定

（1）用 0.1mol·L^{-1} NaOH 溶液润洗碱式滴定管 3 次，每次用 5～10mL 溶液润洗。然后将 NaOH 溶液倒入碱式滴定管中，滴定管液面调节至 0.00mL 刻度。

（2）用 0.1mol·L^{-1} HCl 溶液润洗酸式滴定管 3 次，每次用 5～10mL 溶液润洗。然后将 HCl 溶液直接倒入酸式滴定管中，滴定管液面调节至 0.00mL 刻度。

（3）从碱式滴定管中放出 NaOH 溶液约 20mL 于 250mL 锥形瓶中，加入 1 滴甲基橙指示剂，用 0.1mol·L^{-1} HCl 溶液滴定至溶液由黄色转变为橙色。反复练习，直至操作熟练及能够准确判断终点颜色。

（4）从碱式滴定管中放出 NaOH 溶液 20～22mL 于 250mL 锥形瓶中，加入 1 滴甲基橙指示剂，用 0.1mol·L^{-1} HCl 溶液滴定至由黄色转变为橙色。记下读数，平行测定 3 次，记录数据，计算体积比 V_{HCl}/V_{NaOH}（要求相对偏差≤0.2%）。

（5）用移液管吸取 20.00mL 0.1mol·L^{-1} HCl 溶液于 250mL 锥形瓶中，加入 1 滴酚酞指示剂，用 0.1mol·L^{-1} NaOH 溶液滴定至由无色转变为微红色，此红色保持 30s 不褪色为终点。记下读数，平行测定三次，记录数据（要求 NaOH 溶液的体积极差≤0.04mL）。

【数据处理】

1. HCl 滴定 NaOH 溶液（以甲基橙为指示剂）

项目	1	2	3
V_{NaOH}/mL			
V_{HCl}/mL			
V_{HCl}/V_{NaOH}			
V_{HCl}/V_{NaOH}平均值			
d_i			
相对平均偏差$\overline{d}_r$/%			

2. NaOH 滴定 HCl 溶液（以酚酞为指示剂）

项目	1	2	3
V_{HCl}/mL	20.00	20.00	20.00
V_{NaOH}/mL			
V_{NaOH}极差			

【思考题】

1. HCl 和 NaOH 溶液能直接配制准确浓度吗？为什么？

2. 在滴定分析实验中，滴定管、移液管为何需要用滴定剂和待移取的溶液润洗几次？滴定中使用的锥形瓶是否也要用滴定剂润洗？为什么？

3. 为什么用 HCl 滴定 NaOH 时采用甲基橙作为指示剂，而用 NaOH 滴定 HCl 时采用酚酞作为指示剂（或其它适当的指示剂）？

实验2 NaOH溶液的标定及食醋总酸度的测定

【实验目的】

1. 了解基准物质邻苯二甲酸氢钾（KHP）的性质及其应用。

2. 掌握NaOH标准溶液的配制、标定及保存要点，掌握分析天平的正确使用方法。

3. 掌握强碱滴定弱酸的滴定过程、突跃范围及指示剂的选择原理。

4. 了解食醋总酸度的分析方法。

【实验原理】

醋酸为有机弱酸（$K_a=1.8\times10^{-5}$），与NaOH的反应式为

$$HAc+NaOH \longrightarrow NaAc+H_2O$$

反应产物为弱酸强碱盐，滴定突跃在碱性范围内，可选用酚酞等碱性范围内变色的指示剂。食用白醋中醋酸含量大约为30～50g·L^{-1}（3%～5%）。

NaOH标准溶液用标定法配制，常用邻苯二甲酸氢钾（KHP）为基准物质标定其浓度。标定反应式为：

$$KHC_8H_4O_4+NaOH \longrightarrow NaKC_8H_4O_4+H_2O$$

【主要试剂】

1. NaOH饱和溶液（浓度约为15～19mol·L^{-1}）。

2. 酚酞溶液（2g·L^{-1}乙醇溶液）。

3. 邻苯二甲酸氢钾（KHP）基准物质 在100～125℃下干燥1h后，置于干燥器中备用。

【实验步骤】

1. 0.1mol·L^{-1} NaOH标准溶液的配制及标定

（1）0.1mol·L^{-1} NaOH溶液的配制 用洁净的小量筒量取约3.3mL NaOH饱和溶液，倒入装有约480mL水的500mL试剂瓶中，加水稀释至500mL，盖上橡皮塞，摇匀。

（2）0.1mol·L^{-1} NaOH溶液的标定 用差减法准确称取0.4～0.6g KHP三份，分别倒入250mL锥形瓶中，加入20～30mL水，加热使KHP完全溶解。稍冷后，用蒸馏水吹洗锥形瓶（为什么?）。待溶液完全冷却后，加入2～3滴酚酞指示剂，用待标定的NaOH溶液滴定至溶液呈微红色并保持30s不褪色即为终点。记下读数，记录数据，计算NaOH溶液的浓度。

2. 食醋总酸度的测定

准确移取25.00mL食醋溶液于250mL锥形瓶中，加入2滴酚酞指示剂，用NaOH标准溶液滴定至由无色转变为微红色，此红色保持30s不褪色为终点。记下读数，平行测定三份，记录数据，计算食醋的总酸度，结果以g·(100mL)$^{-1}$表示。

【数据处理】

1. NaOH 标准溶液的标定

项目	1	2	3
m_{KHP}/g			
V_{NaOH}/mL			
c_{NaOH}/mol·L^{-1}			
$\overline{c}_{NaOH}$/mol·L^{-1}			
d_i			
相对平均偏差$\overline{d}_r$/%			

2. 食醋总酸度的测定

项目	1	2	3
V_{HAc}/mL	25.00	25.00	25.00
V_{NaOH}/mL			
c_{HAc}/g·(100mL)$^{-1}$			
$\overline{c}_{HAc}$/mol·L^{-1}			
d_i			
相对平均偏差$\overline{d}_r$/%			

【思考题】

1. 标定 NaOH 标准溶液常用的基准物质是什么？与其它基准物质比较，它有什么显著的优点？

2. 测定食醋含量时，为什么选用酚酞作指示剂？能否用甲基橙或甲基红作指示剂？

3. 酚酞指示剂由无色变为微红时，溶液的 pH 值约为多少？变红的溶液在空气中放置后又变为无色的原因是什么？

实验 3 HCl 溶液的标定及碱灰总碱度的测定

【实验目的】

1. 了解基准物质无水碳酸钠及硼砂的性质及其应用。

2. 掌握 HCl 标准溶液的配制及标定过程。

3. 掌握强酸滴定二元弱碱的滴定过程、指示剂的选择原理及突跃范围。

4. 掌握定量转移操作的基本要点。

【实验原理】

碱灰（即工业纯碱）的主要成分为碳酸钠，商品名为苏打，其中可能还含有少量 NaCl、Na_2SO_4、NaOH 及 $NaHCO_3$ 等成分。常以 HCl 标准溶液为滴定剂测定总碱度来衡量产品

的质量。滴定反应为

$$Na_2CO_3 + 2HCl \longrightarrow 2NaCl + H_2CO_3$$

$$H_2CO_3 \longrightarrow H_2O + CO_2\uparrow$$

反应产物 H_2CO_3 易形成过饱和溶液并分解为 CO_2 而逸出。化学计量点时溶液的 pH 值为 3.8～3.9，可选用甲基橙为指示剂，用 HCl 标准溶液滴定，溶液由黄色转变为橙色为终点。试样中的 $NaHCO_3$ 同时被中和。

由于试样易吸收水分和 CO_2，应在 270～300℃将试样烘干 2h，以除去吸附水并使 $NaHCO_3$ 全部转化为 Na_2CO_3，碱灰的总碱度通常以 $w_{Na_2CO_3}$ 或 w_{Na_2O} 表示，由于试样的均匀性较差，应称取较多试样，使其更具有代表性。测定的允许误差可适当放宽。

HCl 标准溶液用标定法配制，常以甲基橙为指示剂，用无水 Na_2CO_3 为基准物质标定其浓度。标定反应式为：

$$Na_2CO_3 + 2HCl \longrightarrow 2NaCl + H_2CO_3$$

也可用硼砂（$Na_2B_4O_7 \cdot 10H_2O$）为基准物质，以甲基红为指示剂，标定 HCl 标准溶液的浓度。标定反应式为：

$$Na_2B_4O_7 \cdot 10H_2O + 2HCl \longrightarrow 2NaCl + 4H_3BO_3 + 5H_2O$$

【主要试剂】

1. HCl 溶液（$6mol \cdot L^{-1}$）。

2. 无水 Na_2CO_3 基准物质　在 180℃干燥 2～3h 后，置于干燥器中备用。

3. 甲基橙溶液（$1g \cdot L^{-1}$）。

【实验步骤】

1. $0.1mol \cdot L^{-1}$ HCl 标准溶液的配制及标定

（1）$0.1mol \cdot L^{-1}$ HCl 溶液的配制　用洁净的小量筒量取约 8.3mL $6mol \cdot L^{-1}$ HCl 溶液，倒入装有约 480mL 水的 500mL 试剂瓶中，加水稀释至 500mL，盖上玻璃塞，摇匀。

（2）$0.1mol \cdot L^{-1}$ HCl 溶液的标定　在称量瓶中以差减法称取无水 Na_2CO_3 三份，每份 0.15～0.20g，分别倒入 250mL 锥形瓶中，加入 25～35mL 水，加热使 Na_2CO_3 完全溶解。稍冷后，用蒸馏水吹洗锥形瓶（为什么?）。待溶液完全冷却后，加入 2 滴甲基橙指示剂，用待标定的 HCl 溶液滴定溶液由黄色恰变为橙色为终点。记下读数，计算 HCl 溶液的浓度。

2. 碱灰总碱度的测定

准确称取试样 1.5～1.8g 于烧杯中，加入适量水，加热使试样完全溶解。冷却后，将溶液定量转移至 250mL 容量瓶中，以水定容至刻度，充分摇匀。移取 25.00mL 试液三份于 250mL 锥形瓶中，加入 20mL 水及 2 滴甲基橙指示剂，用 HCl 标准溶液滴定溶液由黄色恰变为橙色为终点。记下读数，计算试样的总碱度，结果以 w_{Na_2O} 表示。

【数据处理】

1. HCl 标准溶液的标定

项目	1	2	3
$m_{Na_2CO_3}/g$			
V_{HCl}/mL			
$c_{HCl}/mol \cdot L^{-1}$			

续表

项目	1	2	3
$\bar{c}_{HCl}/mol \cdot L^{-1}$			
d_i			
相对平均偏差$\bar{d}_r$/%			

2. 碱灰总碱度的测定（$m_{碱灰}$ = ________ g）

项目	1	2	3
$V_{试液}/mL$	25.00	25.00	25.00
V_{HCl}/mL			
w_{Na_2O}/%			
w_{Na_2O}平均值			
d_i			
相对平均偏差$\bar{d}_r$/%			

【思考题】

1. 为什么配制 $0.1mol \cdot L^{-1}$ HCl 溶液 500mL 需要量取 $6mol \cdot L^{-1}$ HCl 溶液 8.3mL？写出计算式。

2. 无水 Na_2CO_3 保存不当，吸收了 1%水分，用此基准物质标定 HCl 溶液浓度时，对其结果产生何种影响？

3. 在以 HCl 溶液滴定时，怎样使用甲基橙及酚酞两种指示剂来判别试样是由 Na_2CO_3-NaOH 或 Na_2CO_3-$NaHCO_3$ 组成的？

4. 标定 HCl 溶液的两种基准物质无水 Na_2CO_3 和硼砂（$Na_2B_4O_7 \cdot 10H_2O$），各有哪些优缺点？

实验 4　混合碱分析（双指示剂法）

【实验目的】

1. 掌握混合碱分析的原理及结果计算方法。
2. 设计试剂配制方法及 HCl 标准溶液的标定方法。
3. 设计混合碱分析的主要步骤。
4. 考查分析化学理论基础及实验动手能力。

【实验原理】

混合碱分析主要有双指示剂法、氯化钡法等。双指示剂法具有操作简单、适用性强等特点。双指示剂法测定混合碱的原理是：将样品溶解后，以酚酞作指示剂，用 HCl 标准溶液滴定至终点，所消耗 HCl 标准溶液的体积记为 V_1；再加入甲基橙作指示剂，继续用 HCl 标准溶液滴定至终点，所消耗 HCl 标准溶液的体积记为 V_2。若 $V_2 > V_1$，则表明混合碱的组

成为 $Na_2CO_3+NaHCO_3$，并可根据下列公式计算结果：

$$w_{Na_2CO_3}=\frac{c_{HCl}V_1M_{Na_2CO_3}}{1000m}\times100\%$$

$$w_{NaHCO_3}=\frac{c_{HCl}(V_2-V_1)M_{NaHCO_3}}{1000m}\times100\%$$

式中，c_{HCl}为 HCl 标准溶液的浓度，$mol\cdot L^{-1}$；V_1、V_2 为所消耗 HCl 标准溶液的体积，mL；$M_{Na_2CO_3}$、M_{NaHCO_3}分别为 Na_2CO_3、$NaHCO_3$ 的分子量；m 为样品质量，g。

指示剂酚酞由红色刚变为无色，甲基橙由黄色刚变为橙色，为两个滴定终点。

【主要试剂】

1. 混合碱样品　向 25g 无水 Na_2CO_3 中加入 10g $NaHCO_3$，用研钵研至 100 目后，混匀。
2. HCl(1∶1)。
3. 无水 Na_2CO_3(A. R.)。
4. 酚酞（0.1%）。
5. 甲基橙（0.1%）。

【实验步骤】

1. 0.1$mol\cdot L^{-1}$ HCl 标准溶液的配制及标定

量取 8.3mL 1∶1 HCl 溶液于试剂瓶中，加入 500mL 水，摇匀。

称取 0.10～0.15g 无水 Na_2CO_3 三份于锥形瓶中，加入约 25mL 水，在电炉上加热使无水 Na_2CO_3 完全溶解。冷却后，加入 2 滴甲基橙，用 0.1$mol\cdot L^{-1}$ HCl 标准溶液滴定至溶液刚变为橙色为终点，记下所消耗 HCl 标准溶液的体积，根据所消耗 HCl 标准溶液的体积计算 HCl 标准溶液的准确浓度，用 $mol\cdot L^{-1}$表示。

2. 混合碱分析

称取 0.14～0.17g 混合碱样品三份于锥形瓶中，加入约 25mL 水，在电炉上加热使样品完全溶解。冷却后，加入 2 滴酚酞，用 0.1$mol\cdot L^{-1}$ HCl 标准溶液滴定至溶液刚变为无色为终点，记下所消耗 HCl 标准溶液的体积 V_1，再向溶液中加入 2 滴甲基橙，继续用 HCl 标准溶液滴定至溶液刚变为橙色为终点，记下所消耗 HCl 标准溶液的体积 V_2；根据 V_1 及 V_2 判定混合碱的组成并计算各组分的百分含量。

【数据记录及处理】

表格及结果计算自拟。

实验 5　EDTA 溶液的标定及自来水总硬度的测定

【实验目的】

1. 学习配位滴定法的原理及其应用。
2. 掌握配位滴定法中的直接滴定法。
3. 掌握 EDTA 溶液的配制及标定方法。

4. 掌握铬黑T指示剂的使用及终点颜色变化的观察，掌握配位滴定操作。

【实验原理】

水硬度的测定分为水的总硬度以及钙、镁硬度测定两种，前者是测定钙镁总量，后者则是分别测定钙和镁的含量。

世界各国表示水硬度的方法不尽相同，一般采用度（°）表示，$1° = 10mg(CaO) \cdot L^{-1}$。小于16°为软水，大于16°为硬水。一般自来水中的总硬度小于16°。此外，我国还采用 $mmol \cdot L^{-1}$ 或 $mg \cdot L^{-1}(CaCO_3)$ 为单位表示水的硬度。硬度（°）计算公式为：

$$硬度(°) = c_{EDTA} V_{EDTA} M_{CaO} \times 100 / V_{水}$$

本实验采用EDTA配位滴定法测定水的总硬度。在pH＝10的氨性缓冲液中，以铬黑T为指示剂，用三乙醇胺掩蔽 Fe^{3+}、Al^{3+} 等微量杂质，用 Na_2S 或KCN掩蔽 Cu^{2+}、Pb^{2+}、Zn^{2+} 等离子，用EDTA标准溶液滴定，可直接测得水的总硬度。滴定反应为：

$$Ca^{2+} + Mg^{2+} + 2Y^{4-} \longrightarrow CaY^{2-} + MgY^{2-}$$

EDTA标准溶液用标定法配制。本实验以铬黑T(EBT)为指示剂，用 $CaCO_3$ 为基准物质标定其浓度。为提高铬黑T变色的敏锐性，可加入适量的 MgY^{2-}。标定反应式为：

$$CaCO_3 + 2HCl = CaCl_2 + H_2CO_3$$

$$Ca^{2+} + MgY^{2-} + Y^{4-} \longrightarrow CaY^{2-} + MgY^{2-}$$

【主要试剂】

1. 乙二胺四乙酸二钠盐（A. R.）。

2. NH_3-NH_4Cl 缓冲溶液（pH＝10）　称取20g NH_4Cl 溶于水后，加100mL浓氨水，用蒸馏水稀释至1L（pH值约为10）。

3. $CaCO_3$ 基准物质　在110℃干燥2h后，稍冷后置于干燥器中，冷却至室温，备用。

4. 铬黑T指示剂（$5g \cdot L^{-1}$）　含25%三乙醇胺及20% Na_2S。

5. HCl溶液（$6mol \cdot L^{-1}$）。

【实验步骤】

1. $0.01mol \cdot L^{-1}$ EDTA标准溶液的标定

（1）配制　称取2g EDTA于250mL烧杯中，加蒸馏水搅拌溶解后，转移至试剂瓶中，用水稀释至500mL。

（2）标定　在称量瓶中以差减法准确称取0.2～0.3g $CaCO_3$，倒入250mL烧杯中，先加少量水润湿，盖上表面皿，从烧杯嘴处往烧杯中滴加约5mL $6mol \cdot L^{-1}$ HCl溶液，使 $CaCO_3$ 完全溶解。加水20～30mL，微沸几分钟以除去 CO_2，冷却后用水冲洗烧杯内壁和表面皿，定量转移 $CaCO_3$ 溶液于250mL容量瓶中，用水定容至刻度，摇匀。移取25.00mL上述 Ca^{2+} 溶液于250mL锥形瓶中，加入20～25mL水及5～10mL MgY^{2-}（从实验步骤2中得到），然后加入10mL NH_3-NH_4Cl 缓冲溶液、3滴铬黑T指示剂，立即用EDTA滴定，当溶液由酒红色经稳定的紫色再刚变为蓝色即为终点。记下读数，平行测定三次，记录数据，计算EDTA溶液的浓度。

2. 自来水总硬度的测定

量取自来水100mL（用什么量器？为什么？）于250mL或500mL锥形瓶中，加入1～2滴HCl使试液酸化，煮沸数分钟以除去 CO_2，冷却后[1]，加入10mL NH_3-NH_4Cl 缓冲溶液、2滴铬黑T指示剂，立即用EDTA滴定，当溶液由酒红色经稳定的紫色再刚变为蓝色即为终点。记下读数，平行测定三次，记录数据，计算自来水的总硬度，结果以（°）表示。

注：[1] 在氨性溶液中，当 $Ca(HCO_3)_2$ 含量较高时，会析出 $CaCO_3$ 沉淀，使终点延长，导致指示剂的变色不敏锐，因此，要除去 CO_2。若对分析结果的准确度要求偏低时，一般可忽略 CO_2 的影响。

【数据处理】

1. EDTA 标准溶液的标定

项目	1	2	3
$m_{碳酸钙}$/g			
V_{EDTA}/mL			
c_Y/mol·L^{-1}			
$\overline{c}_Y$/mol·L^{-1}			
d_i			
相对平均偏差$\overline{d}_r$/%			

2. 自来水总硬度的测定

项目	1	2	3
$V_{自来水}$/mL			
V_Y/mL			
总硬度/(°)			
相对平均偏差$\overline{d}_r$/%			

【思考题】

1. 本实验所使用的 EDTA 应该用何种指示剂标定？最适当的基准物质是什么？
2. 在标定过程中，加入 MgY^{2-} 的作用是什么？MgY^{2-} 是否应准确加入？
3. 本实验中，自来水的总硬度以（°）表示时，应保留几位有效数字？简要说明理由。

实验 6 Bi^{3+}、Pb^{2+} 含量的连续测定

【实验目的】

1. 掌握通过控制酸度提高 EDTA 选择性的原理及其应用。
2. 掌握用 EDTA 进行连续滴定的方法。
3. 掌握 EDTA 溶液的配制及标定方法。

【实验原理】

混合离子的分别滴定常用控制酸度法、掩蔽法进行，可根据有关副反应系数论证对它们分别滴定的可能性。

Bi^{3+}、Pb^{2+} 均能与 EDTA 形成稳定的 1∶1 配合物，lg$K$ 分别为 27.94 和 18.04。由于两者的 lg$K$ 相差很大，故可利用酸效应，控制不同的酸度，进行分别滴定。在 pH≈1 时滴定 Bi^{3+}，在 pH≈5～6 时滴定 Pb^{2+}。

EDTA 标准溶液用标定法配制。本实验以二甲酚橙（XO）为指示剂，用 ZnO 为基准物质标定其浓度。标定反应式为：

$$ZnO + 2HCl = ZnCl_2 + H_2O$$

$$Zn^{2+} + Y^{4-} \longrightarrow ZnY^{2-}$$

【主要试剂】

1. EDTA 溶液（$0.01mol \cdot L^{-1}$）。
2. 六亚甲基四胺溶液（$200g \cdot L^{-1}$）。
3. ZnO 基准物质　在 300℃干燥 2h 后，稍冷后置于干燥器中，冷却至室温，备用。
4. 二甲酚橙（XO）指示剂（$2g \cdot L^{-1}$）。
5. HCl 溶液（$6mol \cdot L^{-1}$）。

【实验步骤】

1. $0.01mol \cdot L^{-1}$ EDTA 标准溶液的标定

在称量瓶中以差减法准确称取 0.16～0.24g ZnO，倒入 250mL 烧杯中，先加少量水润湿，盖上表面皿，从烧杯嘴处往烧杯中滴加约 5mL $6mol \cdot L^{-1}$ HCl 溶液，使 ZnO 完全溶解。加水 20mL，微沸几分钟。冷却后用水冲洗烧杯内壁和表面皿，定量转移 Zn^{2+} 溶液于 250mL 容量瓶中，用水定容至刻度，摇匀。移取 25.00mL 上述 Zn^{2+} 溶液于 250mL 锥形瓶中，加入 2 滴二甲酚橙指示剂，然后滴加六亚甲基四胺溶液至溶液呈稳定的紫红色，再过量 3mL，立即用 EDTA 滴定，当溶液由紫红色经稳定的橙色再刚变为亮黄色即为终点。记下读数，平行测定三次，计算 EDTA 溶液的浓度。

2. Bi^{3+}、Pb^{2+} 含量的连续测定

准确移取 Bi^{3+}、Pb^{2+} 试液 10.0mL 三份于 250mL 锥形瓶中，加入 2 滴二甲酚橙指示剂，用 EDTA 滴定，当溶液由紫红色经稳定的橙色再刚变为亮黄色即为 Bi^{3+} 的终点。记下读数，计算混合液中 Bi^{3+} 的含量，结果以 $g \cdot L^{-1}$ 表示。

在上述滴定 Bi^{3+} 后的溶液中，先补加 2 滴二甲酚橙指示剂，然后滴加六亚甲基四胺溶液至溶液呈稳定的紫红色，再过量 3mL，立即用 EDTA 滴定，当溶液由紫红色经稳定的橙色再刚变为亮黄色即为 Pb^{2+} 的终点。记下读数，计算混合液中 Pb^{2+} 的含量，结果以 $g \cdot L^{-1}$ 表示。

【数据处理】

本实验的数据记录及表格自列。

【思考题】

1. 本实验所使用的 EDTA 应该用何种指示剂标定？最适当的基准物质是什么？
2. 为什么不用 NaOH、NaAc 或氨水，而用六亚甲基四胺调节 pH 值至 5～6？

实验 7　返滴定法测定含铝样品中铝的含量

【实验目的】

1. 了解控制溶液的酸度、温度和滴定速度在配位滴定中的重要性。

2. 掌握返滴定法和置换滴定法的应用和结果的计算。

3. 掌握二甲酚橙指示剂的使用及其终点颜色的变化。

【实验原理】

Al^{3+}易形成一系列多核羟基配合物，这些多核羟基配合物与EDTA反应缓慢；同时，Al^{3+}封闭指示剂二甲酚橙，故通常采用返滴定法测定铝。加入定量且过量的EDTA标准溶液，在pH≈3.5的溶液中煮沸几分钟，使Al^{3+}与EDTA反应完全，继而在pH值为5～6时，以二甲酚橙为指示剂，用Zn^{2+}标准溶液返滴定过量的EDTA至颜色由黄色刚变为紫红色，从而得到铝的含量。反应式如下：

$$Al^{3+} + Y^{4-} = AlY^{-} \ (pH \approx 3.5)$$

$$Zn^{2+} + Y^{4-} = ZnY^{2-} \ (pH = 5 \sim 6)$$

【主要试剂】

1. 硝酸铝样品。

2. ZnO。

3. HCl(1+1，1+3)。

4. EDTA(0.01mol·L^{-1})。

5. 二甲酚橙（2g·L^{-1}）。

6. 六亚甲基四胺（200g·L^{-1}）。

7. 氨水(1+1)。

【实验步骤】

1. Zn^{2+}标准溶液的配制

准确称取0.20～0.24g ZnO于小烧杯中，滴加（1+1）HCl至ZnO完全溶解后，再补加1滴（1+1）HCl，加热，冷却，转入250mL容量瓶中，定容，摇匀，备用。根据ZnO的质量计算该标准溶液的物质的量浓度（以Zn^{2+}计）。

2. 0.01mol·L^{-1} EDTA标准溶液的配制与标定

量取50mL EDTA溶液（0.1mol·L^{-1}）于试剂瓶中，用蒸馏水稀释至500mL左右，摇匀，备用。移取25mL Zn^{2+}标准溶液（三份）于锥形瓶中，加入2滴二甲酚橙，滴加六亚甲基四胺至溶液刚变为紫红色，再过量3mL；用自制的EDTA溶液滴定至溶液刚变为亮黄色为终点，记录所耗EDTA溶液的体积。根据有关数据计算EDTA溶液的准确浓度。

3. 含铝样品中铝的测定

准确称取0.50～0.55g硝酸铝样品于小烧杯中，加入3滴（1+3）HCl后，加入适量水溶解，转移至250mL容量瓶中，定容，摇匀。移取该铝试液25mL（三份）于锥形瓶中，分别准确加入50mL EDTA溶液（约0.01mol·L^{-1}）和2滴二甲酚橙，此时试液为黄色，加氨水至溶液呈紫红色，再加（1+3）HCl溶液，使溶液呈现黄色。煮沸3min，冷却。加20mL六亚甲基四胺，此时溶液应为黄色，如果溶液呈红色，还需滴加（1+3）HCl，使其变黄。补加1滴二甲酚橙，用Zn^{2+}标准溶液滴至刚变为紫红色为终点，记录所耗Zn^{2+}标准溶液的体积。根据有关实验数据计算含铝样品中铝的含量（以质量分数计）。

【数据记录及处理】

1. EDTA 标准溶液的标定（m_{ZnO}=________g，c_{ZnO}=________$mol \cdot L^{-1}$）

编号	1	2	3
$V_{Zn^{2+}}/mL$	25.00	25.00	25.00
V_{EDTA}/mL			
$c_{EDTA}/mol \cdot L^{-1}$			
$\overline{c}_{EDTA}/mol \cdot L^{-1}$			
d_i			
相对平均偏差$\overline{d}_r$/%			

2. 含铝样品中铝的测定（$m_{样品}$=________g）

编号	1	2	3
$V_{样品}/mL$	25.00	25.00	25.00
$V_{Zn^{2+}}/mL$			
$w_{Al}/\%$			
$\overline{w}_{Al}/\%$			
d_i			
相对平均偏差$\overline{d}_r$/%			

计算公式：$$w_{Al}=\frac{(50.00c_{EDTA}-V_{Zn^{2+}}c_{Zn^{2+}})\times 26.98}{1000m_{样品}}$$

【思考题】

1. 对于复杂的铝合金样品，不用置换滴定，而用返滴定，所得结果是偏高还是偏低？
2. 返滴定中与置换滴定中所用的 EDTA 有什么不同？

实验 8　$KMnO_4$ 溶液的标定及 H_2O_2 含量的测定

【实验目的】

1. 掌握 $KMnO_4$ 溶液的配制及标定过程，了解自动催化反应。
2. 掌握 $KMnO_4$ 法测定 H_2O_2 的原理及方法。
3. 对 $KMnO_4$ 自身指示剂的特点有所体会。

【实验原理】

过氧化氢在工业、生物、医药等方面有着广泛的应用，因此，实际操作中常需测定它的含量。采用 $KMnO_4$ 法测定 H_2O_2 含量时，常在稀硫酸溶液中用 $KMnO_4$ 标准溶液直接滴定。滴定反应为：

$$5H_2O_2 + 2MnO_4^- + 6H^+ \longrightarrow 2Mn^{2+} + 5O_2\uparrow + 8H_2O$$

开始时反应速率缓慢，待反应产物 Mn^{2+} 生成后，由于 Mn^{2+} 的催化作用，加快了反应速率，故能顺利地滴定到呈现稳定的微红色为终点，因而称为自动催化反应。稍过量的滴定剂（$2\times10^{-6}mol\cdot L^{-1}$）本身的紫红色即可显示终点。

$KMnO_4$ 标准溶液用标定法配制，常在稀硫酸溶液中，在 75～85℃下，用 $Na_2C_2O_4$ 为基准物质，标定其浓度。标定反应式为：

$$5C_2O_4^{2-} + 2MnO_4^- + 16H^+ \longrightarrow 2Mn^{2+} + 10CO_2\uparrow + 8H_2O$$

上述标定反应也是自动催化反应，滴定过程中应注意反应时的酸度、温度及滴定速度。

【主要试剂】

1. H_2SO_4 溶液（$3mol\cdot L^{-1}$）。
2. $Na_2C_2O_4$ 基准物质　在 105℃干燥 2h 后备用。
3. $KMnO_4$ 溶液（$0.02mol\cdot L^{-1}$）。

【实验步骤】

1. $KMnO_4$ 溶液的配制

称取 $KMnO_4$ 固体 1.6g，溶于 500mL 水中，盖上表面皿，加热至沸并保持微沸状态 1h，冷却后，用微孔玻璃漏斗（3 号或 4 号）过滤。滤液储存于棕色试剂瓶中。将溶液在室温下静置 2～3 天后过滤备用。

2. $KMnO_4$ 溶液的标定

在称量瓶中以差减法准确称取 $Na_2C_2O_4$ 三份，每份 0.15～0.20g，分别倒入 250mL 锥形瓶中，加入 50～60mL 水及 15mL H_2SO_4，用少量蒸馏水吹洗锥形瓶（为什么?），加热至 75～85℃，趁热用待标定的 $KMnO_4$ 溶液滴定。开始滴定时反应速率慢，待溶液中产生了 Mn^{2+} 后，滴定速度可加快，直至溶液呈现微红色并持续半分钟不褪色即为终点。记录数据，计算 $KMnO_4$ 溶液的浓度。

3. H_2O_2 含量的测定

准确移取 25.00mL 试液三份于 250mL 锥形瓶中，加入 50mL 水及 20mL H_2SO_4，用 $KMnO_4$ 标准溶液滴定溶液呈现微红色并持续半分钟不褪色即为终点。开始滴定时反应速率慢，待溶液中产生了 Mn^{2+} 后，滴定速度可加快。记录数据并计算试液中 H_2O_2 的含量，结果以 $g\cdot L^{-1}$表示。

【数据处理】

1. $KMnO_4$ 标准溶液的标定

项目	1	2	3
$m_{草酸钠}/g$			
V_{KMnO_4}/mL			
$c_{KMnO_4}/mol\cdot L^{-1}$			
$\bar{c}_{KMnO_4}/mol\cdot L^{-1}$			
d_i			
相对平均偏差$\bar{d}_r/\%$			

2. H_2O_2 含量的测定

项目	1	2	3
$V_{试样}$/mL	25.00	25.00	25.00
V_{KMnO_4}/mL			
$c_{H_2O_2}$/g·L^{-1}			
$\bar{c}_{H_2O_2}$/g·L^{-1}			
d_i			
相对平均偏差$\bar{d}_r$/%			

【思考题】

1. 配制 $KMnO_4$ 溶液时要用微孔玻璃漏斗过滤，能否用定量滤纸过滤？为什么？

2. 配制 $KMnO_4$ 溶液时应注意什么？用 $Na_2C_2O_4$ 标定 $KMnO_4$ 溶液时，为什么开始滴入的 $KMnO_4$ 紫色消失缓慢？后来却消失得越来越快，直至滴定终点时出现稳定的紫红色？

3. 用 $KMnO_4$ 法测定 H_2O_2 时，能否用 HNO_3、HCl 或 HAc 控制酸度？为什么？

4. 配制 $KMnO_4$ 溶液时，过滤后滤器上的黏附物是什么？应用什么物质清洗干净？

5. H_2O_2 有哪些重要性质，使用时应注意些什么？

实验 9　化学需氧量的测定——高锰酸钾法

【实验目的】

1. 学习高锰酸钾法测定化学需氧量的原理。

2. 掌握高锰酸钾溶液的配制与标定，了解影响氧化还原滴定反应的各种因素。

【实验原理】

化学需（耗）氧量（COD）是指在一定条件下，氧化 1L 水中还原性物质所消耗的强氧化剂的量，以氧化这些物质所消耗的 O_2 的量来表示（单位为 mg·L^{-1}）。天然水中所含的还原性物质除 NO_2^-、Fe^{2+} 和 S^{2-} 等无机物外，还有各类有机物。除自然的因素外，多数有机物质来自生活污水或工业废水排放，因此化学需氧量可以作为水中有机物相对含量的指标之一。COD 可以表示水体还原性物质污染程度的主要指标。

测定 COD 时，根据采用的氧化剂不同，分为 $KMnO_4$ 法和 $K_2Cr_2O_7$ 法。$KMnO_4$ 法操作简便，耗时短，常应用于较清洁的饮用水、河水等污染不严重的水体的测定。$K_2Cr_2O_7$ 法对有机物的氧化比较完全，适用于各种水体的测定。

本实验采用酸性 $KMnO_4$ 法进行测定。在加热的酸性水样中，加入一定量且过量的 $KMnO_4$ 标准溶液，将水中的还原性物质氧化，剩余的 $KMnO_4$ 再用过量的 $H_2C_2O_4$ 标准溶液还原，然后用 $KMnO_4$ 标准溶液返滴定剩余的 $H_2C_2O_4$，从而可求出相应的 COD。

$$4MnO_4^- + 5C + 12H^+ \longrightarrow 4Mn^{2+} + 5CO_2\uparrow + 6H_2O$$

$$2MnO_4^- + 5C_2O_4^{2-} + 16H^+ \longrightarrow 2Mn^{2+} + 10CO_2\uparrow + 8H_2O$$

由于加热的温度和时间、反应液的酸度、$KMnO_4$ 溶液的浓度、试剂加入的顺序等对测定的准确度有影响，因此必须严格控制反应条件。一般以加热水样至 100℃后，再沸腾 10min 为标准，$KMnO_4$ 溶液的浓度以 0.002mol·L^{-1}为宜。由于部分有机物不能被 $KMnO_4$ 氧化，故本法测得的 COD 不能代表水中全部有机物的含量。

市售的 $KMnO_4$ 试剂中含有 MnO_2 等杂质。蒸馏水中也常含有少量还原性物质。因此，标准溶液的配制一般采用先配制后标定的方法。标定 $KMnO_4$ 溶液的基准物质试剂很多，如 $H_2C_2O_4·2H_2O$、$Na_2C_2O_4$、As_2O_3、$Fe(NH_4)_2(SO_4)_2·6H_2O$ 和纯铁丝等，其中 $Na_2C_2O_4$ 最为常用。将 $Na_2C_2O_4$ 的稀 H_2SO_4 溶液加热至 75～85℃，然后用待标定的 $KMnO_4$ 溶液进行滴定至试液呈微红色且 0.5min 不褪色为终点。$KMnO_4$ 法采用 $KMnO_4$ 自身作指示剂。

【仪器与试剂】

1. $Na_2C_2O_4$(A.R.)　100～105℃干燥 2h，干燥器中保存。

2. $KMnO_4$(A.R.)。

3. 1∶3 H_2SO_4 溶液　滴加 0.002mol·L^{-1} $KMnO_4$ 溶液至呈浅红色不褪色为止，煮沸 0.5h，如红色消失，则再补加 $KMnO_4$，所用蒸馏水需加 $KMnO_4$ 重蒸馏。

4. 水浴装置。

【实验步骤】

1. 配制 250mL 0.002mol·L^{-1} $KMnO_4$ 溶液

取 0.02mol·L^{-1} $KMnO_4$ 储备液 25.00mL，用新煮沸且刚冷却的去离子水稀释 10 倍，在棕色试剂瓶中保存。

2. 配制 250mL 0.005mol·L^{-1} $Na_2C_2O_4$ 标准溶液

准确称取 0.17g 左右的 $Na_2C_2O_4$ 于小烧杯中，加适量水使其完全溶解，以蒸馏水定容于 250mL 容量瓶中。

3. $KMnO_4$ 标准溶液浓度的标定

用移液管取 20.00mL 上面配制的 $Na_2C_2O_4$ 标准溶液于锥形瓶中，加入 1∶3 H_2SO_4 溶液 5.0mL，水浴加热 75～85℃，用 $KMnO_4$ 溶液滴定至终点，记录所用滴定剂的体积。平行滴定 3 次。

4. COD 的测定

用移液管移取 2.00mL 水样于锥形瓶中，加水稀释到 80mL，加入 5.0mL 1∶3 H_2SO_4 溶液酸化，由滴定管加入 15.00mL(V_1) $KMnO_4$ 液，立即加热至沸腾。从冒出第一个气泡开始，煮沸 10.0min（红色不应褪去）。取下锥形瓶，放置 0.5～1min，趁热准确加入 $Na_2C_2O_4$ 标准溶液 5.00mL，充分摇匀，立即用 $KMnO_4$ 溶液进行滴定。开始滴定很慢，充分摇动至第 1 滴 $KMnO_4$ 溶液的颜色褪去后再加入第 2 滴。随着试液的红色褪去加快，滴定速度亦可稍快，滴定至试液呈微红且 0.5min 不褪色即为终点，消耗的 $KMnO_4$ 溶液的体积为 V_2 mL，此时试液的温度应不低于 60℃。

【数据处理】

1. 计算 $Na_2C_2O_4$ 标准溶液的准确浓度

$$c_{Na_2C_2O_4}=\frac{m_{Na_2C_2O_4}}{M_{Na_2C_2O_4}\times 250.0\times 10^{-3}}$$

2. 计算 $KMnO_4$ 溶液的浓度

$$c_{KMnO_4}=\frac{2}{5}\times\frac{m_{Na_2C_2O_4}\times\frac{20.00}{250}}{M_{Na_2C_2O_4}V_{KMnO_4}\times10^{-3}}$$

3. 计算 COD 含量

$$COD(O_2,mg\cdot L^{-1})=\frac{\left[\frac{5}{4}c_{KMnO_4}(V_1+V_2)-\frac{1}{2}(cV)_{Na_2C_2O_4}\right]M_{O_2}}{V_{水}\times10^{-3}}$$

【注意事项】

1. MnO_4^- 与 $C_2O_4^{2-}$ 在室温下反应速率极慢，故需将溶液加热后再滴定，但温度不可超过 90℃，否则部分 $H_2C_2O_4$ 将分解。

$$H_2C_2O_4 = CO_2\uparrow + CO\uparrow + H_2O$$

反应酸度也很重要。酸度过低，将有部分 MnO_4^- 被还原为 MnO_2，酸度过高将会促进 $H_2C_2O_4$ 分解。在滴定刚开始时，由于 MnO_4^- 与 $C_2O_4^{2-}$ 的反应速率很慢，故溶液的红色褪去较慢。此时一定要控制滴定速度，充分振摇。否则，部分 MnO_4^- 未与 $C_2O_4^{2-}$ 反应，就可能在热的酸性溶液中分解：

$$4MnO_4^- + 12H^+ = 4Mn^{2+} + 5O_2\uparrow + 6H_2O$$

随着溶液中 Mn^{2+} 的浓度增大，反应速率亦逐渐加快。若滴定前先加入少量 $MnSO_4$ 催化剂，则可适当加快滴定速度。

由于空气中还原性气体和尘埃的影响，致使到达终点后试液的红色会逐渐褪去，故 0.5min 不褪色可认为到达终点。

2. 当水样中氯化物含量较大时（300mg·L^{-1}以上），由于 MnO_4^- 与 $C_2O_4^{2-}$ 的反应诱导 Cl^- 的氧化，致使测定结果偏高。解决的方法：一是稀释试样使 Cl^- 浓度降低；二是加入 Ag_2SO_4 使之与 Cl^- 生成 AgCl 沉淀而除去；三是采用碱性 $KMnO_4$ 法测定。

3. 水样的体积视有机物的含量而定。加 $KMnO_4$ 煮沸时，若试液的红色消失，即说明水中有机物的含量较高，应另取较少量水样用蒸馏水稀释至 100mL，重新测定。这时应另取 100mL 蒸馏水做空白试验，求出空白值，并对测定结果进行校正。

【思考题】

1. 用 $Na_2C_2O_4$ 基准试剂标定 $KMnO_4$ 溶液时，应在何种酸性介质中进行？溶液的酸度过高或过低各有什么影响？

2. 为了使 $KMnO_4$ 溶液的浓度保持稳定，在配制和保存的过程中应注意什么？

3. 盛装 $KMnO_4$ 溶液的器皿放置较久后，壁上常有的棕色沉淀物是什么？应如何除去？

实验 10 $CuSO_4\cdot5H_2O$ 中 Cu 含量的测定

【实验目的】

1. 掌握 $Na_2S_2O_3$ 溶液的配制及标定要点。

2. 了解淀粉指示剂的作用原理。

3. 掌握间接碘量法测定铜的原理及操作过程。

4. 了解铜合金试样的分解方法。

【实验原理】

铜合金试样及$CuSO_4 \cdot 5H_2O$中铜的测定，一般采用碘量法。

在弱酸溶液中，Cu^{2+}与过量的KI作用，生成CuI沉淀，同时析出I_2，滴定反应为

$$2Cu^{2+} + 4I^- \longrightarrow 2CuI\downarrow + I_2$$

析出的I_2以淀粉为指示剂，用$Na_2S_2O_3$标准溶液滴定：

$$I_2 + 2S_2O_3^{2-} \longrightarrow 2I^- + S_4O_6^{2-}$$

Cu^{2+}与I^-的反应是可逆的，加入过量KI，可使Cu^{2+}的还原趋于完全。但是，CuI沉淀强烈吸附I_2，会使结果偏低。通常的办法是在近终点时加入硫氰酸盐，将CuI（$K_{sp}=1.1\times10^{-12}$）转化为溶解度更小的CuSCN（$K_{sp}=4.8\times10^{-15}$）沉淀，把CuI吸附的碘释放出来，使反应更为完全。即

$$CuI + SCN^- \longrightarrow CuSCN + I^-$$

KSCN应在近终点时加入，否则SCN^-会还原大量存在的I_2，使测定结果偏低。溶液的pH值一般应控制在3.0～4.0。酸度过低，Cu^{2+}易水解，使反应不完全，结果偏低，而且反应速率慢，终点延长；酸度过高，则I^-被空气中的氧氧化为I_2，使结果偏高。

测定铜合金中的铜时，样品中的Fe^{3+}能氧化I^-，对测定有干扰，但可加入NH_4HF_2掩蔽。NH_4HF_2是一种很好的缓冲溶液，能使溶液的pH值控制在3.0～4.0之间。

$Na_2S_2O_3$标准溶液用标定法配制，常采用$K_2Cr_2O_7$为基准物质，标定其浓度。标定反应式为：

$$Cr_2O_7^{2-} + 6I^- + 14H^+ \longrightarrow 2Cr^{3+} + 3I_2 + 7H_2O$$

$$I_2 + 2S_2O_3^{2-} \longrightarrow 2I^- + S_4O_6^{2-}$$

【主要试剂】

1. KI溶液（4%）。

2. $Na_2S_2O_3$溶液（0.02mol·L^{-1}）。

3. $K_2Cr_2O_7$基准物质　在150～180℃下干燥2h后备用。

4. 淀粉溶液（5g·L^{-1}）。

5. KSCN溶液（5%）。

【实验步骤】

1. $Na_2S_2O_3$溶液的标定

准确称取$K_2Cr_2O_7$固体0.20～0.30g，倒入洁净烧杯中，加入适量水，使$K_2Cr_2O_7$完全溶解后，定量转移至250mL容量瓶中，用水稀释至刻度，摇匀。准确移取25.00mL $K_2Cr_2O_7$标液三份于250mL锥形瓶中，加入5mL 6mol·L^{-1} HCl、10mL 4% KI溶液，摇匀放在暗处5min，待反应完全后，加入100mL水，用待标定的$Na_2S_2O_3$溶液滴定至溶液呈现淡黄色，然后加入1mL淀粉溶液，继续滴定至溶液呈现淡绿色为终点。记录数据并计算$Na_2S_2O_3$溶液的浓度。

2. $CuSO_4 \cdot 5H_2O$中铜含量的测定

准确称取$CuSO_4 \cdot 5H_2O$固体1.0～1.2g，倒入洁净的烧杯中，加入适量水及少量HCl，

使 $CuSO_4 \cdot 5H_2O$ 完全溶解后，定量转移至250mL容量瓶中，用水稀释至刻度，摇匀。准确移取25.00mL上述试液三份于250mL锥形瓶中，加入10mL 4% KI溶液，用 $Na_2S_2O_3$ 标准溶液滴定至溶液呈现淡黄色。再加入2mL淀粉溶液，滴定至溶液呈现浅蓝色。最后加入10mL KSCN溶液，继续滴定至蓝色刚好消失。记录数据，计算 $CuSO_4 \cdot 5H_2O$ 中铜的含量，结果以%表示。

【数据处理】

1. $Na_2S_2O_3$ 标准溶液的标定

项目	1	2	3
$m_{K_2Cr_2O_7}$/g			
$V_{Na_2S_2O_3}$/mL			
$c_{Na_2S_2O_3}$/mol·L^{-1}			
$\bar{c}_{Na_2S_2O_3}$/mol·L^{-1}			
d_i			
相对平均偏差 $\bar{d}_r$/%			

2. $CuSO_4 \cdot 5H_2O$ 中铜含量的测定

项目	1	2	3
$V_{试液}$/mL	25.00	25.00	25.00
$V_{Na_2S_2O_3}$/mL			
w_{Cu}/%			
$\bar{w}_{Cu}$/%			
d_i			
相对平均偏差 $\bar{d}_r$/%			

【思考题】

1. 碘量法测定铜时，为什么常加入 NH_4HF_2？为什么近终点时加入KSCN？

2. 碘量法测定铜时，为什么要在弱酸性介质中进行？在用 $K_2Cr_2O_7$ 标定 $Na_2S_2O_3$ 溶液时，先加入5mL 6mol·L^{-1} HCl，而用 $Na_2S_2O_3$ 溶液滴定时却要加入100mL水稀释，为什么？

3. 标定 $Na_2S_2O_3$ 溶液的基准物质有哪些？以 $K_2Cr_2O_7$ 标定 $Na_2S_2O_3$ 溶液时，终点的绿色是什么物质的颜色？

实验11 $BaCl_2 \cdot 2H_2O$ 中钡含量的测定

【实验目的】

1. 了解测定 $BaCl_2 \cdot 2H_2O$ 中钡含量的原理和方法。

2. 掌握晶形沉淀的制备、过滤、洗涤、灼烧及恒重等的基本操作技术。

【实验原理】

$BaSO_4$ 重量分析法，既可用于测定 Ba^{2+}，也可用于测定 SO_4^{2-} 的含量。

称取一定量的 $BaCl_2 \cdot 2H_2O$ 用水溶解，加稀 HCl 溶液酸化，加热至微沸，在不断搅拌下，慢慢加入稀、热的 H_2SO_4，Ba^{2+} 与 SO_4^{2-} 反应，形成晶形沉淀。沉淀经陈化、过滤、洗涤、炭化、灰化、灼烧后，以 $BaSO_4$ 形式称量，即可求出 $BaCl_2 \cdot 2H_2O$ 中 Ba 的含量。

用 $BaSO_4$ 重量法测定 Ba^{2+} 时，一般在 $0.05mol \cdot L^{-1}$ HCl 介质中进行沉淀，用稀 H_2SO_4 作为沉淀剂，并且沉淀剂可过量 50%～100%。

Pb^{2+}、Sr^{2+} 干扰测定，NO_3^-、ClO_3^-、Cl^- 等阴离子和 K^+、Na^+、Ca^{2+}、Fe^{3+} 等阳离子均可引起共沉淀现象，故应严格掌握沉淀条件，减少共沉淀现象，以获得纯净的 $BaSO_4$ 晶形沉淀。

【主要试剂及仪器】

1. H_2SO_4（$1mol \cdot L^{-1}$，$0.01mol \cdot L^{-1}$）。
2. HCl（$2mol \cdot L^{-1}$）。
3. HNO_3（$2mol \cdot L^{-1}$）。
4. $AgNO_3$（$0.1mol \cdot L^{-1}$）。
5. $BaCl_2 \cdot 2H_2O$（A. R.）。
6. 瓷坩埚 25mL，2～3 个。
7. 定量滤纸（ϕ9cm 或 ϕ11cm），慢速或中速。
8. 玻璃漏斗两个。

【实验步骤】

1. 称样及沉淀的制备

准确称取 $BaCl_2 \cdot 2H_2O$ 试样 0.4～0.6g 两份，分别置于 250mL 烧杯中，加入约 100mL 水、3mL $2mol \cdot L^{-1}$ HCl 溶液，搅拌溶解，加热至近沸。

另取 4mL $1mol \cdot L^{-1}$ H_2SO_4 溶液两份于两个 100mL 烧杯中，加水 30mL，加热至近沸，趁热将两份 H_2SO_4 溶液，分别用小滴管逐滴加到两份热的钡盐溶液中，并用玻璃棒不断搅拌，直至两份 H_2SO_4 溶液加完为止。待 $BaSO_4$ 沉淀下沉后，于上层清液中加入 1～2 滴 $0.1mol \cdot L^{-1}$ H_2SO_4 溶液，仔细观察沉淀是否完全。沉淀完全后，盖上表面皿，放置过夜陈化。也可将沉淀放在水浴或砂浴上，保温 40min，陈化。

2. 沉淀的过滤和洗涤

用慢速或中速滤纸，以倾泻法过滤。用稀 H_2SO_4 溶液（约 $0.01mol \cdot L^{-1}$）洗涤沉淀 3～4 次，每次约 10mL。然后，将沉淀定量转移到滤纸上，用沉淀帚由上到下擦拭烧杯内壁，并用小片滤纸擦拭杯壁，将此小片滤纸放入漏斗中，再用稀 H_2SO_4 洗涤 4～6 次，直至洗涤液中不含 Cl^- 为止（以 $AgNO_3$ 溶液检验，如何检验?）。

3. 空坩埚的恒重

将两个洁净的瓷坩埚放在（800±20）℃马弗炉中灼烧至恒重。第一次灼烧 40min，第二次后每次灼烧 20min。灼烧也可在煤气灯上进行。

4. 沉淀的灼烧及恒重

将折叠好的沉淀滤纸包置于已恒重的瓷坩埚中，经烘干、炭化、灰化后，在（800±

20)℃马弗炉中灼烧至恒重。

【数据处理】

本实验的数据记录及表格自列，并根据有关数据计算 $BaCl_2 \cdot 2H_2O$ 中 Ba 的含量。

【思考题】

1. 为什么要在稀热 HCl 溶液中且不断搅拌下逐滴加入沉淀剂沉淀 $BaSO_4$？HCl 加入太多有何影响？

2. 为什么要在热溶液中沉淀 $BaSO_4$，但要在冷却后过滤？晶形沉淀为何要陈化？

3. 什么叫倾泻法过滤？洗涤沉淀时，为什么用洗涤液或水都要少量、多次？

4. 什么叫灼烧至恒重？

实验 12 邻二氮菲分光光度法测定铁

【实验目的】

1. 学习分光光度分析实验条件的选择方法。

2. 掌握分光光度法测定微量铁的原理及方法。

3. 掌握 UV-2100 型分光光度计的使用方法。

【实验原理】

分光光度法是测定微量铁的常用方法之一，所用的显色剂主要有：邻二氮菲、磺基水杨酸、硫氰酸盐、铜铁试剂、5-Br-PADAP 等。其中，邻二氮菲分光光度法的灵敏度高，稳定性好，干扰易消除，因而是目前普遍采用的一种方法。

在 pH＝1.5～9.5 的条件下，Fe^{2+} 与邻二氮菲（Phen）生成极稳定的橘红色配合物 $[Fe(Phen)_3]^{2+}$：

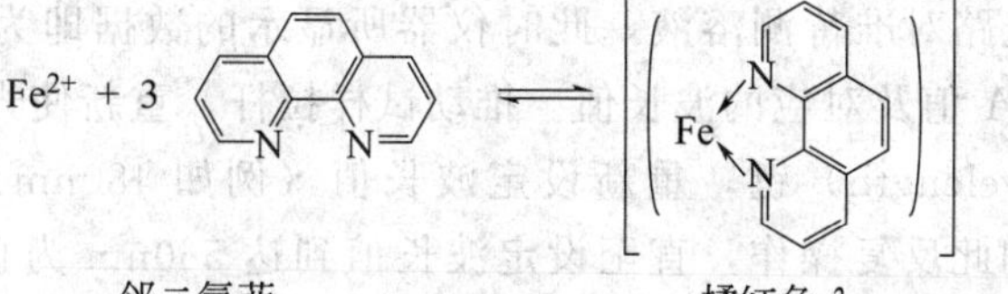

$$Fe^{2+} + 3\,\text{Phen} \rightleftharpoons [Fe(Phen)_3]^{2+}$$

邻二氮菲　　　　橘红色 λ_{508nm}

此配合物的 $\lg K_{稳}=21.3$，摩尔吸光系数 $\varepsilon=1.1\times10^4\ L\cdot mol^{-1}\cdot cm^{-1}$。发色前先用盐酸羟胺把 Fe^{3+} 还原成 Fe^{2+}，反应如下：

$$4Fe^{3+}+2NH_2OH = 4Fe^{2+}+N_2O+H_2O+4H^+$$

测定时，控制溶液酸度在 pH＝3～9 较为适宜，酸度高时，反应进行较慢；酸度太低，则 Fe^{3+} 水解，影响显色。

Bi^{3+}、Cd^{2+}、Hg^{2+}、Ag^+、Zn^{2+} 等与显色剂生成沉淀，Ca^{2+}、Cu^{2+}、Ni^{2+} 等则形成有色配合物，因此当这些离子共存时，应当注意它们的干扰。

【仪器与试剂】

1. UV-2100 型分光光度计，50mL 容量瓶 8 个，吸量管（1mL、2mL、5mL、10mL）。

2. 铁标准溶液（$100\mu g \cdot mL^{-1}$） 准确称取0.8634g $NH_4Fe(SO_4)_2 \cdot 12H_2O$（A.R.）于200mL烧杯中，加入20mL $6mol \cdot L^{-1}$ HCl溶液和适量水，溶解后，定量转移至1L容量瓶中，用水稀释至刻度，摇匀。

3. 铁标准溶液（$10\mu g \cdot mL^{-1}$） 准确移取10mL铁标准溶液（$100\mu g \cdot mL^{-1}$）于100mL容量瓶中，加入2mL $6mol \cdot L^{-1}$ HCl溶液，用水稀释至刻度，摇匀。

4. 邻二氮菲（$1.5g \cdot L^{-1}$）。

5. 盐酸羟胺（$100g \cdot L^{-1}$，现用现配）。

6. NaAc（$1mol \cdot L^{-1}$）。

7. NaOH（$1mol \cdot L^{-1}$）。

8. HCl（$6mol \cdot L^{-1}$）。

9. 含铁样品试液。

【实验步骤】

1. 吸收曲线的制作和测量波长的选择

用吸量管吸取0.0mL和1.0mL铁标准溶液（$100\mu g \cdot mL^{-1}$），分别注入两个25mL容量瓶中，各加入1mL盐酸羟胺溶液，摇匀。再加入1mL Phen、3mL NaAc，用水稀释至刻度，摇匀。放置10min后，用1cm比色皿，以试剂空白（即0.0mL铁标准溶液）为参比溶液，在470～560nm之间，每隔10nm测一次吸光度A，在最大吸收峰附近，每隔2nm测一次吸光度A。在坐标纸上，以波长λ为横坐标，以吸光度A为纵坐标，绘制A与λ的关系曲线，即吸收曲线。从吸收曲线上求出最大吸收波长λ_{max}，并将其作为测定Fe的适宜波长。仪器具体操作如下：

（1）接通分光光度计电源，打开分光光度计电源开关，盖上样品室盖，让仪器自检，若分光光度计显示“546，100.0”表明自检完毕。

（2）将参比溶液和待测溶液分别装入比色皿中，放入样品槽中（按惯例，参比溶液放入1号槽），并使比色皿的透明面对准光路，盖上样品室盖。

（3）按波长（Wavelength）键，设定波长值（例如470nm），将模式（Mode）设置为吸光度A(Absorbance)，按0ABS/100%T键，一段时间后，仪器将自动显示“0.00”，然后拉动试样拉杆，使光路对准待测溶液，此时仪器所显示的数据即为待测溶液在470nm处的吸光度A值，记录A值及对应的波长值。推动试样拉杆，重新使光路对准参比溶液。

（4）按波长（Wavelength）键，重新设定波长值（例如480nm），以下按上述第（3）步的操作方法进行。如此反复操作，直至设定波长值到达560nm为止（注意：每改变一次波长，都应重新按0ABS/100%T键，使仪器自动显示为“0.00”）。

2. NaOH用量的影响

取7个25mL容量瓶，分别加入5.0mL铁标准溶液（$10\mu g \cdot mL^{-1}$），各加入1mL盐酸羟胺溶液，摇匀。再加入1mL Phen、3mL NaAc，摇匀后，分别加入0.0mL、0.3mL、0.5mL、0.8mL、1.0mL、1.5mL、2.5mL NaOH溶液，用水稀释至刻度，摇匀。放置10min后，用1cm比色皿，以蒸馏水为参比溶液，在所选定的波长下，分别测定各溶液的吸光度。以NaOH溶液的用量（mL）为横坐标，对应的吸光度A为纵坐标，绘制NaOH的用量曲线，并指出NaOH溶液的适宜用量范围。

3. 显色剂（Phen）用量的影响（试剂用量曲线）

取7个25mL容量瓶，分别加入5.0mL铁标准溶液（$10\mu g \cdot mL^{-1}$），各加入1mL盐酸

羟胺溶液，摇匀。再分别加入 0.2mL、0.4mL、0.6mL、1.0mL、1.5mL、2.0mL、3.0mL Phen 溶液及 3mL NaAc，用水稀释至刻度，摇匀。放置 10min 后，用 1cm 比色皿，以试剂空白为参比溶液，在所选定的波长下，分别测定各溶液的吸光度。以 Phen 溶液的用量（mL）为横坐标，对应的吸光度 A 为纵坐标，绘制 Phen 的用量曲线（即试剂用量曲线），并指出 Phen 溶液的适宜用量范围。

4. 稳定时间

用吸量管吸取 0.0mL 和 1.0mL 铁标准溶液（$100\mu g \cdot mL^{-1}$），分别注入两个 25mL 容量瓶中，各加入 1mL 盐酸羟胺溶液，摇匀。再加入 1mL Phen、3mL NaAc，用水稀释至刻度，摇匀。放置 10min 后，用 1cm 比色皿，以试剂空白为参比溶液，在所选定的波长下，测定该溶液的吸光度。然后依次测量放置 0.5h、1.0h、1.5h、2.0h、2.5h、3.0h、3.5h 后该溶液的吸光度 A。以时间 t 为横坐标，对应的吸光度 A 为纵坐标，绘制 A 与 t 的关系曲线，并指出该显色体系的稳定时间。

5. 工作曲线（标准曲线）的制作

分别移取铁标准溶液（$10\mu g \cdot mL^{-1}$）0.0mL、2.0mL、4.0mL、6.0mL、8.0mL、10.0mL 于六个 25mL 容量瓶中（编号分别对应为 0～5），各加入 1mL 盐酸羟胺溶液，摇匀，放置 2min。再分别加入 1mL Phen、3mL NaAc 溶液，摇匀，用水稀释至刻度，摇匀，放置 10min。用 1cm 比色皿，以试剂空白（即 0.0mL 铁标准溶液）为参比溶液，在所选定的测量波长下，测定各溶液的吸光度 A。然后以铁含量为横坐标，吸光度 A 为纵坐标，绘制工作曲线（标准曲线）。仪器具体操作如下。

（1）接通分光光度计电源，打开分光光度计电源开关，盖上样品室盖，让仪器自检，若分光光度计显示“546，100.0”，表明自检完毕（若仪器已完成自检，则此步可忽略）。

（2）将参比溶液（即 0 号溶液）和 1、2、3 号溶液分别装入比色皿中，依次放入样品槽中（按惯例，参比溶液放入 1 号槽），并使比色皿的透明面对准光路，盖上样品室盖。

（3）按波长（Wavelength）键，设定波长值为吸收曲线的最大吸收波长 λ_{max}（例如 510nm），将模式（Mode）设置为吸光度 A（Absorbance），按 0ABS/100%T 键，一段时间后，仪器将自动显示“0.00”，然后依次拉动样品槽拉杆，使光路依次对准 1、2、3 号溶液，此时仪器所显示的数据依次为 1、2、3 号溶液在 λ_{max} 处的吸光度 A 值，分别记录 A 值。

（4）打开样品室盖，取出 1、2、3 号溶液，将 4、5 号溶液分别装入比色皿中，依次放入样品槽中原 1、2 号溶液的位置，盖上样品室盖，然后依次拉动样品槽拉杆，此时仪器所显示的数据依次为 4、5 号溶液在 λ_{max} 处的吸光度 A 值，分别记录之。

6. 未知样品中铁含量的测定

准确移取含铁样品试液 3.0mL 三份分别于三个 25mL 容量瓶中，按工作曲线的制作步骤中溶液的配制方法，分别加入各种试剂，配制样品溶液。然后按测量步骤，以 0 号溶液为参比，分别测定各样品溶液的吸光度 A。

注意：以上 5、6 两项溶液的配制和吸光度的测定宜同时进行。

【结果处理】

1. 绘制 A-λ 表格，并以吸光度 A 为纵坐标，吸收波长为横坐标，绘制 A 与 λ 的关系曲线，即吸收曲线，并从吸收曲线上求出最大吸收波长 λ_{max}。

2. 绘制 A-NaOH 溶液用量（mL）表格，并以吸光度 A 为纵坐标，NaOH 溶液用量（mL）为横坐标，绘制 A 与 NaOH 溶液用量（mL）的关系曲线，并指出 NaOH 溶液的适宜用量范围。

3. 绘制 A-Phen 溶液用量（mL）表格，并以吸光度 A 为纵坐标，Phen 溶液用量（mL）为横坐标，绘制 A 与 Phen 溶液用量（mL）的关系曲线（即试剂用量曲线），并指出 Phen 溶液的适宜用量范围。

4. 绘制 A-t 表格，并以时间 t 为横坐标，对应的吸光度 A 为纵坐标，绘制 A 与 t 的关系曲线，并指出该显色体系的稳定时间。

5. 绘制 A-c_{Fe} 表格，并以吸光度 A 为纵坐标，铁含量为横坐标，绘制工作曲线（标准曲线）。由绘制的标准曲线，重新查出某一适中铁浓度相应的吸光度 A，计算 Fe^{2+}-Phen 配合物的摩尔吸光系数 ε。

6. 根据三份铁样品溶液吸光度 A 的平均值，从标准曲线上查出样品溶液中铁的浓度并计算未知样品中铁的含量，结果以 $\mu g \cdot mL^{-1}$ 表示。

【注意事项】

1. 使用分光光度计时，应严格按照分光光度计的操作规程，防止损坏分光光度计。
2. 本实验所使用的比色皿是易碎品，使用时应严格按照比色皿的操作规程使用。
3. 配制试液及标准溶液时，应注意试剂的加入顺序。

【思考题】

1. 本实验量取各种试剂时应分别采用何种量器较为合适？为什么？
2. 本实验可选择哪几种溶液为参比溶液？为什么？
3. 制作标准曲线时，加入试剂的顺序能否任意改变？为什么？
4. 如何计算 Fe^{2+}-Phen 配合物的摩尔吸光系数 ε？计算结果说明了什么问题？
5. 查阅磺基水杨酸分光光度法测定铁的原理及主要步骤，并结合本实验，比较两种分光光度法测定铁的特点。

附录 比色皿的洗涤及使用

比色皿也称比色池、比色杯，是光度分析中的辅助仪器，主要用来盛装参比溶液或待测溶液。按所组成的材料来分，比色皿可分为玻璃比色皿和石英比色皿两类，可见分光光度法常采用玻璃比色皿，紫外分光光度法常采用石英比色皿。按规格来分，比色皿可分为 1cm、2cm、3cm、5cm 等不同规格。

洗涤比色皿时，不能用毛刷刷洗，应根据不同情况采用不同的洗涤方法。常用的洗涤方法是：将比色皿浸泡于温热的洗涤液中，一段时间后，冲洗干净。

使用比色皿时，应用食指和拇指握住比色皿的毛玻璃面（粗糙面），用蒸馏水润洗比色皿 2～3 次，再用待装液润洗比色皿 2～3 次，然后装入待装液，装入溶液的体积为比色皿总体积的 2/3～3/4。最后用镜头纸或滤纸条将比色皿擦干，放入样品槽，并使光路对准比色皿的透明面。

测试完毕，应将比色皿中的溶液倒掉，用洗涤液或蒸馏水洗涤干净，晾干后，装入比色皿盒中，并注意比色皿盒编号和光度计编号对应。

比色皿是易碎品，在洗涤及使用过程中，应注意不要与其它硬物磕碰，用镜头纸或滤纸条擦拭比色皿时，动作要轻柔。

实验 13 紫外吸收光谱法测定阿司匹林的含量

【实验目的】

1. 掌握紫外分光光度计的结构及使用方法。

2. 掌握紫外吸收光谱法分析阿司匹林含量的原理及操作。

【实验原理】

紫外吸收光谱是分子中价电子产生的，按分子轨道理论，有机物分子中有几种不同的价电子：形成单键的电子称为 σ 电子，形成双键的电子称为 π 电子，杂原子含未成键的孤对电子称为 n 电子（或 p 电子）。当它们吸收一定能量 ΔE 后，价电子将从基态跃迁到激发态，即从成键轨道跃迁到反键轨道（用 σ^* 和 π^* 表示）。有机物价电子跃迁的类型有 $\sigma\rightarrow\sigma^*$、$\pi\rightarrow\pi^*$、$n\rightarrow\sigma^*$、$n\rightarrow\pi^*$。各种跃迁所需能量即吸收峰波长不同，表示如下：

能量大小顺序	$\sigma\rightarrow\sigma^*$	>	$n\rightarrow\sigma^*$	≥	$\pi\rightarrow\pi^*$	>	$n\rightarrow\pi^*$
吸收峰波长/nm	约 150		约 200		≤200		200～400

吸收带根据跃迁类型划分：

(1) R 带（$n\rightarrow\pi^*$ 跃迁）

由具有 $n\rightarrow\pi$ 共轭体系的、单一生色团的 $n\rightarrow\pi^*$ 跃迁产生的吸收带（如—C═O、$—NO_2$、—CHO、—N═N—等），其特点是吸收强度低（$\varepsilon\leqslant100L\cdot mol^{-1}\cdot cm^{-1}$），吸收峰波长较长，一般在 270nm 以上，吸收位置好，易于检测，在紫外吸收光谱中十分重要。

(2) K 带（$\pi\rightarrow\pi^*$ 跃迁）

分子内共轭双键 $\pi\rightarrow\pi^*$ 跃迁产生的吸收带，其特点是吸收强度大（$\varepsilon>10^4L\cdot mol^{-1}\cdot cm^{-1}$）；吸收峰波长较 R 带短，一般为 217～280nm。

(3) B 带

B 带是由苯环骨架的 $\pi\rightarrow\pi^*$ 跃迁产生的吸收带，是芳香族（包括杂芳环）化合物的特征吸收带，其特点是在 230～270nm 出现宽峰，并有精细结构（电子跃迁伴随振动跃迁的结果）；吸收强度中等（$\varepsilon\approx220L\cdot mol^{-1}\cdot cm^{-1}$），故 B 带精细结构常用来识别芳香族（包括杂芳环）化合物。

(4) E 带

E 带也是芳香族（包括杂芳环）化合物的特征吸收带，包括 E_1 和 E_2 带，E_1 带是苯环单个乙烯键的 $\pi\rightarrow\pi^*$ 跃迁产生的吸收带，在远紫外区，为强带，其中苯分子在甲醇溶剂中 E_1 带的最大吸收波长在 185nm（$\varepsilon=47000L\cdot mol^{-1}\cdot cm^{-1}$）；$E_2$ 带是由苯环共轭乙烯键（苯环骨架）的 $\pi\rightarrow\pi^*$ 跃迁产生的吸收带，在近紫外区，强度中等，苯分子在甲醇溶剂中 E_2 带的最大吸收波长在 204nm（$\varepsilon=7900L\cdot mol^{-1}\cdot cm^{-1}$），$E_2$ 带本质上与 K 带相同，都是由共轭双键的 $\pi\rightarrow\pi^*$ 跃迁产生的吸收带，因此可以把 E_2 带叫 K 带。

紫外吸收光谱灵敏度很高，摩尔吸光系数 ε 可达（10^4～10^5）$L\cdot mol^{-1}\cdot cm^{-1}$，可进行定量分析，其 λ_{max} 和 ε_{max} 也是定性分析的根据。但物质的紫外吸收光谱基本上是分子中生色团及助色团的特性，而不是整个分子的特性。所以单根据紫外吸收光谱，不能完全决定物质的分子结构，还必须与 IR、NMR、MS 等方法配合起来，才能得出可靠结论。

目前，紫外吸收光谱在定性分析中的应用主要有：有机化合物分子结构的推断、异构体的确定、纯度检查等。

紫外分光光度法的定量测定原理及步骤与可见分光光度法相同，都遵守朗伯-比耳定律，即在一定波长处被测定物质的吸光度与它的浓度呈线性关系。其应用十分广泛，紫外分光光度法可方便地用来直接测定混合物中某些组分的含量，如环己烷中的苯，四氯化碳中的二硫化碳，鱼肝油中的维生素 A 等。

阿司匹林（Aspirin）即乙酰水杨酸，是临床上应用十分广泛的一种药物，具有解热镇痛、软化血管等药理作用，常用于治疗感冒、疼痛、风湿性关节炎等疾病。乙酰水杨酸的含量往往采用酸碱滴定法、电极法、高效液相色谱法等方法进行测定。

本实验采用紫外分光光度法测定乙酰水杨酸的含量。乙酰水杨酸在过量 NaOH 的作用下，会定量水解为水杨酸钠。水杨酸钠在 290～300nm 处有较强的紫外吸收，其吸光度与水杨酸钠的浓度呈线性关系。因此，可用紫外分光光度法测定阿司匹林的含量。

$$\text{(2-}CH_3COO\text{-}C_6H_4\text{-COOH)} + 3NaOH \xrightarrow{\triangle} \text{(2-ONa-}C_6H_4\text{-COONa)} + CH_3COONa + 2H_2O$$

【仪器与试剂】

1. Thermo 紫外分光光度计，分析天平，电炉，移液管（5mL），量筒（100mL），烧杯（20mL、250mL），容量瓶（25mL、100mL），锥形瓶（250mL），玻璃漏斗，表面皿（9cm），定性滤纸（ϕ11cm），研钵。

2. 乙酰水杨酸（A. R.），NaOH（A. R.）等。

【实验步骤】

1. 标准溶液的配制

乙酰水杨酸标准储备液的配制（1.0g·L^{-1}）：准确称量 0.1000g 乙酰水杨酸于 100mL 容量瓶中，加入 50mL 水，温热使乙酰水杨酸溶解，冷却后以水定容至刻度，摇匀。

移取上述乙酰水杨酸标准储备液 25.00mL 于 100mL 容量瓶中，定容至 100mL，摇匀，此溶液中乙酰水杨酸的浓度为 0.2500g·L^{-1}。

移取 0.00mL、1.00mL、2.00mL、3.00mL、4.00mL、5.00mL 乙酰水杨酸标准储备液（0.2500g·L^{-1}）于六只 25mL 容量瓶中（编号分别对应为 0、1、2、3、4、5），分别加入 1.0mL 0.1mol·L^{-1} NaOH 溶液，用水定容至刻度，摇匀，并计算每个标准溶液所对应的浓度，结果以 μg·mL^{-1}表示。

2. 吸收曲线的制作

打开紫外分光光度计电源，预热，同时打开计算机。将 0 号溶液及 4 号溶液分别对应放入紫外分光光度计的 B 槽及 1 槽，打开计算机中的“Versite Scan”软件，选定方法（Method），扫描范围设置为 190～350nm（Start：190nm，End：350nm），扫描速度设置为 2nm（Internal：2nm），测量模式设置为 A（Mode：A），A 的读数范围设置为 0～1（Y 轴 Maximum：1，Minimum：0），点击“Baseline”，进行基线扫描。然后点击“Measure Samples”，输入池号“1”，“Blank”设置为“√”，参数选定为“全选”（Yes to all），扫描一段时间后，点击打印（Print），此时打印机将自动打印出紫外光谱图（吸收曲线）。同时采用鼠标读数的方法，分别读出 294nm、296nm、298nm 处对应的吸光度 A 读数，根据 A 读数确定乙酰水杨酸的最佳测定波长 λ_{max}。

3. 工作曲线的制作

将 0 号溶液放入 B 槽，1～5 号溶液分别对应放入 1～5 号槽，打开计算机中的“Versite Quant”软件，选定“Measure Standards”，波长（Wavelength）设定为 296nm（波长是如何确定的?），输入文件名及每个标准溶液对应的浓度，点击“Measure Standards”，此时计算机将自动绘制工作曲线，测定完毕，保存工作曲线，暂时不打印。

4. 样品分析

（1）移取 4.00mL 乙酰水杨酸试液两份分别于两只 25mL 容量瓶中（编号分别对应为 6，7），分别加入 1.0mL 0.1mol·L^{-1} NaOH 溶液，用水定容至刻度，摇匀。将 0 号溶液放入 B 槽，6～7 号溶液分别放入 1～2 号槽，打开计算机中的“Versite Quant”软件，选定“Measure Samples”，输入文件名及每个试液对应的编号（编号设定为 1，2），点击“Measure Samples”，此时计算机将自动测定试液浓度，测定完毕，点击打印（Print），此时打印机将自动打印出工作曲线及样品分析结果。

（2）准确称取 0.2000g 阿司匹林药片，用研钵研细后，加入 40mL 0.1mol·L^{-1} NaOH 溶液，搅拌数分钟，转移至 100mL 容量瓶中，用水定容至刻度，摇匀后，静置 20min。再取 2.00mL 上层清液于 100mL 容量瓶中（必要时过滤），定容，摇匀后，按以上（1）的方法测定其在最佳测定波长处的吸光度 A，平行三次；根据 A 计算阿司匹林药片中乙酰水杨酸的含量。

【结果处理】

1. 根据乙酰水杨酸的吸收曲线及鼠标读数的结果，确定乙酰水杨酸的最大吸收波长 λ_{max}。

2. 根据打印结果，结合实验步骤，计算乙酰水杨酸试液中乙酰水杨酸的浓度，结果以 mg·L^{-1}表示。

【注意事项】

1. 本实验所涉及的电脑操作应严格按操作规程进行，仪器在自检过程和扫描过程中不得打开样品室盖子。

2. 本实验所使用的石英比色皿，价格昂贵且易碎，使用时应小心。使用时应避免手指接触到比色皿光面，手指上的油脂会吸收紫外线，影响测量数值，产生误差。

3. 比色皿内溶液以皿高的 2/3 为宜，不可过满，以防液体溢出腐蚀仪器。测定时应保持比色皿清洁，池壁上液滴应用擦镜纸拭干。

4. 实验结束后及时将比色皿中的溶液倒尽，然后用蒸馏水或有机溶剂将比色皿冲洗干净，并放回原处。

【思考题】

1. 紫外分光光度分析测定阿司匹林的原理是什么?

2. 阿司匹林的乙酰基容易水解，测定时如何控制条件?

3. 如何根据阿司匹林的紫外吸收光谱确定阿司匹林的分析波长?

4. 还可以用其它什么方法分析阿司匹林的含量?

实验14 聚合物薄膜的红外光谱鉴定

【实验目的】

1. 学习并掌握红外光谱仪的使用方法。

2. 初步学会解析红外吸收光谱图。

【实验原理】

1. 红外光谱原理

分子在振动和转动过程中只有伴随净的偶极矩变化的键才有红外活性。分子振动伴随偶极矩改变时，分子内电荷分布变化会产生交变电场，当其频率与入射辐射电磁波频率相等时会产生红外吸收。能量在 $4000\sim400cm^{-1}$ 的红外线可以使样品产生振动能级与转动能级的跃迁。不同的化学键或官能团，其振动能级从基态跃迁到激发态所需的能量不同，因此将在不同波长处出现吸收峰，从而产生红外吸收光谱。

通常将红外线分为三个区。

① 近红外区（泛频区）：波长 $0.8\sim2.5\mu m$，主要用来研究 O—H、N—H 及 C—H 键的倍频吸收。

② 中红外区（基本转动-振动区）：波长 $2.5\sim25\mu m$，它是研究、应用最多的区域，该区的吸收主要是由分子的振动能级和转动能级跃迁引起的。因此，红外光谱又称振-转光谱。

③ 远红外区（转动区）：波长 $25\sim1000\mu m$，分子的纯转动能级跃迁以及晶体振动多出现在远红外区。

在红外光谱中，常用波数或波长表示谱带的位置。波长以 μm 为单位，波数以 cm^{-1} 为单位。所有的标准红外光谱图中都标有波长和波数两种刻度。波长是按微米等间隔分度的，称为线性波长表示法；按波数等间隔分度的称为线性波数表示法。

在红外光谱中，分子振动的形式主要有伸缩振动和变形振动。

伸缩振动：键长沿键轴方向发生周期性的变化称为伸缩振动。多原子分子（或基团）的每个化学键可近似地看作一个谐振子。其振动形式可分为两种：

① 对称伸缩振动，表示符号为 ν_s。

② 不对称伸缩振动或称反对称伸缩振动。表示符号为 ν_{as}。

变形振动：分为面内、面外、对称及不对称弯曲振动等形式。

面内弯曲振动（β）：剪式振动（δ）、面内摇摆振动（ρ）。

面外弯曲振动（γ）：面外摇摆振动（ω）、蜷曲振动（τ）。

红外吸收光谱产生的条件：红外光谱是由于分子振动能级的跃迁（同时伴随转动能级跃迁）而产生的。物质吸收电磁辐射应满足两个条件，即：

① 辐射应具有刚好能满足物质跃迁时所需的能量；

② 分子在振动过程中必须有瞬间偶极矩的改变，$\Delta\mu\neq0$。

习惯上把波数在 $4000\sim1330cm^{-1}$ 区间称为特征频率区，简称特征区，特征区吸收峰较疏，容易辨认。各种化合物中的官能团的特征频率位于该区域，在此区域内振动频率较高，受分子其余部分影响小，因而有明显的特征性，它可作为官能团定性的主要依据。

波数在 1330～667cm^{-1}的区域称为指纹区。在此区域中各种官能团的特征频率不具有鲜明的特征性。出现的峰主要是 C—X(X=C、N、O) 单键的伸缩振动及各种弯曲振动。由于这些单键的键强差别不大，原子质量又相近，所以峰带特别密集，犹如人的指纹，故称指纹区。

分子振动时偶极矩的变化不仅决定了该分子能否吸收红外线产生红外光谱，而且还关系到吸收峰的强度。红外吸收峰的强度与分子振动时偶极矩变化的平方成正比。因此，振动时偶极矩变化愈大，吸收强度愈强。而偶极矩变化的大小主要取决于下列四种因素。

① 化学键两端连接的原子的电负性相差越大（极性越大），瞬间偶极矩的变化也越大，在伸缩振动时，引起的红外吸收峰也越强。

如 C═O 基和 C═C 基是两个含有不饱和键的基团，但是它们的吸收峰强度有着很大的差别。C═O 基伸缩振动产生的吸收峰非常强，常常是红外光谱图中最强的吸收峰；而 C═C基伸缩振动所产生的吸收则有时出现，有时不出现；即使出现，相对地说强度也很弱。这个差别主要是因为 C═O 基中氧原子的电负性大，在振动时偶极矩变化很大，因此 C═O 的跃迁概率大。对于 C═C 基在振动时偶极矩变化很小。

② 振动形式不同对分子的电荷分布影响不同，故吸收峰强度也不同。通常不对称伸缩振动比对称伸缩振动的影响大，而伸缩振动又比弯曲振动影响大。

③ 结构对称的分子在振动过程中，如果整个分子的偶极矩始终为零，没有吸收峰出现。

④ 其它诸如费米共振、形成氢键及与偶极矩大的基团共轭等因素，也会使吸收峰强度改变。

红外光谱的吸收强度常定性地用很强、强、中等、弱、极弱等表示。

红外光谱中峰的形状有宽峰、尖峰、肩峰和双峰等类型。

2. 红外光谱仪类型及色散型仪器的主要部件

红外光谱仪有色散型和干涉型（即傅立叶变换）两类。与色散型仪器比较，傅立叶变换红外光谱仪具有分辨率高、扫描时间短、灵敏度高、测量范围宽、适合与各种仪器联用等特点。

色散型红外光谱仪由光学系统、电学系统、机械系统和计算机系统组成。

(1) 光源　能斯特灯：氧化锆、氧化钇和氧化钍烧结制成的中空或实心圆棒，直径 1～3mm，长 20～50mm；室温下，非导体，使用前预热到 800℃；发光强度大；使用寿命 0.5～1 年。硅碳棒：两端粗，中间细；直径 5mm，长 20～50mm；不需预热；两端需用水冷却。

(2) 单色器　通过光栅分光，傅立叶变换红外光谱仪不需要分光。

(3) 检测器　用真空热电偶检测，不同导体构成回路时存在温差电势，用涂黑金箔接收红外辐射。

傅立叶变换红外光谱仪采用热释电（TGS）和碲镉汞（MCT）检测器。

热释电检测器中，硫酸三苷肽单晶（TGS）为热检测元件，极化效应与温度有关，温度高表面电荷减少（热释电）；响应速度快；可进行高速扫描。

进行红外光谱测定时，视样品的物态可采用压片法、糊状法、溶液法、薄膜法等方法制备样品。

【仪器与试剂】

1. Spectrum Two 傅立叶变换红外光谱仪及附件。

2. 聚苯乙烯薄膜，聚乙烯薄膜（食品保鲜膜）。

【实验步骤】

1. 开启光谱仪电源，确保红外光谱仪保持启动状态。

2. 开启计算机电源，进入操作系统界面。

3. 双击桌面的 Spectrum 图标或通过 Windows【开始】→【所有程序】→【PerkinElmer Applications】→【Spectrum】中选择 Spectrum 图标启动软件。软件启动后进入登录界面，按照提示输入用户名和密码，回车确认后进入软件页面。

4. 单击仪器设置工具栏设定扫描条件，设定扫描范围为：开始 $4000cm^{-1}$，结束 $450cm^{-1}$，扫描次数：4 次，分辨率：$4cm^{-1}$。

5. 检查样品仓内无样品，点击【背景】图标开始扫描背景。

6. 背景扫描完成后，将聚苯乙烯薄膜样品放入样品仓，并点击【扫描】，扫描图谱。

7. 光谱扫描完成后，点击【标记】图标，通过修改峰值标记的相关参数，标记出图谱上全部有用峰的峰值。

8. 打印机装纸，点击打印命令，输出到打印机打印。

9. 将聚乙烯薄膜样品放入样品仓，并点击【扫描】，扫描图谱。重复第 7、8 步。

10. 实验完毕，退出软件，关闭计算机。

11. 关闭红外光谱仪。

【结果处理】

1. 对两张图谱进行解析，指出每个峰相应的振动形式。

2. 列出每个官能团的相关峰。

【注意事项】

1. 红外光谱仪最好保持 24h 开机，让系统处于稳定状态有利于试验结果的准确。

2. 实验室需要保持环境干燥，仪器上的干燥剂要及时更换，室温最好控制在 25℃左右。

3. 仪器背板上的散热栅不能被覆盖，以免过热使电子元件损坏。

实验 15 苯甲酸、苯酚的红外谱图比较

【实验目的】

1. 了解傅立叶变换红外光谱仪的工作原理及使用方法。

2. 掌握固体样品的压片法制备技术。

3. 掌握如何通过红外光谱图识别有机化合物的官能团。

【实验原理】

不同的样品状态需要相应的制样方法。制样方法的选择、制样技术的好坏直接影响谱带的频率、数目和强度。

(1) 气态试样可在玻璃气槽内进行测定，它的两端粘有红外透光的 NaCl 或 KBr 窗片。先将气槽抽真空，再将试样注入。

(2) 液体和溶液试样可以采用液体池法或液膜法。

(3) 固体试样可以采用压片法、石蜡糊法和薄膜法。

本实验采用压片法制样。即将研细的粉末分散在固体介质中，并用压片装置压成透明的薄片，然后放到红外光谱仪上进行分析。固体分散介质一般是碱金属氯化物（如 KBr、NaCl、KCl、KI 等）。所用碱金属的卤化物应尽可能地纯净和干燥，试剂纯度至少应达到分析纯，最好使用光学试剂级。由于 NaCl 的晶格能较大不易压成透明薄片，而 KI 又不易精制，因此大多采用 KBr 或 KCl 作样品载体。使用时要将其充分研细，颗粒直径最好小于 2μm，以免散射光影响（中红外区的波长是从 2.5μm 开始的）。另外，KBr 在 4000～400cm^{-1}光区不产生吸收，因此可测绘全波段光谱图。

苯甲酸和苯酚属于芳香化合物，有相同的芳环，其不同之处是芳环上的取代基不同，一个为羧基，另一个为羟基。

1. 芳烃的红外吸收主要为：苯环上的 C—H 键、环骨架中的 C═C 键振动、C—H 变形振动所引起。

(1) ν_{Ar-H}：芳环上芳氢的 ν_{Ar-H}频率在 3050～3010cm^{-1}，与烯烃的 $\nu_{C=C-H}$频率相近，特征性不强。

(2) $\nu_{C=C}$：苯环的骨架伸缩振动正常情况下有四条谱带，分别为 1600cm^{-1}、1585cm^{-1}、1500cm^{-1}、1450cm^{-1}，这是鉴定有无苯环的重要标志之一。

(3) γ_{Ar-H}：芳烃的 C—H 变形振动吸收出现在两处，1275～960cm^{-1}为 δ_{Ar-H}，吸收较弱，另一处是 900～650cm^{-1}的 γ_{Ar-H}，吸收较强，是识别苯环上取代基位置和数目的极重要特征峰。

2. 羧酸的特征吸收有下列三种

(1) ν_{O-H}：游离的 ν_{O-H}在 3550cm^{-1}左右，缔合在 3300～2500cm^{-1}，峰形宽而散。

(2) $\nu_{C=O}$：游离的 $\nu_{C=O}$一般在 1760cm^{-1}附近有吸收峰。但羧酸通常是以双分子缔合存在，使 $\nu_{C=O}$吸收峰移向 1725～1700cm^{-1}，如发生共轭则出现在 1690～1680cm^{-1}。羧酸中的 $\nu_{C=O}$吸收强度比酮还要强。

(3) δ_{O-H}（面外）：羧酸的 δ_{O-H}吸收在约 920cm^{-1}区也是特征峰。

3. 酚和醇类化合物有相同的羟基

其特征吸收是 O—H 键和 C—O 键的振动频率。

(1) ν_{O-H}：一般在 3670～3200cm^{-1}区域。游离羟基吸收出现在 3640～3610cm^{-1}，峰形尖锐，无干扰，极易识别。羟基形成氢键的缔合峰出现在 3550～3200cm^{-1}。

(2) ν_{C-O}和 δ_{O-H}：C—O 键伸缩振动和 O—H 面内弯曲振动在 1410～1100cm^{-1}处有强吸收，当无其它基团干扰时，可利用 ν_{O-O}的频率来了解羟基的碳链取代情况。如伯醇在 1050cm^{-1}附近；仲醇在 1125cm^{-1}附近；叔醇在 1200cm^{-1}附近；酚在 1230cm^{-1}附近。

由于氢键的作用，苯甲酸通常以二分子缔合体的形式存在。只有在测定气态样品或非极性溶剂的稀溶液时，才能看到游离态苯甲酸的特征吸收。用固体压片法得到的红外光谱中显示的是苯甲酸二分子缔合体的特征，在 2400～3000cm^{-1}处是 O—H 键伸缩振动峰，峰宽且散；由于受氢键和芳环共轭两方面的影响，苯甲酸缔合体的 C═O 键伸缩振动吸收位移到 1700～1800cm^{-1}处（而游离 C═O 键伸展振动吸收是在 1730～1710cm^{-1}处）。

苯酚与苯甲酸的不同之处是少了一个羰基，其缔合羟基峰的位置在 3400～3200cm^{-1}。

【仪器与试剂】

1. Spectrum Two 傅立叶变换红外光谱仪。

2. 压片机、压片模具、干燥器、玛瑙研钵、药匙、镊子及红外干燥箱。

3. 苯甲酸（A. R.）、溴化钾（A. R.）、苯酚（A. R.）、无水乙醇（A. R.）、脱脂棉。

【实验步骤】

1. 在玛瑙研钵中，将 KBr 研磨至 2μm 细粉，然后置于红外干燥箱中烘干，待用。

2. 将上述混合物粉末装入模具，模具放入压片机工作台，旋紧螺杆，再顺时针拧紧油阀阀门，用手柄加压至 15MPa，保持加压 5min。小心取出透明薄盐片。

3. 打开傅立叶变换红外光谱仪，将压好的薄片装机，测定背景的红外光谱图。

4. 将 1～2mg 苯甲酸试样与 200mg 纯 KBr 在红外灯下研细混匀，置于模具中，用 15MPa 压力在压片机上压成透明薄片。

5. 将样品的薄片固定好，装入红外光谱仪，测得苯甲酸的红外谱图。

6. 用上述同样方法绘制苯酚的红外光谱图。

【结果处理】

1. 指出苯甲酸红外光谱图中各官能团的特征吸收峰，说明其振动类型。

2. 指出苯酚红外光谱图中各官能团的特征吸收峰，说明其振动类型。

3. 列出两个图谱官能团比较表。以苯甲酸为例：

原子基团的基本振动形式	基频峰的频率/cm^{-1}
苯环上 O—H 伸缩振动(ν_{Ar-H})	
苯环上 C═C 骨架伸缩振动峰(Ar 上 $\nu_{C=C}$)	
C═O 伸缩振动($\nu_{C=C}$)	
O—H 伸缩振动(ν_{O-H},形成氢键二聚体)	
O—H 面外弯曲振动(δ_{O-H})	
单取代苯 O—H 弯曲振动($\delta_{=O-H}$)	

【注意事项】

1. 制得的晶片厚度一般应在 0.5mm 左右，必须无裂痕，局部无发白现象，如同玻璃般完全透明，否则应重新制作。制备好的空 KBr 片应透明，与空气相比，透光率应在 75% 以上。

2. 用两片压舌的光洁面接触溴化钾和样品，压舌的光洁面不要接触硬物，以免碰出划痕，影响压片。压舌若放不进孔中，请勿硬压，否则会损坏压模。压片机使用压力不能超过 15MPa。

3. 一般要求所测得的光谱图中绝大多数吸收峰处于 10%～80%透光率范围内。

4. 压片模具用完后，应先用软纸轻轻擦掉残留的固体，再用乙醇棉球清洗，最后放入干燥器内备用。

5. 用于测定的样品纯度大于 99%，否则要提纯；含水分和溶剂的样品要做干燥处理。

【思考题】

1. 测定苯甲酸的红外光谱还可以用哪些制样方法？

2. 影响样品红外光谱图质量的因素是什么？

3. 用压片法制样时，为什么要求研磨颗粒粒度为 2μm 左右？

4. 含水的样品能用压片法测定吗？

附录　Spectrum Two 傅立叶变换红外光谱仪

1. 开启光谱仪电源，确保红外光谱仪保持启动状态。

2. 开启计算机电源，进入操作系统界面。

3. 双击桌面的 Spectrum 图标或通过 Windows【开始】→【所有程序】→【PerkinElmer Applications】→【Spectrum】中选择 Spectrum 图标启动软件。软件启动后进入登录界面，按照提示输入用户名和密码，回车确认后进入软件页面。

4. 单击仪器设置工具栏设定扫描条件，设定扫描范围为：开始 $4000cm^{-1}$，结束 $450cm^{-1}$，扫描次数 4 次，分辨率 $4cm^{-1}$。

5. 将压制好的纯 KBr 盐片装入样品仓，点击【背景】图标开始扫描背景。

6. 背景扫描完成后，将含有苯甲酸样品的 KBr 盐片放入样品仓，并点击【扫描】，扫描苯甲酸的红外图谱。

7. 光谱扫描完成后，点击【标记】或【光标】图标，标记出图谱上全部有用峰的峰值。

8. 打印机装纸，点击打印命令输出到打印机打印。

9. 将含有苯酚样品的 KBr 盐片放入样品仓，并点击【扫描】，扫描苯酚的红外图谱。重复第 7、8 步。

10. 实验完毕，退出软件，关闭计算机。

11. 关闭红外光谱仪。

实验 16　电位法测定水溶液的 pH 值

【实验目的】

1. 掌握用玻璃电极测量溶液 pH 值的基本原理和测量技术。

2. 学会测定玻璃电极的响应斜率，加深了解玻璃电极的响应特性。

3. 了解用标准缓冲溶液定位的意义和温度补偿装置的作用。

【实验原理】

pH 值是表示溶液酸碱度的一种标度，定义为 $pH=-\lg a_{H^+}$，a_{H^+} 表示溶液中氢离子的活度。在生产实践和科学研究中经常会接触到有关 pH 值的问题，而比较精确的 pH 值的测量都需要用电化学方法，就是根据 Nernst 公式，用酸度计测量电池电动势来确定 pH 值。这种方法常用 pH 玻璃电极为指示电极（接酸度计的负极），饱和甘汞电极为参比电极（接酸度计的正极），与被测溶液组成如下的电池：

$Ag|AgCl,Cl^{-1}(1mol\cdot L^{-1}),H^+(a_2)|$玻璃膜$\|H^+(a_1)\|KCl$(饱和)$,Hg_2Cl_2|Hg$

←————玻璃电极————→ | 被测溶液 | ←——饱和甘汞电极——→

电池的电动势与氢离子活度 a_1 和 a_2 有关：

$$E_{电池}=E_{SCE}-E_{Ag\text{-}AgCl}-\frac{RT}{F}\ln\frac{a_1}{a_2}+E_a+E_j \tag{1}$$

式中，E_{SCE} 和 $E_{Ag\text{-}AgCl}$ 分别为外参比电极和内参比电极的电位；E_a 为不对称电位；E_j 为液接电位。若在测定过程中 E_a 和 E_j 不变，而 E_{SCE}、$E_{Ag\text{-}AgCl}$ 和玻璃电极内充液的氢离子

活度 a_2 的值一定，则它们都可以合并到常数项，此时电池的电动势可表示为：

$$E_{电池}=常数+\frac{2.303RT}{F}pH_{试液} \tag{2}$$

式(2) 中的常数项在一定条件下虽有定值，但却不能准确测定或计算得到，所以在实际测量时，要用已知 pH 值的标准缓冲溶液来校准酸度计，称为“定位”，使 $E_{电池}$ 和溶液 pH 值的关系能满足式(2)，然后再在相同条件下测量被测溶液的 pH 值。这两个电池的电位差分别为：

$$E_{标准}=常数+\frac{2.303RT}{F}pH_{标准} \tag{3}$$

$$E_{试液}=常数+\frac{2.303RT}{F}pH_{试液} \tag{4}$$

因为两次测量的条件（如温度、电极等）相同，将（3）、（4）两式相减时常数项被消去，整理得：

$$pH_{试液}=pH_{标准}+\frac{E_{试液}-E_{标准}}{2.303RT/F} \tag{5}$$

式(5) 称为水溶液 pH 值的实用定义，式中 $2.303RT/F$ 称为斜率，用 S 表示。

测定 pH 用的仪器——pH 电位计就是按上述原理设计制成的。例如在 25℃时，pH 计设计为单位 pH 变化 58mV。若玻璃电极在实际测量中响应斜率不符合 58mV 的理论值，这时若仍用一个标准缓冲溶液校准 pH 计，就会因电极响应斜率与仪器的不一致而引入测量误差。为了提高测量的准确度，需用双标准缓冲溶液来校准 pH 计，使得 pH 计的单位 pH 的电位变化与电极的电位变化校正为一致。

当用双标准缓冲溶液法时，pH 计的单位 pH 变化率即斜率（S）可校定为：

$$S=\frac{E_{标准2}-E_{标准1}}{pH_{标准1}-pH_{标准2}} \tag{6}$$

式中，$pH_{标准1}$和$pH_{标准2}$分别为两个标准缓冲溶液的 pH 值；$E_{标准1}$和 $E_{标准2}$分别为它们的电动势。把式(6) 代入式(5)，得：

$$pH_{试液}=pH_{标准}+\frac{E_{试液}-E_{标准}}{S} \tag{7}$$

从而消除了电极响应斜率与仪器原设计值不一致引入的误差。

由此可见，pH 值的测量是相对的；每次测量的$pH_{试液}$都是与其 pH 最接近的标准缓冲溶液进行对比而得到的，测量结果的准确度首先取决于标准缓冲溶液$pH_{标准}$值的准确度。目前，我国所建立的标准缓冲溶液体系有 7 个缓冲溶液，它们在 0～95℃的标准 pH 值见附表。

【仪器与试剂】

1. pH/mV 计。

2. pH 玻璃电极（2 支，其电极响应斜率须有一定差别）和饱和甘汞电极，或 pH 复合电极两支。

3. 邻苯二甲酸氢钾标准缓冲溶液。

4. 磷酸氢二钠与磷酸二氢钾标准缓冲溶液。

5. 硼砂标准缓冲溶液。

6. 未知 pH 试样溶液（至少 3 个，选 pH 值分别为 3、6、9 左右为好）。

【实验步骤】

1. 测定玻璃电极的实际响应斜率

(1) 选择仪器的“mV”挡，用蒸馏水冲洗电极，并用滤纸轻轻地将附着在电极上的水吸去。

(2) 小心地在 pH/mV 计上装好玻璃电极和甘汞电极，并固定在电极架上。

(3) 将清洗干净的电极小心浸入标准缓冲溶液1中，注意切勿与杯底、杯壁相碰。

(4) 待电位值显示稳定时，读取“mV”数值，记录数据。从试液中取出电极，用滤纸吸去电极上残留试液，再按 (1) 中方法冲洗电极、吸去水液。

(5) 至少按上述步骤测量三种不同 pH 值的标准缓冲溶液，用作图法求出玻璃电极的响应斜率。

(6) 同上述步骤测量另一支玻璃电极的响应“mV”值，用作图法求出其响应斜率。

2. 单标准缓冲溶液法测量溶液 pH 值

这种方法适合于一般要求，即被测溶液的 pH 值与标准缓冲溶液的 pH 值之差小于 3 个 pH 单位。

(1) 选择仪器的“pH”挡，将清洗干净的电极浸入用来定位的标准缓冲溶液中（如磷酸盐标准缓冲溶液），片刻后转动定位调节旋钮，使仪器显示的 pH 值与该标准缓冲溶液的 pH 值相同（注意温度对标准缓冲溶液 pH 值的影响，见附表）。

(2) 取出电极，用蒸馏水冲洗几次，小心用滤纸吸去电极上的水液。

(3) 将电极置于待测试样溶液中，待仪器显示的 pH 值稳定后，读取并记录。取出电极，按以上第 (2) 步清洗电极、吸去水液，继续下一个未知 pH 试样溶液的测量。测量完毕，清洗电极，然后将其浸泡在蒸馏水中。

3. 双标准缓冲溶液法测量溶液 pH 值

为了获得高精确度的 pH 值，通常用两个标准缓冲溶液进行定位校正仪器，并且要求未知溶液的 pH 值尽可能落在这两个标准溶液的 pH 值之间。

(1) 按单标准缓冲溶液法测量步骤 (1)、(2)，选择两个标准缓冲溶液，用其中一个对仪器定位。

(2) 将电极置于另一个标准缓冲溶液中，调节斜率旋钮，使仪器显示的 pH 读数至该标准缓冲溶液的 pH 值。

(3) 取出电极，冲洗、吸干水液后，再次放入第一次测量的标准缓冲溶液中，这时仪器显示的读数与该缓冲溶液的 pH 值相差最多不超过 0.05pH 单位，表明仪器和玻璃电极的响应特性均良好。往往要反复测量、反复调节几次，才能使仪器测量系统达到最佳状态。

(4) 当测量系统调定后，将洗净的电极置于待测试样溶液中，读取稳定的 pH 值，记录。测量完毕，取出电极，冲洗干净后，将其浸泡在蒸馏水中。

【结果处理】

1. 标准缓冲溶液“mV”测量结果

标准缓冲溶液(pH)	电位计读数/mV	
	1号电极	2号电极
4.00		
6.86		
9.18		

2. 以上表的标准缓冲溶液的 pH 值为横坐标，测得电位计的“mV”读数为纵坐标作图，从直线斜率计算出玻璃电极的响应斜率，并比较两支电极的性能。

3. 列表记录两种方法测量的待测试样溶液的 pH 值结果。

【注意事项】

1. 玻璃电极的敏感膜非常薄，易于破碎损坏，因此，使用时应注意勿与硬物碰撞，电极上所沾附的水分，只能用滤纸轻轻吸干，不得擦拭。

2. 不能用于含有氟离子的溶液测量，也不能用浓硫酸洗液、浓酒精来洗涤电极，否则会使电极表面脱水而失去功能。

3. 测量极稀的酸或碱溶液（小于 $0.01\text{mol}\cdot\text{L}^{-1}$）的 pH 值时，为了保证电位计稳定工作，需要加入惰性电解质（如 KCl），提供足够的导电能力。

4. 如果要测量精确度高的 pH 值，为避免空气中 CO_2 的影响，尤其是测量碱性溶液的 pH 值时，要使暴露于空气中的时间尽量短，测量操作、读数要尽可能快。

5. 玻璃电极经长期使用后，会逐渐降低及失去对氢离子的响应功能，称为“老化”。当电极响应斜率低于 52mV/pH 时，就不宜再使用。

6. 对于 pH 复合电极，除了注意以上各项以外，在实验完毕收藏时应冲洗干净，吸干水液，套上充满 $3\text{mol}\cdot\text{L}^{-1}$ KCl 溶液的外套保存。

【思考题】

1. 在测量溶液 pH 值时，为什么 pH 计要用标准缓冲溶液进行定位？

2. 使用玻璃电极测量溶液 pH 值时，应匹配何种类型的电位计？

3. 为什么用单标准缓冲溶液方法测量溶液 pH 值时，应尽量选用 pH 值与它相近的标准缓冲溶液来校正酸度计？

实验 17　电位滴定法测定弱酸的解离常数

【实验目的】

1. 掌握电位分析法测定一元弱酸解离常数的方法。

2. 掌握确定电位滴定终点的方法。

3. 学会使用 ZD-2 型自动电位滴定计。

【实验原理】

用电位分析法测定弱酸解离常数 K_a，组成的测量电池为：

$$\text{pH 玻璃电极} \mid H^+(c=x) \parallel KCl(s), Hg_2Cl_2, Hg$$

溶液的 pH 值由下式表示：

$$pH_x = pH_s + \frac{E_{\text{电池},x} - E_{\text{电池},s}}{0.059} \quad (1)$$

当用 NaOH 标准溶液滴定弱酸溶液时，滴定过程中溶液 pH 值的变化由 pH 玻璃电极测量，pH 值直接在 pH 计上读出。利用 pH（电极电位）的“突跃”来指示滴定终点的到达。

电位滴定终点的确定不必知道终点 pH（电极电位）的准确值，只需知道 pH（电极电位）值的变化。确定电位滴定终点的方法有作图法和二阶微商计算法。

作图法是以 pH 值（或电极电位值）为纵坐标，以加入滴定剂体积 V 为横坐标，绘制 pH-V 电位滴定曲线［参见图 3-1(a)］，曲线斜率最大处所对应的滴定剂体积为终点体积。

如果以上滴定曲线的突跃不明显，则以$\frac{\Delta pH}{\Delta V}$对滴定剂体积 V 作图得到一阶微商曲线［参见图 3-1(b)］，曲线的极大值所对应的滴定剂体积为终点体积。用此法确定滴定终点比 pH-V 曲线法准确，用作图法求极值也会引入一些误差。

一阶微商$\frac{\Delta pH}{\Delta V}$对应值相减得二阶微商$\frac{\Delta^2 pH}{\Delta V^2}$值，以$\frac{\Delta^2 pH}{\Delta V^2}$为纵坐标，滴定剂体积 V 为横坐标作图得到二阶微商曲线［图 3-1(c)］，二阶微商$\frac{\Delta^2 pH}{\Delta V^2}=0$ 时所对应的滴定剂体积即为滴定终点体积。

二阶微商计算法不仅克服了作图法费时又不准确的缺点，而且还可用计算机对所得滴定数据进行处理，既加快了数据的处理速度，又大大提高了实验结果的准确度。该法所依据的原理是：在二阶微商值出现相反符号时对应的两个体积 V_1、V_2 之间，必然存在$\frac{\Delta^2 pH}{\Delta V^2}=0$ 的一点，对应于这一点的体积即为滴定的终点体积，所对应的 pH 值（或电位）即为终点 pH 值（或终点电位）。终点体积和终点 pH 值可用以下公式计算：

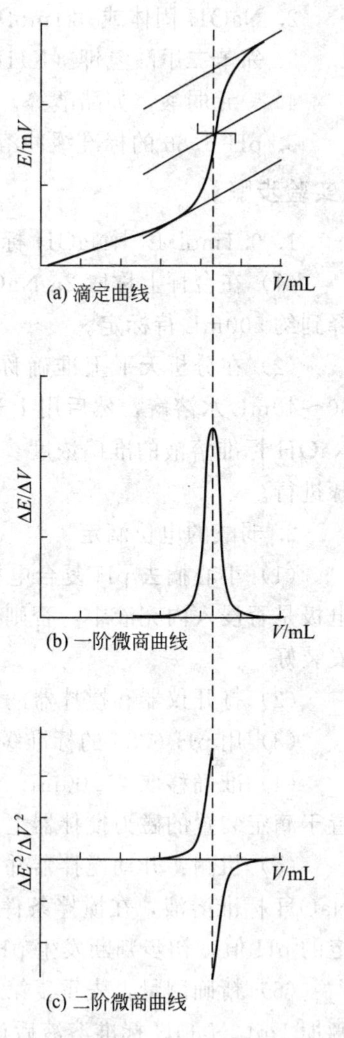

(a) 滴定曲线

(b) 一阶微商曲线

(c) 二阶微商曲线

图 3-1 作图法确定电位滴定终点

$$V_{终}=V_1+(V_2-V_1)\frac{\Delta^2 pH_1/\Delta V_1^2}{\Delta^2 pH_1/\Delta V_1^2+|\Delta^2 pH_2/\Delta V_2^2|} \tag{2}$$

$$pH_{终}=pH_1+(pH_2-pH_1)\frac{\Delta^2 pH_1/\Delta V_1^2}{\Delta^2 pH_1/\Delta V_1^2+|\Delta^2 pH_2/\Delta V_2^2|} \tag{3}$$

由滴定剂（NaOH）的终点体积可计算出被滴物（弱酸）的原始浓度并计算出终点时滴定产物（弱酸盐）的浓度 $c_{盐}$。

弱酸的解离常数 K_a 由下式计算：

$$[OH^-]=\sqrt{K_b c_{盐}}=\sqrt{\frac{K_w}{K_a}c_{盐}} \tag{4}$$

则
$$K_a=\frac{K_w c_{盐}}{[OH^-]^2} \tag{5}$$

【仪器与试剂】

1. 精密 pH 计，磁力搅拌器（或 ZD-2 型自动电位滴定计一套），pH 复合电极。

2. NaOH 固体或 0.1mol·L^{-1} NaOH 标准溶液。

3. 邻苯二甲酸氢钾（KHP）基准物。

4. 一元弱酸，如醋酸等。

5. pH 6.86 的标准缓冲溶液。

【实验步骤】

1. 0.1mol·L^{-1} NaOH 标准溶液的配制与标定

（1）在台秤上称取 2g NaOH 固体于小烧杯中，用少量水溶解后倒入试剂瓶中，用水稀释到约 500mL 待标定。

（2）在分析天平上准确称取邻苯二甲酸氢钾基准物 0.4～0.6g 于 250mL 烧杯中，加 30～40mL 水溶解，然后用上述 NaOH 溶液滴定，采用电位法或指示剂法确定终点，计算 NaOH 标准溶液的准确浓度。若采用电位法确定终点可仿照以下弱酸的电位滴定各操作步骤进行。

2. 弱酸的电位滴定

（1）小心摘去 pH 复合电极的塑料外套（注意里面有 3mol·L^{-1} KCl 溶液），并检查内电极是否浸入内充液中，否则应补充内充液。然后将其固定在电极架上，将导线与仪器连接安装好。

（2）打开仪器和搅拌器的电源，按照要求调试仪器，将测量选择开关置于 pH 挡。

（3）用 pH 6.86 的标准缓冲溶液校准 pH 计（操作步骤参见实验 16 中相关步骤）。

（4）准确移取 25.00mL 0.1mol·L^{-1}一元弱酸溶液至一干净的 100mL 烧杯中。将烧杯置于滴定装置的磁力搅拌器上，放入搅拌磁子，下移电极架，使 pH 复合电极插入试液。

（5）粗测：开动搅拌器并始终保持一适宜的转速，由碱式滴定管逐渐滴加 0.1mol·L^{-1} NaOH 标准溶液，在搅拌条件下测量并记录加入 0、1、2、3……13、14、15……mL 时稳定的 pH 值，初步判断发生 pH 突跃时所需的 NaOH 标准溶液的体积范围（ΔV_{ep}）。

（6）精确测量：先重复第（4）步操作，然后再进行精确测量。在滴定的初始阶段，每滴加 1mL NaOH 标准溶液后记录一次稳定的 pH 值；到 pH 突跃范围之前滴加体积逐渐减少，如每次滴加 0.5mL NaOH；在化学计量点附近（即 ΔV_{ep}之内）时每次只加 0.1mL，以增加测量点的密度；过了化学计量点，每次滴加的体积可逐渐由 0.5mL 增大到 1mL，直到过量 100%。以上所有测量在读取滴定管读数时，皆读准至小数点后第二位。

用二阶微商法算出终点 pH 值后，可用 ZD-2 型自动电位滴定计进行自动滴定。

【结果处理】

1. 计算 NaOH 标准溶液的浓度：

$$c_{\text{NaOH}}=\left(\frac{m}{M}\right)_{\text{KHP}}\times\frac{1}{V_{\text{NaOH}}}$$

2. 绘制 pH-V、$\frac{\Delta \text{pH}}{\Delta V}$-$V$ 以及$\frac{\Delta^2 \text{pH}}{\Delta V^2}$-$V$ 曲线图，并从图上找出终点体积。

3. 根据式(2)、式(3) 计算出终点体积 $V_{终}$和终点 pH 值，并把它换算为终点［OH^-］。

4. 由终点体积计算一元弱酸的原始浓度：$c_x=\frac{c_{碱}V_{终}}{25.00}$

5. 计算终点时弱酸盐的浓度 $c_{盐}$：$c_{盐}=\frac{(cV)_{\text{NaOH}}}{V_{\text{NaOH}}+V_{弱酸}}$

6. 计算弱酸的解离常数 K_a：$K_a=\dfrac{K_w c_{盐}}{[OH^-]^2}$

【注意事项】

pH 复合电极在实验完毕收藏时应冲洗干净，吸干水液，套上充满 $3mol \cdot L^{-1}$ KCl 溶液的外套保存。

【思考题】

1. 测定未知溶液的 pH 值时，为什么要用 pH 标准缓冲溶液进行校准？
2. 测得的弱酸 K_a 与文献值比较有何差异，如有，说明原因？
3. 用 NaOH 溶液滴定 H_3PO_4 溶液，滴定曲线形状如何？怎样计算 K_{a_1}、K_{a_2} 和 K_{a_3}？

实验 18 氟离子选择性电极测定自来水中的氟

【实验目的】

1. 了解离子选择性电极的主要特性，掌握离子选择性电极法测定的基本原理。
2. 学会使用离子选择性电极的测量方法和数据处理方法。
3. 了解总离子强度调节缓冲溶液的意义和作用。

【实验原理】

氟离子选择性电极（简称氟电极）是晶体膜电极，其结构如图 3-2 所示。

它的敏感膜是由难溶盐 LaF_3 单晶（定向掺杂 EuF_2）薄片制成，电极管内装有 $0.1mol \cdot L^{-1}$ NaF 和 $0.1mol \cdot L^{-1}$ NaCl 组成的内充液，浸入一根 Ag-AgCl 内参比电极。测定时，氟电极、饱和甘汞电极（外参比电极）和含氟试液组成下列电池：

$$\underbrace{Ag|AgCl\ \begin{matrix}NaF(0.1mol\cdot L^{-1})\\NaCl(0.1mol\cdot L^{-1})\end{matrix}|LaF_3\text{单晶}}_{\text{氟电极}}|\underbrace{\text{含氟试液}(a_{F^-})}_{\text{试液}}\|\underbrace{KCl(\text{饱和}),Hg_2Cl_2|Hg}_{\text{饱和甘汞电极}}$$

一般离子计上氟电极接（－），饱和甘汞电极接（＋），测得电池的电动势为：

$$E_{电池}=E_{SCE}-E_{膜}-E_{Ag\text{-}AgCl}+E_a+E_j \quad (1)$$

在一定的实验条件下（如溶液的离子强度、温度等），外参比电极电位 E_{SCE}、活度系数 γ、内参比电极电位 $E_{Ag\text{-}AgCl}$、氟电极的不对称电位 E_a 以及液接电位 E_j 等都可作为常数处理，而氟电极的膜电位 $E_{膜}$ 与 F^- 活度的关系符合 Nernst 公式，因此上述电池的电动势 $E_{电池}$ 与试液中氟离子浓度的对数呈线性关系，即

$$E_{电池}=K+\frac{2.303RT}{F}\lg a_{F^-}=K+0.059\lg a_{F^-} \quad (2)$$

式中，K 为常数，0.059 为 25℃时电极的理论响应斜率，其它符号具有通常意义。

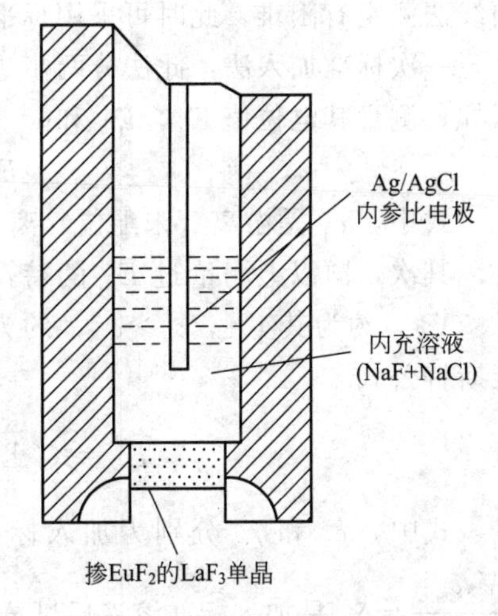

图 3-2 氟离子选择性电极结构

内充液为 $0.1mol \cdot L^{-1}$ NaF＋$0.1ml \cdot L^{-1}$ NaCl

用离子选择性电极测量的是溶液中离子的活度，而

通常定量分析需要测量的是离子的浓度，不是活度，所以必须控制试液的离子强度。如果被测试液的离子强度维持一定，则式(2)可表示为：

$$E_{电池}=K+0.059\lg c_{F^-} \tag{3}$$

在应用氟电极时需要考虑以下三个问题。

1. 试液 pH 值的影响：试液的 pH 值对氟电极的电位响应有影响，pH 值在 5～6 是氟电极使用的最佳 pH 范围。在低 pH 值的溶液中，由于形成 HF、HF_2^- 等在氟电极上不响应的型体，降低了 a_{F^-}。pH 值高时，OH^- 浓度增大，OH^- 在氟电极上与 F^- 产生竞争响应。同时 OH^- 浓度增大后易引起单晶膜中 La^{3+} 的水解，即 OH^- 与 LaF_3 晶体膜发生如下反应：

$$LaF_3+3OH^- \longrightarrow La(OH)_3+3F^-$$

从而干扰电位响应。因此，测定需要在 pH 5～6 的缓冲溶液中进行，常用的缓冲溶液是 HAc-NaAc。

2. 为了使测定过程中 F^- 的活度系数、液接电位 E_j 保持恒定，试液要维持一定的离子强度。常在试液中加入一定浓度的惰性电解质，如 KNO_3、NaCl、$KClO_4$ 等，以控制溶液的离子强度。

3. 氟电极的选择性较好，但能与 F^- 形成配位物的阳离子，如 Al(Ⅲ)、Fe(Ⅲ)、Th(Ⅳ)等以及能与 La(Ⅲ)形成配位物的阴离子对测定有不同程度的干扰。为了消除金属离子的干扰，可以加入掩蔽剂，如柠檬酸钾（K_3Cit）、EDTA 等掩蔽金属离子。

因此，用氟电极测定自来水中的氟含量时，常使用总离子强度调节缓冲溶液（total ionic strength adjustment buffer，TISAB）来控制氟电极的最佳使用条件，其组分为 KNO_3、HAc-NaAc 和 K_3Cit。

定量分析方法常用标准曲线法和一次标准加入法。

标准曲线法：配制一系列氟离子标准溶液，在相同条件下用同一支电极按浓度由低到高的顺序逐一测量电位值，以电位值 $E_{标}$ 对 $\lg c_{标}$ 作图即得标准曲线，然后在相同条件下用同一支电极测量待测试样的电位值 $E_{试}$，并在标准曲线上查得其浓度。

在标准曲线法中，要求标准溶液和待测试样的离子强度必须一致，否则其活度系数 γ 不恒定而引起测定误差。若待测试样的组成比较复杂，控制相同的离子强度并非易事，用标准曲线法测定有困难，此时可采用标准加入法。

一次标准加入法：此法分两步进行测定。首先，准确移取体积为 V_0、浓度为 c_x 的待测试样，测量其电位值 E_1，E_1 和 c_x 符合下列关系

$$E_1=K'\pm s\lg(x_1\gamma_1 c_x) \tag{4}$$

式中，x_1 是游离（未配位）离子的摩尔分数。

其次，向以上测量过 E_1 的待测试样中加入体积为 V_s、浓度为 c_s 的标准溶液（要求 $V_s \ll V_0$，约为其 1%，$c_s \gg c_x$，约为其 100 倍），再次测量该试样的电位值 E_2，E_2 仍符合能斯特公式

$$E_2=K'\pm s\lg\left(x_2\gamma_2 c_x+x_2\gamma_2\times\frac{V_s c_s}{V_0+V_s}\right) \tag{5}$$

式中，x_2 和 γ_2 分别为加入标准溶液后新的游离离子的摩尔分数和活度系数，其中 $\frac{V_s c_s}{V_0+V_s}=\Delta c$ 是加入标准溶液后试样浓度的增加值。由于所加标准溶液的体积 $V_s \ll V_0$，溶液的活度系数可认为能保持恒定，即 $\gamma_1 \approx \gamma_2$，$x_1 \approx x_2$，$V_0+V_s \approx V_0$，由式(5) 和式(4)

相减，得：

$$\Delta E = E_2 - E_1 = \pm s\lg\frac{x_2\gamma_2(c_x+\Delta c)}{x_1\gamma_1 c_x} = \pm s\lg\left(1+\frac{\Delta c}{c_x}\right) \tag{6}$$

则
$$c_x = \Delta c(10^{\pm\Delta E/s}-1)^{-1} \tag{7}$$

对阳离子电极 ΔE 前取"+"号，对阴离子电极则取"－"号。对于一价离子电极的响应斜率 s 的理论值为 $2.303RT/F$，但 s 的实际值往往和理论值有出入，实际值可由标准曲线上求得。

【仪器与试剂】

1. 离子计或 pH/mV 计，电磁搅拌器。

2. 氟离子选择性电极　使用前应在去离子水中浸泡 1～2h。

3. 饱和甘汞电极。

4. TISAB 溶液　将 102g KNO_3、83g NaAc、32g K_3Cit 放入 1L 烧杯中，加入冰醋酸 14mL，用 600mL 去离子水溶解，溶液的 pH 值应为 5.0～5.5，若超出此范围，应加 NaOH 或 HAc 调节，调好后加去离子水稀释至总体积为 1L。

5. $0.100mol\cdot L^{-1}$ 氟离子标准溶液　称取 2.100g NaF（已在 120℃烘干 2h 以上）放入 500mL 烧杯中，加入 100mL TISAB 溶液和 300mL 去离子水溶解后转移至 500mL 容量瓶中，用去离子水稀释至刻度，摇匀，保存于聚乙烯塑料瓶中备用。

6. $1.0\times10^{-3}mol\cdot L^{-1}$ 氟离子标准溶液　使用前由上述溶液稀释而成。

【实验步骤】

1. 将氟电极和饱和甘汞电极分别与离子计或 pH/mV 计连接，开启仪器开关，预热仪器。

2. 清洗电极

取去离子水 50～60mL 至 100mL 烧杯中，放入搅拌磁子，插入氟电极和饱和甘汞电极。开启搅拌器，2～3min 后，若读数的绝对值仍小于 200mV（或小于厂家标明的本底值），则更换去离子水，继续清洗，直至读数的绝对值大于 200mV（或达到厂家标明的本底值）。

3. 标准曲线法

(1) 标准溶液的配制及测定

取 5 个 50mL 容量瓶，在第一个容量瓶中加入 10mL TISAB 溶液，并用 5mL 移液管准确移取 5.00mL $0.100mol\cdot L^{-1}$ 的氟离子标准溶液于该容量瓶中，加入去离子水稀释至刻度，摇匀即为 $1.0\times10^{-2}mol\cdot L^{-1}$ F^- 溶液。用逐级稀释法配成 $10^{-2}mol\cdot L^{-1}$、$10^{-3}mol\cdot L^{-1}$、$10^{-4}mol\cdot L^{-1}$、$10^{-5}mol\cdot L^{-1}$、$10^{-6}mol\cdot L^{-1}$ 的一组标准溶液。逐级稀释时，后 4 只烧杯中只需添加 9mL TISAB 溶液。

将以上配制的标准溶液系列分别倒出部分于洁净、干燥的塑料烧杯中，放入搅拌磁子，插入洗净的氟电极和饱和甘汞电极，搅拌 1min，停止后读取稳定的电位值（或一直搅拌，待仪器显示的数字稳定后，读取电位值）。测量的顺序是由稀到浓，这样在转换溶液时，无需用水清洗电极，只需用滤纸吸去电极上附着的溶液即可。各自的测量结果列表记录。

(2) 水样中氟离子含量的测定

取两个 50mL 的容量瓶，分别加入 25.0mL 水样和 10mL TISAB 溶液，用去离子水稀释至刻度并摇匀。

按照上述清洗电极的方法，清洗电极至读数的绝对值大于200mV（或达到厂家标明的本底值）。

将两个水样分别倒入两个洁净干燥的塑料烧杯中，放入搅拌磁子，插入洗净的氟电极和饱和甘汞电极进行测定，同以上操作方法（1）读取稳定电位值。

4. 一次标准加入法

准确移取水样25.0mL于100mL干燥烧杯中，加入TISAB溶液10.0mL、去离子水15.0mL，放入搅拌磁子，插入洗净的氟电极和饱和甘汞电极进行测定，搅拌1min，停止后读取稳定的电位值E_1（或一直搅拌，待仪器显示的数字稳定后，读取电位值）。再准确加入$1.0\times10^{-2}mol\cdot L^{-1}$氟离子标准溶液1.00mL，同样测量出稳定的电位值E_2，计算出两次测量的电位差值（$\Delta E=E_2-E_1$）（电位差值应大于或等于20mV）。

【结果处理】

1. 用系列标准溶液的测量数据，在坐标纸上（或用数据处理软件）绘制E-$\lg c_{F^-}$校正曲线。

2. 根据水样测得的电位值，在校正曲线上查到其对应的浓度，计算水样中氟离子的含量（以$mg\cdot L^{-1}$表示）。

3. 根据步骤4一次标准加入法所得的Δc、ΔE和从校正曲线上计算得到的电极响应斜率s代入下列方程

$$c_x=\Delta c(10^{-\Delta E/s}-1)^{-1}$$

计算水样中氟离子的含量（以$mg\cdot L^{-1}$表示）。

【思考题】

1. 氟离子选择性电极在使用时应注意哪些问题？

2. 使用前为什么要清洗电极，使其响应电位的绝对值大于200mV（或达到厂家标明的本底值）？

3. 以本实验所用的TISAB溶液各组分所起的作用为例，说明离子选择性电极法中用TISAB溶液的意义。

实验19 循环伏安法测定$[Fe(CN)_6]^{3-}$/$[Fe(CN)_6]^{4-}$电对电极反应过程

【实验目的】

1. 学习和掌握循环伏安法的原理和实验技术。

2. 了解可逆波的循环伏安图的特性。

3. 熟悉循环伏安法测量的实验技术。

【实验原理】

循环伏安法（CV）是最重要的电分析化学研究方法之一，其原理是将循环变化的电压

施加于固定面积的工作电极和参比电极之间，记录工作电极上得到的电流与施加电压的关系曲线，这种方法也常称为三角波线性电位扫描方法。图 3-3 中（a）表明了施加电压与时间的变化关系：起扫电位为－0.2V，反向起扫电位为0.6V，终点又回到－0.2V。相应施加扫描电压的前半部分（图中 $A \to B$），溶液中$[Fe(CN)_6]^{4-}$被氧化生成$[Fe(CN)_6]^{3-}$（阳极过程），产生氧化电流；施加扫描电压的后半部分（图中 $B \to C$），氧化的产物$[Fe(CN)_6]^{3-}$重新在电极上被还原成$[Fe(CN)_6]^{4-}$（阴极过程），产生还原电流。整个过程所得 i-E 曲线如图 3-3 中（b）所示。可以看出，经过一次三角波扫描，在电极上完成一个氧化过程和还原过程的循环，所谓“循环伏安法”因此而得名。一台现代伏安仪具有多种功能，可方便地进行一次或多次循环扫描，任意变换扫描电压范围和扫描速度。

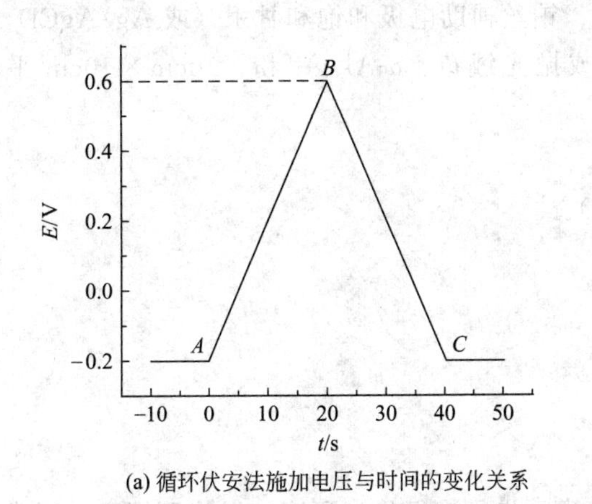

(a) 循环伏安法施加电压与时间的变化关系

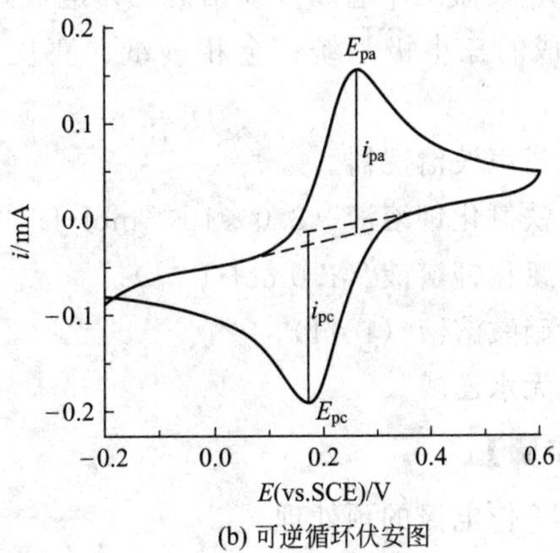

(b) 可逆循环伏安图

图 3-3　循环伏安法

根据循环伏安图可得到几个重要的电化学参数：阳极峰电流（i_{pa}）、阴极峰电流（i_{pc}）、阳极峰电位（E_{pa}）和阴极峰电位（E_{pc}）。测量峰电流（i_p）的方法是：沿基线作切线外推至峰下，从峰顶作垂线至切线，其间的距离即为 i_p[见图 3-3(b)]。E_p的数值则可直接从横轴与峰顶对应处读取。

对可逆氧化还原体系的峰电流，可由 Randles-Savcik 方程表示（25℃时）：

$$i_p = 2.69 \times 10^5 n^{3/2} A D^{1/2} v^{1/2} c \tag{1}$$

式中，i_p为峰电流，A；n 为电子转移数；A 为电极的有效表面积，cm^2；D 为反应物的扩散系数，$cm^2 \cdot s^{-1}$；v 为扫描速度，$V \cdot s^{-1}$；c 为反应物的浓度，$mol \cdot L^{-1}$。

根据式(1)，i_p与 $v^{1/2}$和 c 都是直线关系，这对研究电极反应过程具有重要意义。此外，在一定条件下，如果知道反应物的扩散系数 D，则可通过式(1) 计算电极的有效表面积。

对于可逆体系，氧化峰峰电流与还原峰峰电流大致相等，二者比值为：

$$\frac{i_{pa}}{i_{pc}} \approx 1 \tag{2}$$

阳极峰电位 E_{pa}与半波电位的关系为：

$$E_{pa} = E_{1/2} + 1.1\frac{RT}{nF} = E_{1/2} + \frac{0.029}{n} \quad (V) \tag{3}$$

阴极峰电位 E_{pc}与半波电位的关系为：

$$E_{pc} = E_{1/2} - 1.1\frac{RT}{nF} = E_{1/2} - \frac{0.029}{n} \quad (V) \tag{4}$$

而两峰之间的电位差值为：

$$\Delta E_{p}=E_{pa}-E_{pc}\approx\frac{0.058}{n}\ \mathrm{V} \tag{5}$$

利用阳极峰电位 E_{pa} 和阴极峰电位 E_{pc} 还可计算可逆氧化还原电对的条件电位 $E^{\ominus\prime}$：

$$E^{\ominus\prime}=\frac{E_{pa}+E_{pc}}{2} \tag{6}$$

对于一个简单的反应过程，式(2) 和式(5) 是判别电极反应是否可逆的重要依据。

【仪器与试剂】

1. CHI620C 电化学分析仪（或其它的循环伏安仪，X-Y 函数记录仪），打印机。

2. 玻碳盘工作电极（或铂盘工作电极）、铂丝辅助电极和饱和甘汞（或 Ag/AgCl）参比电极组成的三电极系统；金相砂纸、麂皮或抛光绒布、α-Al_2O_3 粉、10cm×10cm 平板玻璃等。

3. 超声波清洗器。

4. 铁氰化钾溶液（2.0×10^{-2} mol·L^{-1}）。

5. 氯化钾溶液（1.0mol·L^{-1}）。

6. 硝酸溶液（1∶1）。

7. 无水乙醇。

【实验步骤】

1. 工作电极的预处理

对于固体电极如玻碳电极，表面处理的第一步是进行机械研磨、抛光至镜面。通常用于抛光电极的材料有金相砂纸和 α-Al_2O_3 粉及其抛光液等。抛光时总是按抛光剂粒度降低的顺序依次进行研磨，如果电极表面不光洁或有其它物质附着，表面须先经金相砂纸粗研和细磨后，再用一定粒度的 α-Al_2O_3 粉在抛光绒布上进行抛光。抛光后先用纯水冲洗电极表面污物，再移入超声波清洗器中依次用 1∶1 HNO_3 溶液、无水乙醇和二次蒸馏水超声清洗，每次 2～3min，最后得到一个平滑光洁的、新鲜的电极表面。为了检测玻碳电极表面处理的净化程度，一般以 $[Fe(CN)_6]^{3-}/[Fe(CN)_6]^{4-}$ 的氧化还原行为作电化学探针，即将处理好的电极放入含 1.0×10^{-3} mol·L^{-1} 的 $K_3[Fe(CN)_6]$ 和 0.1mol·L^{-1} 中性支持电解质的水溶液中，观察其循环伏安曲线。若其阳极峰、阴极峰对称，两峰的电流值相等（$i_{pa}/i_{pc}=1$），峰电位差 E_p 约为 70mV（理论值约 60mV），则说明电极表面已处理好，否则需重新抛光，直到达到要求。

2. 配制试液

在 5 个 50mL 容量瓶中，分别加入 2.0×10^{-2} mol·L^{-1} 的铁氰化钾溶液 0mL、1.00mL、2.50mL、5.00mL、10.00mL，再各加入 1.0mol·L^{-1} 的氯化钾溶液 5mL，用二次蒸馏水稀释至刻度，摇匀备用。

3. 测量峰电流与浓度的关系

(1) 打开 CHI620C 电化学分析仪和打印机电源，启动计算机，双击 CHI620C 图标启动电化学分析仪程序。

(2) 在菜单中依次选择 Setup、Technique、Cyclic Voltammetry、Parameter，输入以下参数并确定：

Init E/V	−0.2	Segment	2
High E/V	0.6	Smpl Interval/V	0.001
Low E/V	−0.2	Quiet Time/s	2
Scan Rate/$V \cdot s^{-1}$	0.05	Sensitivity/$A \cdot V^{-1}$	1×10^{-5}

(3) 将以上配制好的溶液分别倒入电解池中，依次由低浓度至高浓度的顺序插入三电极系统，点击桌面上扫描快捷键“▶”开始循环伏安扫描，完毕后将所得实验图分别命名保存，记录各图的氧化还原峰电位 E_{pa}、E_{pc}及峰电流 i_{pa}、i_{pc}。

(4) 打开最后一幅循环伏安图，在菜单中依次选择 Graphics、Overlayplot，选中刚保存的其它四个文件，点击“OK”使五幅循环伏安图叠加，再次在菜单中依次选择 Graphics、Graph Options，在弹出的对话框中的 header 中输入图名，打印图谱。

(5) 取出三电极系统，用二次蒸馏水冲洗干净，用滤纸蘸干水分备用。

4. 测量峰电流与扫速的关系

(1) 选择 $2.0\times10^{-3}mol \cdot L^{-1}$的铁氰化钾溶液，插入三电极系统，重复 3(2) 步骤，依次改变扫描速度为 $0.025V \cdot s^{-1}$、$0.05V \cdot s^{-1}$、$0.1V \cdot s^{-1}$、$0.15V \cdot s^{-1}$和 $0.2V \cdot s^{-1}$，测量循环伏安图并分别命名保存，记录各图的峰电流 i_{pa}、i_{pc}（注意：在完成每一个扫速的测定后，要轻轻搅动几下电解池中的试液，使电极附近溶液恢复至初始条件）。

(2) 打开最后一幅循环伏安图，同 3(4) 步骤叠加其它几幅图谱，修改图名和坐标参数，打印图谱。

(3) 实验完毕，取出三电极系统，用二次蒸馏水冲洗干净并用滤纸蘸干水分。

【结果处理】

1. 根据实验步骤 3，分别以铁氰化钾的 i_{pa} 和 i_{pc} 对铁氰化钾的浓度 c 作图，说明同一扫速下峰电流与浓度之间的关系。

2. 根据实验步骤 4，分别以 i_{pa} 和 i_{pc} 对 $v^{1/2}$ 作图，说明同一浓度下峰电流与扫速之间的关系。

3. 计算所用电极的表面积（所用参数：电子转移数 $n=1$，$K_3[Fe(CN)_6]$ 的扩散系数 $D=1\times10^{-5}cm^2 \cdot s^{-1}$）。

4. 计算 i_{pa}/i_{pc}、ΔE_p、$E^{\ominus\prime}$，说明 $K_3[Fe(CN)_6]$ 在 KCl 溶液中电极过程的可逆性。

【思考题】

1. $K_3[Fe(CN)_6]$ 与 $K_4[Fe(CN)_6]$ 溶液的循环伏安图是否相同？为什么？

2. 由 $K_3[Fe(CN)_6]$ 的循环伏安图解释 $[Fe(CN)_6]^{3-}/[Fe(CN)_6]^{4-}$ 电对在电极上的反应机理。

3. 若实验中测得的 $E^{\ominus\prime}$ 和 ΔE_p 值与文献值有差异，试说明其原因。

实验 20 茶叶中咖啡因的微分脉冲阳极伏安法测定

【实验目的】

1. 学习阳极伏安法的测定原理与方法。

2. 学会微分脉冲阳极伏安法测定操作。

【实验原理】

咖啡因是茶叶中主要化学成分之一，咖啡因的结构式如图 3-4 所示，化学名 1,3,7-三甲基-2,6-二氧嘌呤。在咖啡因分子中 N-1 和 C-6 间或 C-2 和 N-3 间均无双键存在，故在电极上无电化学还原性质，而在—N_9═C_8—的双键上和—C_4═C_5—的双键上则可以放出电子，发生氧化作用。根据咖啡因的结构，其分析方法一般采用紫外分光光度法和高效液相色谱法等。用伏安法测定茶叶中的咖啡因，采用玻碳电极为工作电极，以阳极微分脉冲伏安法在 0.05mol·L^{-1}磷酸溶液中测定，咖啡因浓度与峰高在一定范围内成正比。其检出限可达 6.2×10^{-6} mol·L^{-1}。

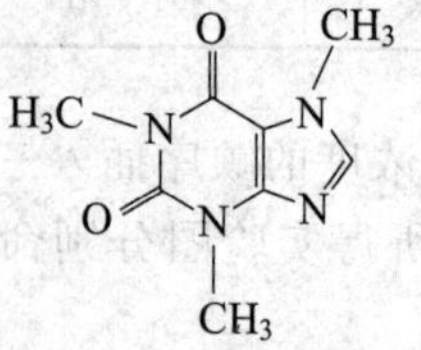

图 3-4　咖啡因的结构

【仪器与试剂】

1. 脉冲极谱仪　工作电极为圆盘形玻碳电极（直径 3mm），对电极为铂电极，参比电极为饱和 Ag/AgCl 电极。

2. 咖啡因标准溶液　称取咖啡因（$C_8H_{10}O_2N_4\cdot H_2O$）0.2122g，溶于水，定容为 100mL，配成 1.00×10^{-2} mol·L^{-1}的标准溶液。

3. 0.10mol·L^{-1}磷酸溶液。

其它试剂为分析纯级，水为二次蒸馏水。

【实验步骤】

1. 阳极伏安法的一般操作步骤

在 10mL 容量瓶中加入一定量的咖啡碱试剂和 5.0mL 0.10mol·L^{-1}磷酸溶液，用水稀至 10.00mL，摇匀。将配好的溶液倒入电解池中，插入电极以 5mV·s^{-1}自＋1.00V 至＋1.70V间进行微分脉冲阳极伏安法测定，峰电位在＋1.45V，由峰高与浓度的关系测定出咖啡因的含量。工作电极在每次使用后，在滤纸上轻轻磨几下，用水冲洗干净。

2. 工作曲线的制作

在 6 个 10mL 容量瓶中分别加入 5.0mL 0.10mol·L^{-1}磷酸溶液和 0.10mL、0.30mL、0.50mL、0.70mL、0.90mL、1.10mL 1.0×10^{-3} mol·L^{-1}咖啡因标准溶液，用水稀释至刻度，摇匀后依次进行微分阳极伏安法测定，测量并记录相应的峰高。

3. 茶叶中咖啡因的测定

（1）试样的处理：称取 0.2～0.5g 茶叶置于 150mL 烧瓶中，加水 80mL 回流 0.5～1h，冷却后将溶液转移至 250mL 容量瓶中用水稀释至刻度，摇匀备用。

（2）取上述试液 0.2～1.0mL，按制作工作曲线的同样方法进行测定，测量并记录峰高。

【结果处理】

1. 以浓度为横坐标，峰高为纵坐标绘制工作曲线。

2. 从工作曲线上找出试样中咖啡因的浓度，计算出样品中咖啡因的含量。

【注意事项】

1. 不同品种的茶叶中咖啡因的含量不同，因此所取试液的量也不一样。

2. 最好取粉末茶叶样品有利于提取。

【思考题】

1. 微分阳极伏安法测定咖啡因样品为什么不除氧？
2. 茶叶中除咖啡因外，还有那几种生物碱？
3. 用微分阳极伏安法能测定嘌呤的含量吗？

实验 21 烷系物的气相色谱分析

【实验目的】

1. 掌握色谱分析基本操作和烷系物的分析。
2. 了解如何利用色谱图计算分离度。
3. 学习用归一化法计算各组分的含量。

【实验原理】

色谱柱的柱效能是色谱柱的一项重要指标，可用于考查色谱柱的制备工艺操作水平以及估计该柱对试样分离的可能性。在一定色谱条件下，色谱柱的柱效可用有效塔板数 $n_{有效}$ 及有效塔板高度 $H_{有效}$ 来表示。塔板数越多，塔板高度越小，色谱柱的分离效能越好。

$$N_{eff}=5.54\left(\frac{t'_R}{2\Delta t_{1/2}}\right)^2=16\left(\frac{t'_R}{W}\right)^2$$

烷系物系指正庚烷、正辛烷、正壬烷等，在工业产品石油中常存在这些组分，需用色谱法进行分析。

毛细管固定相有大的相比和比渗透性，分析速度快，总柱效高，本实验选用毛细管气相色谱仪进行烷系物的分析。使用非极性毛细管色谱柱，用氢火焰离子化检测器，在适当条件下，各组分可完全分离（见图 3-5）。所得的庚烷、辛烷、壬烷的色谱峰均尖锐对称，且全部出峰，可用归一化法计算烷系物各组分的含量。

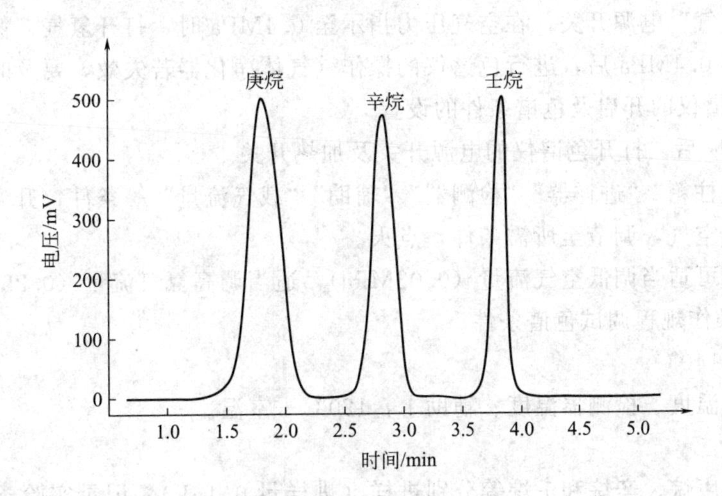

图 3-5 烷系物色谱分离示意图

一根色谱柱柱效越高，并不能说明其分离效能就越好。因为一个混合物能否被色谱柱所分离，取决于固定相与混合物中各组分分子间的相互作用的大小是否有区别。因此判断相邻两组分在色谱柱中的分离情况，应用分离度 R 来作为色谱柱的分离效能指标。分离度指的是相邻两组分色谱峰保留值之差与这两个组分色谱峰峰底宽度总和的一半的比值：

$$R=\frac{t_{R(2)}-t_{R(1)}}{\frac{1}{2}(Y_1+Y_2)} \tag{1}$$

式(1) 中，$t_{R(2)}$ 和 $t_{R(1)}$ 分别为两组分的调整保留时间；Y_1 和 Y_2 为相应组分的峰底宽度。R 越大，两组分分离得越好，当 $R=1.5$ 时，可认为两组分完全分离。

【仪器与试剂】

1. 气相色谱仪（毛细管柱）。
2. 氢气钢瓶、氮气钢瓶、空气钢瓶或气体发生器。
3. 微量进样器。
4. 庚烷、辛烷和壬烷均为分析纯。
5. 混合未知样品。

【实验步骤】

1. 气相色谱仪器的使用

(1) 开启气体钢瓶 [使用气体发生器则直接进入第 (3) 步操作]

打开气体钢瓶主开关，确保减压阀处于关闭状态。

减压阀逆时针为关闭，顺时针旋转调节压力。

主阀逆时针为开启，顺时针为关闭。

(2) 关闭气体钢瓶

在实验结束后要关闭气体钢瓶，可适当延长载气的通气时间。

关闭气体钢瓶前应先关闭减压阀，在关闭总阀的情况下，打开/关闭减压阀直至压力为零。

(3) 开启气体发生器

先打开“空气”电源开关；在空气压力指示至 0.4MPa 时，打开氢气、氮气开关。在各气体压力指示至 0.4MPa 后，进行色谱仪的操作（气体净化器若失效，要及时更换）。

(4) GC 色谱仪的开启及色谱条件的设置。

开通载气 N_2 后，打开色谱仪的电源开关及加热开关。

依次设置“柱箱”“进样器”“检测器”“辅助”“载气流量”等条件，升温至所设温度。

开通氢气、空气，调节至所需条件，点火。

点火条件：可适当调低空气流量（0.02MPa），适当调高氢气流量（0.25MPa）。

2. 按仪器操作规程调试色谱条件

(1) 柱温：140℃。

(2) 汽化室温度、检测器温度、辅助Ⅰ：120℃+室温。

3. 进样

将各单组分庚烷、辛烷和壬烷等分别进样（进样量 0.4μL），记录实验条件下各组分的保留时间。

4. 未知样品测定

将混合未知样品进样（进样量 0.6μL），记录色谱流出曲线。

【结果处理】

1. 根据未知样品的色谱流出曲线和各单组分的保留时间，对未知样品进行定性分析。

2. 用归一化法计算（或验算）未知样品中各组分的含量，各组分的质量校正因子列表如下：

组分	庚烷	辛烷	壬烷
f'	1.04	1.06	1.05

3. 根据色谱保留时间和峰宽计算各组分之间的分离度。

【思考题】

1. 简述色谱分析中的归一化法和内标法。

2. 简述色谱分析中的定性分析方法。

3. 用什么判断色谱柱的分离效能？

实验 22 醇系物的气相色谱分析（程序升温法）

【实验目的】

1. 了解气相色谱仪的构造及应用特点。

2. 掌握程序升温气相色谱法的原理及基本特点。

【实验原理】

用气相色谱法分析样品时，各组分都有一个最佳柱温。对于沸程较宽、组分较多的复杂样品，柱温可选在各组分的平均沸点左右，显然这是一种折中的办法，其结果是：低沸点组分因柱温太高很快流出，色谱峰尖而挤甚至重叠，而高沸点组分因柱温太低，滞留过长，色谱峰扩张严重，甚至在一次分析中不出峰。程序升温气相色谱法（PTGC）是色谱柱按预定程序连续地或分阶段地进行升温的气相色谱法。采用程序升温技术，可使各组分在最佳的柱温下流出色谱柱，以改善复杂样品的分离，缩短分析时间。

【仪器与试剂】

1. 气相色谱仪。

2. 色谱柱：SE-30 石英柱。

3. 1μL 微量注射器。

4. 甲醇、乙醇、正丙醇、正丁醇、异丁醇、异戊醇、环己醇均为色谱纯，按一定的体积比混合制成样品。

【实验步骤】

1. 操作条件

柱温：初始温度 40℃，保持 1min，以 7℃·min^{-1}的速度升温至 165℃，保持 1min，然后以 15℃·min^{-1}的速度升温至 200℃（终止温度），再保持 1min。

汽化室温度：190℃。检测器温度：200℃。

进样量：0.5μL。

载气（N_2）压力：0.04MPa；氢气压力：0.1MPa；空气压力：400mL·min^{-1}。

2. 通载气、启动仪器、设定以上温度参数，在初始温度下，点燃 FID，调节气体流量。待基线走直后进样并启动升温程序，记录每一组分的保留温度。升温程序结束，待柱温降至初始温度方可进行下一轮操作。作为对照，在其它条件不变的情况下，恒定柱温 165℃，得到醇系物在恒定柱温条件下的色谱图。

【结果处理】

比较程序升温和恒温条件下的色谱图

组分	甲醇	乙醇	正丙醇	正丁醇	异丁醇	异戊醇	环己醇
沸点 t_b/℃							
保留温度 t_R/℃							

【问题讨论】

1. 与恒温色谱法比较，程序升温气相色谱法具有哪些优点？

2. 在 PTGC 中可采用峰高（h）定量，为什么？

3. 何谓保留温度（t_R）？它在 PTGC 中有何意义？

4. 实验谱图中最后一个峰对称性较差，试提出改进峰形的办法。

附录

前沿峰的原因：峰前沿较后沿平缓的不对称峰叫前沿峰，也称为前伸峰。产生前沿峰的原因及相应的排除方法如下。

(1) 柱超载：进样量太大，色谱柱超载是产生前沿峰的主要原因，可通过减少进样量、分流样品或进浓度较低的样品排除，也可换用内径较粗或液膜较厚的柱子。

(2) 两个化合物共洗脱：提高灵敏度和减少进样量，降低温度 10～20℃，使色谱峰分开。

(3) 样品冷凝：检查进样口和色谱柱的温度，如有必要可适当提升温度。

(4) 样品被衬管吸附或分解：采用失活化衬管或降低汽化温度。

(5) 载气流速太低：适当提高载气流速。

实验 23 芳烃衍生物的高效液相色谱分析

【实验目的】

1. 学习高效液相色谱（HPLC）的分离和测定原理。

2. 学习 HPLC 的基本操作。

3. 了解反相 HPLC 分离和测定有机化合物的方法。

【实验原理】

高效液相色谱仪一般具备储液器、高压泵、梯度洗脱装置、进样器、色谱柱、检测器、恒温器、记录仪等主要部件。储液器中储存的载液经过脱气、过滤后由高压泵输送到色谱柱入口。当采用梯度洗脱时一般需要用双泵或二元及多元泵系统来完成输送。试样有进样器注入载液系统，而后送到色谱柱进行分离。分离后的组分由检测器检测，输出信号供给记录仪或数据处理装置。如果需要收集馏分作进一步分析，则在色谱柱一侧出口将样品馏分收集起来。

高效液相色谱仪的主要部件及其作用如下。

(1) 高压输液泵：主要部件之一，压力为 $(150\sim350)\times10^5$ Pa。

为了获得高柱效而使用粒度很小的固定相（$<10\mu m$），液体的流动相高速通过时，将产生很高的压力，因此高压、高速是高效液相色谱的特点之一。高压输液泵应具有压力平稳、脉冲小、流量稳定可调、耐腐蚀等特性。

(2) 梯度洗脱装置：梯度洗脱装置又可分为外梯度和内梯度两种。

外梯度：利用两台高压输液泵，将两种不同极性的溶剂按一定的比例送入梯度混合室，混合后进入色谱柱。

内梯度：一台高压泵，通过比例调节阀，将两种或多种不同极性的溶剂按一定的比例抽入高压泵中混合。

(3) 进样装置：流路中为高压力工作状态，通常使用耐高压的六通阀进样装置。

(4) 高效分离柱：柱体为直形不锈钢管，内径 1～6mm，柱长 5～40cm。发展趋势是减小填料粒度和柱径，以提高柱效。

(5) 液相色谱检测器：常用检测器有如下几种。

① 紫外检测器　应用最广，对大部分有机化合物有响应。具有灵敏度高；线性范围高；流通池可做得很小（1mm×10mm，容积 $8\mu L$）；对流动相的流速和温度变化不敏感；波长可选，易于操作；可用于梯度洗脱等特点。

② 光电二极管阵列检测器　1024 个二极管阵列，各检测特定波长，计算机快速处理，为三维立体谱图。

③ 示差折光检测器　可连续检测参比池和样品池中流动相之间的折射率差值。差值与浓度呈正比；通用型检测器（每种物质具有不同的折射率）；灵敏度低、对温度敏感、不能用于梯度洗脱；有偏转式、反射式和干涉型三种类型。

④ 荧光检测器　高灵敏度、高选择性；对多环芳烃，维生素 B、黄曲霉毒素、卟啉类化合物、农药、药物、氨基酸、甾类化合物等有响应。

根据高效液相色谱法的分离原理不同，有液-液分配色谱、液-固吸附色谱、离子交换色谱、空间排阻色谱、离子对色谱、离子色谱等方法。

HPLC 具有分离效率好、灵敏度高、分析速度快等特点。凡能进入液相的很多有机化合物都可以用这种方法来进行分离和测定，本实验采用反相 HPLC 来测定苯基衍生物。固定相为极性较弱的十八烷基酸性硅胶，在这类固定相微粒上，上述物质具有适中的吸附力，当用极性溶剂淋洗时，能得到较好的分离。苯环上烷基取代链越长，相对来说，洗脱较为困难，因而保留时间 t_R 就较长，样品被分离后，用紫外光度检测器检测，用色谱工作站对数据进行处理。

【仪器与试剂】

1. 高效液相色谱仪。

2. 紫外光度检测器：可变波长 190～700nm。

3. 高压六通进样阀。

4. HPLC 数据工作站。

5. 色谱柱 C_{18}，4.6mm×250mm。

6. 微量进样器，10μL。

7. 流动相组成：甲醇/水（9∶1，体积比）；流动相流速：1.0mL·min^{-1}。

8. 甲醇为色谱纯级，苯、甲苯和丁苯均为分析纯试剂。水为二次蒸馏水。

【实验步骤】

1. 打开电源，打开高压泵、检测器及色谱数据工作站，至联机工作状态，流动相流速调至 1.0mL·min^{-1}。

2. 设置柱温箱温度、检测器检测波长、流动相流速、报告处理办法以及系统适应性等参数，保存方法组。

3. 运行方法组，监测基线是否正常，待仪器条件稳定和基线正常后准备进样。

4. 用进样器注入适量标样，开始淋洗，得色谱图，记录保留时间，并在相同条件下运行混合样品，记录得色谱图，保存分离数据，选择适当积分方式处理色谱数据，采用系统性能报告模板打印混合样色谱图及数据。

【结果处理】

1. 采用标准比较法计算分析结果。

2. 利用色谱工作站求得各组分含量及分离度。

【问题与讨论】

1. 在 HPLC 中，为什么可利用保留值定性？这种定性方法可靠吗？

2. 本实验为什么采用反相液相色谱，试说明理由。

3. HPLC 分析中流动相为何要脱气，没有脱气对实验有何影响？

实验 24 原子吸收分光光度法测定湖水中铁的含量

【实验目的】

1. 了解 GGX-9 型原子吸收分光光度计的基本结构和使用方法。

2. 观察了解空心阴极灯电流、火焰高度、火焰状态等因素对吸光度的影响。

3. 掌握原子吸收分光光度法进行定量测定的方法。

【实验原理】

1. 原子吸收分光光度法定量原理

原子吸收分光光度法基于由基态跃迁至激发态时对辐射光吸收的测量。通过选择一定波长的辐射光源，使之满足某种原子由基态跃迁到激发态能级的能量要求，则辐射后基态的原子数减少，辐射吸收值与基态原子的数量有关，也即由吸收前后辐射光强度的变化可确定待测元素的浓度。因此从光源发出的待测元素的特征辐射通过样品蒸气时，被待测元素基态原子所吸收，从而由辐射的减弱程度求得样品中被测元素的含量。

在锐线光源条件下，光源的发射线通过一定厚度的原子蒸气，并被基态原子所吸收，吸光度与原子蒸气中待测元素的基态原子数间的关系遵循朗伯-比耳定律：

$$A=\lg(I_0/I)=klN$$

式中，A 为吸光度；I_0为入射光强度；I 为经过原子蒸气吸收后的透射光强度；k 为摩尔吸光系数；l 为光波所经过的原子蒸气的光程长度；N 为基态原子浓度。

在火焰温度低于 3000K 的条件下，可以认为原子蒸气中基态原子的数目实际上接近于原子总数。在特定的实验条件下，原子总数与样品浓度间的比例是恒定的，所以，上式又可以写成：

$$A=k'c_B$$

这就是原子吸收分光光度法的定量基础。常用的定量方法为标准曲线法和标准加入法等。

2. 原子吸收分光光度计

原子吸收分光光度计的主要组成部分包括：光源、原子化器、分光系统和检测系统。其光路如图 3-6 所示。

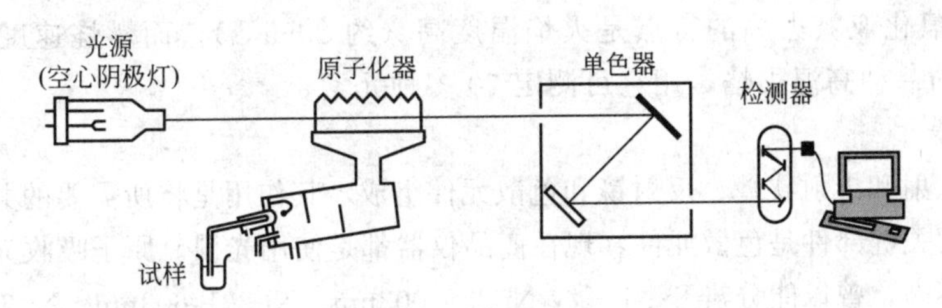

图 3-6　原子吸收分光光度计光路图

(1) 光源

光源的功能是发射被测元素的特征共振辐射。对光源的基本要求是：发射的共振辐射的半宽度要明显小于吸收线的半宽度；辐射强度大、背景低，低于特征共振辐射强度的 1%；稳定性好，30min 之内漂移不超过 1%；噪声小于 0.1%；使用寿命长于 5A·h。

空心阴极放电灯是能满足上述各项要求的理想的锐线光源，应用最广。其一端由石英或玻璃制成光学窗口，两根钨棒封入管内，一根钨棒连有由钛、锆、钽等有吸气性能的金属制成的阳极，另一根上镶有一个圆筒形的空心阴极。筒内衬上或熔入被测元素，管内充有几百帕低压载气，常用氖气或氦气。当在阴、阳两极间加上电压时，气体发生电离，带正电荷的气体离子在电场作用下轰击阴极，使阴极表面的金属原子溅射出来，金属原子与电子、惰性气体的原子及离子碰撞激发而发出辐射。最后，金属原子又扩散回阴极表面而重新沉积下来。通常，改变空心阴极灯的电流可以改变灯的发射强度，在忽略自吸收的前提下，其经验公式为 $I=ai^n$。其中，a、n 均为常数；i 为电流。n 与阴极材料、灯内所充气体及谱线的性质有关。对于 Ne、Ar 等气体，n 值为 2～3，由此可见，灯的发射强度受灯电流的影响较大，影响吸光度。

(2) 原子化器

将试样中的被测元素转化为基态原子的过程称为原子化过程，能完成这个转化的装置称为原子化器，目前，使用较普遍的原子化器有两类，一类是火焰原子化器，另一类是石墨炉原子化器。待测元素的原子化是整个原子吸收分析中最困难和最关键的环节，原子化效率的高低直接影响到测定的灵敏度，原子化效率的稳定性则直接决定了测定的精密度。

火焰原子化法中，常用的预混合型原子化器，这种原子化器由雾化器、混合室和燃烧器组成。雾化器是关键部件，其作用是将试液雾化，使之形成直径为微米级的气溶胶，作为一个性能良好的原子化装置要求其调节方便，单位时间内吸入的试液尽可能多地产生微细雾粒，并使雾珠尽可能地到达火焰进行原子化；混合室的作用是使较大的气溶胶在室内凝聚为大的溶珠沿室壁流入泄液管排走，使进入火焰的气溶胶在混合室内充分混合均匀，以减少它们进入火焰时对火焰的扰动，并让气溶胶在室内部分蒸发脱溶；燃烧器最常用的是单缝燃烧器，其作用是产生火焰，使进入火焰的气溶胶蒸发和原子化。因此，原子吸收分析的火焰应有足够高的温度，能有效地蒸发和分解试样，并使被测元素原子化。此外，火焰应该稳定、背景发射和噪声低、燃烧安全。

原子吸收测定中最常用的火焰是乙炔-空气火焰，此外，应用较多的是氢气-空气火焰和乙炔-氧化亚氮高温火焰。乙炔-空气火焰燃烧稳定，重现性好，噪声低，燃烧速度不是很大，温度足够高（约 2300℃），对大多数元素有足够的灵敏度。氢气-空气火焰是氧化性火焰，燃烧速度较乙炔-空气火焰高，但温度较低（约 2050℃），优点是背景发射较弱，透射性能好。乙炔-氧化亚氮火焰的特点是火焰温度高（约 2955℃），而燃烧速度并不快，是目前应用较广泛的一种高温火焰，用它可测定 70 多种元素。

（3）分光器

分光器由入射和出射狭缝、反射镜和色散元件组成，其作用是将所需要的共振吸收线分离出来。分光器的关键部件是色散元件，现在商品仪器都是使用光栅。原子吸收光谱仪对分光器的分辨率要求不高，曾以能分辨开 Ni 三线 Ni 230.003nm、Ni 231.603nm、Ni 231.096nm 为标准，后采用 Mn 279.5nm 和 Mn 279.8nm 代替 Ni 三线来检定分辨率。光栅放置在原子化器之后，以阻止来自原子化器内的所有不需要的辐射进入检测器。

（4）检测系统

原子吸收光谱仪中广泛使用的检测器是光电倍增管，最近一些仪器也采用 CCD（电荷耦合检测器）作为检测器。

【仪器与试剂】

1. GGX-9 型原子吸收分光光度计，铁空心阴极灯。
2. 空气压缩机（应备有除水、除油、除尘装置）。
3. 乙炔钢瓶。
4. 容量瓶（50mL、100mL、1000mL），移液管（5mL），烧杯（100mL、250mL）。
5. 铁标准储备液　称取光谱纯金属铁 1.0000g（准确至 0.0001g），用 60mL 盐酸溶液溶解，用去离子水准确稀释至 1000mL，摇匀。此溶液浓度为 $1mg\cdot mL^{-1}$（以 Fe 计）。
6. 浓盐酸（分析纯）。
7. 浓硝酸（分析纯）。

【实验步骤】

1. 铁标准溶液的配制

取 Fe 标准储备液（$1000\mu g\cdot mL^{-1}$）5mL，移入 100mL 容量瓶中，用去离子水稀释至刻度，摇匀备用，此溶液 Fe 含量为 $50\mu g\cdot mL^{-1}$。

2. 工作曲线的绘制

分别移取铁的标准溶液 0.01mL、1.00mL、3.00mL、4.00mL、5.00mL 于 50mL 容量

瓶中，用蒸馏水稀释至刻度，摇匀。以零号溶液为空白，选择灯电流为2～5mA，乙炔压力为20kPa的贫燃火焰，在248.3nm的波长位置分别测量以上标准溶液的吸光度值。将测得的吸光度值对铁溶液的质量浓度作图，绘出工作曲线。

3. 未知样的分析

水样采集后尽快通过0.45μm滤膜过滤，并立即加硝酸（$1.42g \cdot mL^{-1}$）酸化滤液，使pH值为1～2。用制作工作曲线的相同测量条件测定其吸光度值，然后由工作曲线查出未知溶液中铁的质量浓度（$\mu g \cdot mL^{-1}$）。在测定样品的同时，用去离子水代替试样做空白实验。

【结果处理】

1. 根据实验步骤2，以吸光度值为纵坐标，铁标准溶液的质量浓度为横坐标作图，绘制工作曲线。

2. 根据实验步骤3，由测得的未知样的吸光度值，在工作曲线上查出未知溶液中铁的质量浓度（$\mu g \cdot mL^{-1}$），并计算出水样中铁的含量（$\mu g \cdot mL^{-1}$）。

【注意事项】

1. 仪器各功能键必须完全掌握后方可开机进行操作，防止损坏仪器。

2. 操作之前必须检查废液管是否水封，以防止回火。

3. 关闭火焰时，必须先关燃气，后关助燃气。

4. 测定时应从低浓度到高浓度，否则每次测量后，需用蒸馏水调零。

5. 在实际分析中，出现标准曲线弯曲的现象的原因有：①标准溶液浓度超过标准曲线的线性范围，待测元素基态原子相互之间或与其它元素基态原子之间的碰撞概率增大，使吸收线半宽度变大，中心波长偏移，吸收选择性变差，致使标准曲线向浓度坐标轴弯曲向下；②火焰中共存大量易电离的元素，抑制了被测元素基态原子的电离效应，使测得的吸光度增大，使标准曲线向吸光度坐标轴方向弯曲；③空心阴极灯中存在的杂质成分，产生的辐射不能被待测元素的基态原子吸收，以及杂散光的存在，形成背景吸收，在检测器上被同时检测，使标准曲线向浓度轴弯曲；④由于操作条件不当，如灯电流过大，将引起吸光度降低，也使标准曲线向浓度轴弯曲。

【思考题】

1. 在原子吸收光谱法中，为什么单色器位于样品室（火焰）之后，而不像紫外-可见分光光度计位于样品室之前？

2. 为保证分析的准确度和精密度，实验中应该注意哪些问题？

3. 何谓锐线光源？在原子吸收光谱分析中为什么要用锐线光源？

4. 谱线变宽的原因有哪些？有何特点？

实验25 火焰原子吸收光谱法测定土壤中的铜（标准加入法）

【实验目的】

掌握标准加入法测定元素含量的操作方法。

【实验原理】

原子吸收光谱法是一种相对测量法，必须采用校准的方法来获得未知样品中待测元素的浓度。校准方法是否准确，取决于待测元素在分析样品和校准溶液中是否具有完全相同的分析行为。一旦由于样品中的共存物影响了待测元素的分析行为，使之不同于校准溶液中该元素的行为，则可能使完全相同浓度的溶液给出不同的吸收值，引起干扰。如果对干扰不够重视，未采取相应的消除措施，往往使测定结果不准确。

在原子吸收光谱分析中，常采用标准加入法来抵消干扰，减少分析误差。因此，当试样组成复杂，配制的标准溶液与试样组成之间存在较大差别时，或试样的基体效应对测定有影响、干扰不易消除，分析样品数量少时，用标准加入法较好。

标准加入法是将不同量的标准溶液分别加入数份等体积的试样溶液中，其中一份试样溶液不加标准溶液，均稀释至相同体积后测定（并制备一个样品空白）。以测定溶液中外加标准物质的浓度为横坐标，以吸光度为纵坐标对应作图，然后将直线延长，使之与浓度轴相交，交点对应的浓度值即为试样溶液中待测元素的浓度。标准加入法的曲线如图 3-7 所示。图中 x 的绝对值即为测定溶液中被测元素的浓度。

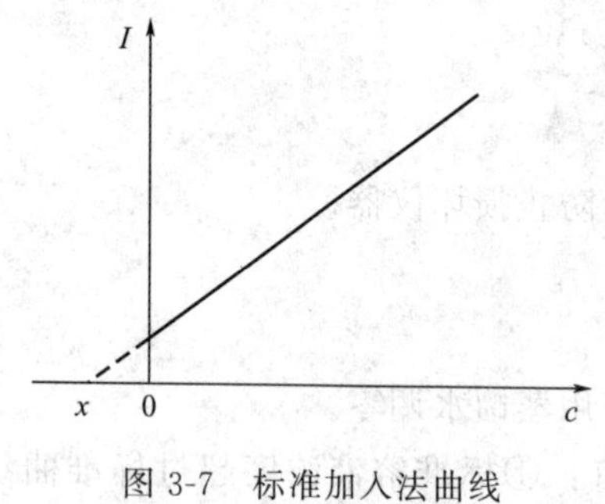

图 3-7　标准加入法曲线

在原子吸收分析时，用标准加入法一般需满足三个条件：第一，待测元素浓度从零至最大加入标准浓度范围，必须与吸光度值具有线性关系，并且标准曲线通过坐标原点；第二，在测定溶液中的干扰物质浓度必须恒定；第三，加入标准物质产生的响应值与原样品中待测元素产生的响应值相同。

【仪器与试剂】

1. GGX-9 型原子吸收分光光度计。
2. 空心阴极灯（铜灯一只）。
3. 空气压缩机。
4. 乙炔钢瓶。
5. 容量瓶（50mL、100mL、1000mL），移液管（5mL），烧杯（100mL、250mL）。
6. 金属铜（光谱纯），浓盐酸（分析纯），高氯酸（分析纯），硝酸（分析纯），H_2O_2 溶液（分析纯）。

【实验步骤】

1. 铜的标准溶液配制

（1）铜的标准储备液　准确称取 1g 金属铜（光谱纯）于 250mL 烧杯中，加浓盐酸 3～5mL，缓慢滴加 H_2O_2 溶液，使其全部溶解。置于小火上加热赶掉多余的 H_2O_2。冷却后转移到 1000mL 容量瓶中，用蒸馏水稀释至刻度。所得的铜标准储备液质量浓度为 $1mg \cdot mL^{-1}$。

（2）铜的标准溶液　取铜的标准储备液 5mL 于 100mL 容量瓶中，用蒸馏水稀释至刻度。所得的铜标准溶液质量浓度为 $50\mu g \cdot mL^{-1}$。

2. 未知样的处理

准确称取土壤样品 1～2g 于 100mL 高硬度玻璃烧杯中，加入少许水润湿，加王水 10～20mL，置于电炉上加热并保持微沸，加高氯酸 2～10mL，继续加热直至冒白烟，然后强火加热，直至土样呈灰白色，小心赶去高氯酸（注意不要出现棕色烧结干块）。取下样品，用2%硝酸溶解，过滤于50mL容量瓶中，用蒸馏水稀释至刻度。

3. 测量溶液的配制

分别吸取10mL试样溶液5份于5个50mL容量瓶中，各加入含量为50mg·mL^{-1}的Cu标准溶液0.00mL、1.00mL、2.00mL、3.00mL、4.00mL，用去离子水稀释至刻度，摇匀。

4. 实验操作条件与步骤

（1）打开仪器并设定好仪器条件。

（2）火焰：空气-乙炔焰。

（3）乙炔流量：1.5L·min^{-1}。

（4）空气流量：6L·min^{-1}。

（5）空心阴极灯电流：5mA。

（6）狭缝宽度：0.4mm。

（7）燃烧器高度：8mm。

（8）吸收线波长：324.7nm。

（9）待仪器稳定后，用去离子水作空白参比，将配制好的五份溶液由低浓度到高浓度依次测量吸光度值。

【结果处理】

1. 以吸光度为纵坐标，加入的铜元素浓度为横坐标，绘制铜的标准加入法曲线。

2. 将直线外推至与横坐标相交，由交点到原点的距离在横坐标上对应的浓度求出试样中铜的含量。再由下式计算出土壤中铜的含量：

$$w_{\mathrm{Cu}}=\frac{50\times c_{\mathrm{Cu}}\times 10^{-6}}{m_{\text{样}}}\times 100\%$$

【思考题】

1. 对标准加入法的标准溶液浓度大小有无要求？为什么？

2. 实验所得直线是否可任意延长？样品测定是否一定要在线性范围内？

3. 标准加入法可以消除哪些干扰？

附录　GGX-9原子吸收分光光度计操作规程

一、仪器主要技术参数

1. 工作波段：190～860nm。

2. 分辨率：优于0.2nm。

3. 波长准确性：<0.2nm。

4. 波长重复性：<0.2nm。

5. 代表元素灵敏度：Cu 0.02μg·mL^{-1}。

二、仪器主要特点

1. 氘灯扣背景，可做火焰发射、氢化物。

2. 自动波长、自动狭缝，自动负高压、灯电流。

3. 光栅采用1800条·mm^{-1}，焦距270mm。

4. 全塑料外壳，防腐蚀、防生锈。

5. 中文 Windows 操作软件。

三、仪器操作规程

1. 启动计算机，进入 Windows 界面，双击“GGX-9”图标打开工作站，出现“请打开主机电源”提示，此时打开主机电源，按“确认”。

2. 仪器自检，约 3min 后出现“光零曲线”按“返回”，软件回到主窗口。

3. 单击“工作条件最佳化”。

3.1 单击“仪器条件”——元素选择（选择你要测定的元素）——设置灯电流（0.5mA），“确定”。

3.2 单击“自动波长”，此时仪器自动寻找该元素能量最大的谱线。

3.3 手动调节灯的位置，使 HCL 能量最大。

3.4 单击“自动高压”——单击“自动波长”。

4. 单击“分析条件”。

4.1 在“标准系列”中填入标准 1～标准 n 的浓度值。

4.2 选择分析单位（微克/升）、积分时间（3.0s）、测量方式（标线）。

4.3 “确认”后，打开乙炔气和助燃气，流量比 1∶5，用点火器点火。

4.4 单击“自动高压”，在工作状态下再调灯能量到 100。

5. 单击“数据测量”

5.1 清零⟶空白（此时吸样管插入去离子水中）⟶标准（从 0 号瓶到 n 号瓶）。

5.2 单击“标准曲线”出现标线图。

5.3 单击“曲线处理”，出现标准品相关信息和回归方程。

5.4 单击“样品”（同时吸样管插入样品瓶中），仪器测定样品吸光度并根据标线算出样品浓度值。

5.5 “结果处理”——“测量结果打印”。

6. “仪器准备”——“测量结果存盘”。可将测量结果保存在建好的文件夹中。

7. 样品测量完毕，把吸样管插入去离子水中，冲洗雾化器。

8. 关闭主机乙炔气和助燃气开关，关闭仪器电源，关闭计算机。

9. 关闭乙炔气总阀门，做好使用登记。

实验 26 ICP 光谱法测定水样中的镉

【实验目的】

1. 了解电感耦合等离子体原子发射光谱仪的使用方法。

2. 学习利用电感耦合等离子体原子发射光谱测定水样中 Cd^{2+} 含量的方法。

【实验原理】

原子发射光谱分析（atomic emission spectrometry，AES），是根据处于激发态的待测元素原子回到基态时发射的特征谱线对待测元素进行分析的方法。当试样在等离子体光源中被激发，待测元素会发射出特征波长的辐射，经过分光，并按波长顺序记录下来，根据特征波长谱线的存在情况可以进行定性分析，测量其强度可以进行定量分析。

在原子发射光谱分析中，ICP（电感耦合等离子体）光源是分析液体试样的最佳光源。射频发生器产生高频功率，通过感应工作线圈在石英炬管外径形成高频磁场，石英炬管是三同心型，有三股氩气分别进入炬管，在常温下，氩气是不导电的，高频能量不会在气体中产生感应电流，因此也不会形成 ICP 火焰，当用 Tesla 线圈火花放电引燃时，这些电火花在高频磁场下碰撞氩气原子并使之电离，这一碰撞过程产生大量热量，使氩原子形成正负相等的离子成为等离子体，像雪崩一样连续进行，这种氩原子碰撞电离产生的等离子体称为 ICP。在高频磁场下产生的放电形成的氩等离子体就成为高频电流的导体，由于高频趋肤效应，导体电流密集在导体的表面，导体的中心部位几乎没有电流通过，就给形成中心通道为引入样品不熄灭火焰创造了有利条件。这种加热激发方式使分析样品不会扩散到火焰周围，不会产生自吸现象，保证 ICP 分析线性有 5～6 个数量级。

ICP 光谱法克服了经典光源和原子化器的局限性，与经典光谱法相比它具有如下优点。

（1）因为 ICP 光源具有良好的原子化、激发和电离能力，所以它具有很好的检出限。对于多数元素，其检出限一般为 0.1～100ng•mL^{-1}。

（2）因为 ICP 光源具有良好的稳定性，所以它具有很好的精密度，当分析物含量不是很低即明显高于检出限时，其 *RSD* 一般可在 1%以下。

（3）因为 ICP 发射光谱法受样品基体的影响很小，所以参比样品无须进行严格的基体匹配，同时在一般情况下亦可不用内标，也不必采用添加剂，因此它具有良好的准确度。这是 ICP 光谱法最主要的优点之一。

（4）ICP 发射光谱法的分析校正曲线具有很宽的线性范围，在一般场合为 5 个数量级，好时可达 6 个数量级。

（5）ICP 发射光谱法具有同时或顺序多元素的测定能力，特别是固体成像检测器的开发和使用及全谱直读光谱仪的商品化更增强了它的多元素同时分析的能力。

（6）由于 ICP 发射光谱法在一般情况下无须进行基体匹配且分析校正曲线具有很宽的线性范围，所以它操作简便，易于掌握，特别是对于液体样品的分析。

【仪器与试剂】

1. FWS-750 型单道扫描光谱仪。

2. 100μg•mL^{-1}镉标准溶液：准确称取 0.5000g 金属镉（光谱纯）于 100mL 烧杯中，用 5mL 6mol•L^{-1}盐酸溶液溶解，然后转移到 500mL 容量瓶中，用 1%盐酸稀释至刻度，摇匀，备用。实验前，用 1%盐酸溶液稀释 10 倍使用，此时浓度即为 100μg/mL。

【实验步骤】

1. 实验条件的设置

（1）ICP 发生器：频率 40MHz，入射功率 1kW，反射功率＜5kW。

（2）炬管：三层同轴石英玻璃管。

（3）雾化器：同轴玻璃雾化器。

（4）感应线圈：3 匝。

（5）等离子体焰炬观察高度：工作线圈以上 15mm。

（6）氩载气流量：0.5L•min^{-1}。

（7）氩冷却气流量：12L•min^{-1}。

（8）氩工作气体流量：1.0L•min^{-1}。

(9) 溶液提升量：2.6mL·min^{-1}。

(10) 镉的测定波长：226.5nm。

(11) 积分时间：20s。

根据以上实验条件，将ICP光谱仪按仪器的操作步骤进行调节、设置。

2. 溶液的配制

分别吸取2.00mL、4.00mL、6.00mL、8.00mL和10.00mL镉标准溶液及10.00mL待测水样于6只100mL容量瓶中，然后用1%盐酸稀释至刻度，摇匀。

3. 溶液的测定

在相同实验条件下，分别对各标准溶液及待测水样进行测定。

【结果处理】

以镉标准溶液浓度为横坐标，信号强度为纵坐标，绘制标准曲线，并求出待测水样中镉的含量。

【思考题】

1. 原子光谱谱线和原子结构及原子能级有什么关系？为什么能用原子发射光谱来进行物质的定性分析？原子发射光谱为什么不能直接给出待测物质的分子组成的信息？

2. 原子光谱的谱线强度与哪些因素有关？原子发射光谱定量分析的依据是什么？定量分析的主要方法是什么？

3. 常用的激发光源有哪几种，各有何特点？简述ICP的形成原理及特点。

附　FWS-750型单道扫描光谱仪

电感耦合等离子体（inductively coupled plasma）简称ICP。ICP单道扫描光谱仪作为大型分析仪器，与其它的光谱分析仪器相比，具有许多优点：光源稳定，再现性好，检出限低，一般可达10^{-9}数量级，工作曲线的线性范围广，测定精度远比经典发射光谱法高，能同时进行多元素分析，分析速度极快，应用面广，几乎可分析周期表中所有金属和部分非金属元素。

FWS-750型单道扫描光谱仪稳定性好，测量范围宽，检出下限低，分辨率高，灵敏度高，广泛应用于稀土分析、贵金属分析、环境保护、水质检测、合金材料、建筑材料、医药卫生、高等院校等科学领域作元素定量分析。

一、仪器特点

仪器在开机后，扫零级光进行精确定位，无需汞灯进行校正，无机内恒温，以其较好的机械和光学系统可保证测量的准确性，可自动选择三种测量方法。仪器能自动校正波长位置，及根据待测元素含量自动确定光电倍增管电压和放大增益。软件能自动校正干扰，自动进行背景校正。谱线库内可存10万条以上谱线，对ICP主要分析都已存入谱线库并标明了干扰情况。

1. 分析速度快：1min分析10个元素以上。

2. 精密度高：相对标准偏差（*RSD*）≤2%。

3. 检出限低：常见元素检出限见下表。

元素	波长/nm	检出限/10^{-6}
Na	589.0	0.002～1.00

续表

元素	波长/nm	检出限/10^{-6}
K	766.5	0.03～2.00
Ca	422.7	0.01～3.00
Mg	285.2	0.003～1.00
Zn	213.9	0.01～2.00
Ga	294.4	1.00～200.0

4. 分析元素多：可对 70 余种元素进行定量分析。

5. 操作便捷：操作方便的中文分析软件更加符合国人使用习惯。

6. 可做定性分析：通过对待测元素的 2 条以上谱线扫描找峰，可以确定该元素是否存在。

二、技术参数

（一）射频发生器

1. 电路类型：电感反馈式自激振荡电路，同轴电缆输出，匹配调谐，取功率反馈进行闭环自动控制。

2. 工作频率：40MHz。

3. 频率稳定性：<0.1%。

4. 输出功率：800～1200W。

5. 输出功率稳定性：<0.2%。

6. 电磁场泄漏辐射强度：距机箱 30cm 处电场强度 $E<2\text{V}\cdot\text{m}^{-1}$；磁场强度 $H<0.2\ \text{A}\cdot\text{m}^{-1}$。

7. 电源：交流 220V/25A。

（二）扫描分光器

1. 光路：Czerny Turner 型。

2. 焦距：750mm。

3. 光栅规格：离子刻蚀全息光栅，刻线密度 3600 线/mm 或 2400 线/mm，刻线面积 (80×110)mm。

4. 分辨率：≤0.008nm。

5. 扫描波长范围：3600 线/mm，扫描波长范围为 195～500nm；2400 线/mm，扫描波长范围为 195～800nm。

6. 步进电机驱动最小步距：≤0.0006nm。

7. 反射镜规格：(78×105×16)mm。

8. 透镜 $\phi 30$，1∶1 成像。

9. 相对孔径：$f/7$ (750)，$f/9$ (1000)。

10. 机械准确性：±0.001nm。

11. 色散率：3600 线/mm，0.266nm/mm；2400 线/mm，0.4nm/mm。

（三）整机技术指标

1. 分析速度：1min 内分析 10 个元素。

2. 精密度：相对标准偏差（RSD）≤2%。

3. 稳定性：相对标准偏差（RSD）≤3%（1h 测量）。

4. 测量线性范围：10^5。

（四）电子测量及控制电路

1. 光电倍增管规格：R212UH，R928。

2. 光电倍增管负高压：200～1000V，稳定性＜0.05%。

3. 光电倍增管电流测量范围：10^{-12}～10^{-4}A。

4. 信号采集为 V/F 变换，1mV 对应 100Hz。

实验 27 氢化物原子荧光法测定水中的铅

【实验目的】

1. 了解原子荧光光谱分析的基本原理、特点及应用。

2. 掌握原子荧光光谱仪的基本结构及操作方法。

【实验原理】

1. 原子荧光定量分析原理

在一定条件下，气态原子吸收辐射光后，本身被激发成激发态原子，处于激发态上的原子不稳定，跃迁到基态或低激发态时，以光子的形式释放出多余的能量，根据所产生的原子荧光的强度即可进行物质组成的测定。该方法称为原子荧光分析法（AFS）。

物质的基态原子受到光的激发后，会释放出具有特征波长的荧光，据此可对物质进行定性分析。物质的定量分析可通过测定原子荧光的强度来实现。

原子荧光定量分析的基本关系式为：

$$I_{fv}=\varphi I_{av}k_{v}LN_0' \tag{1}$$

式中，I_{fv}为发射原子的荧光强度；I_{av}为激发原子的荧光（入射光）强度；φ 为原子荧光量子效率；k_v为吸收系数；N_0'单位长度内基态原子数；L 为吸收光程。原子荧光光谱分析仪适用于低含量的测定。测定的灵敏度与峰值吸收系数 k_v、吸收光程长度 L、量子效率 φ 和入射光强度 I_{av} 有关。当仪器条件和测定条件固定时，待测样品浓度 c 与 N_0 成正比。如各种参数都是恒定的，则原子荧光强度仅仅与待测样品中某元素的原子浓度呈简单的线性关系：

$$I_f=\alpha c \tag{2}$$

式中，α 在固定条件下是一个常数。

2. 原子荧光分析的仪器装置

原子荧光光谱仪由激发光源、原子化器、分光系统、检测器、信号放大器和数据处理器等部分组成。

（1）激发光源

激发光源是原子荧光光谱仪的主要组成部分，其作用是提供激发待测元素原子的辐射能。一种理想的光源必须具备的条件是：强度大、无自吸、稳定性好、噪声小、辐射光谱重现性好、操作简便、价格低廉、使用寿命长，且各种元素均可制出此类型的灯。

激发光源可以是锐线光源，也可以是连续光源，常用的光源有：空心阴极灯、无极放电灯、金属蒸气放电灯（目前已应用不多）、电感耦合等离子焰、氙弧灯、二极管激光和可调谐染料激光等。其中目前应用较多的是空心阴极灯。可调谐染料激光是一种有发展前途的光源。

（2）原子化器

原子化器是提供待测自由原子蒸气的装置。原子荧光分析对原子化器的要求主要有：原子化效率高、猝灭性低、背景辐射弱、稳定性好和操作简便等。与原子吸收相类似，在原子荧光分析中采用的原子化器主要可分为火焰原子化器和电热原子化器两大类，如火焰原子化器、高频电感耦合等离子体（ICP）石墨炉、汞及可形成氢化物元素用原子化器等。

（3）分光系统

由于原子荧光光谱比较简单，因而该方法要求所采用的分光系统有较高的集光本领，而对色散率要求不高。由于在原子荧光测量中，激光光源与检测器不在同一光路上（避免激发光源等对原子荧光信号的影响），因而在特殊情况下也可以不用单色器。常用的分光器还是光栅和棱镜。

（4）检测器

在原子荧光光谱仪中，目前普遍使用的检测器仍以光电倍增管为主，对于无色散系统的仪器来说，为了消除日光的影响，必须采用工作波长为160～320nm的日盲光电倍增管。此外，也有人用光电摄像管和光电二极阵列作检测器。

（5）显示系统

光电转换所得的电信号经锁定放大器放大后显示出来。由于近年来计算机技术的迅速发展，绝大多数的仪器均采用计算机来处理数据，基本上具有实时图像显示、曲线拟合、打印结果等自动功能，使分析工作更为快捷方便。

3. 氢化物发生法原理

在酸性条件下，铅和硼氢化钠与酸产生的新生态的氢反应，生成氢化物气体，以惰性气体（氩气）为载体，将氢化物导入电热石英炉原子化器中进行原子化。以铅空心阴极灯作激发光源，使铅原子发出荧光，其荧光强度在一定范围内与铅的含量成正比。含铅、砷、锑、硒、锡和铋等的试样均可通过氢化物发生法将待测元素转变成气体后进入原子化器。该方法可以提高对这些元素的检测限10～100倍。

【仪器与试剂】

1. 仪器

AFS-2202E型双通道原子荧光光度计。

2. 溶液

（1）硼氢化钾溶液　硼氢化钾（$15g\cdot L^{-1}$）中含2% $K_3[Fe(CN)_6]$，称取1g KOH溶于500mL蒸馏水中，溶解后加入7.5g KBH_4继续溶解，再加入10g $K_3[Fe(CN)_6]$，使其溶解完全，过滤后使用。宜现用现配。

（2）铅标准储备溶液的配制　称取1.000g金属铅，溶于10mL HNO_3，移入1000mL容量瓶中，再用水稀释至刻度，摇匀。此溶液含铅$1mg\cdot mL^{-1}$。

【实验步骤】

1. 仪器工作条件

光电倍增管负高压270V；原子化器高度7mm；灯电流80mA；载气流量$400mL\cdot min^{-1}$；屏

蔽气流量 800mL·min^{-1}；读数时间 7s；延时 1.5s；测定波长 283.3nm；进样量 1mL。

2. 仪器测量程序设置

步骤	时间/s	泵速/r·min^{-1}
(1)采样	8	100
(2)停	4	0
(3)注入	16	100
(4)停	5	0

3. 标准系列的配制

吸取铅标准储备液（1mg·mL^{-1}），用 1.5% HCl 逐级稀释至 1μg·mL^{-1}，用此溶液按下表配制标准系列。

标样号	加入 1μg·mL^{-1}铅标准体积/mL	加入 1.5%（体积分数）HCl 稀至最终体积/mL	浓度/μg·mL^{-1}
S_0	0.0	50	0.00
S_1	0.5	50	0.01
S_2	1.0	50	0.02
S_3	2.0	50	0.04
S_4	4.0	50	0.08

4. 标准系列溶液的测定

按浓度由低到高的顺序分别抽取 5mL 标准溶液放入氢化物发生器中，连续滴入配制好的硼氢化钾溶液，生成的氢化物 PbH_4，用氩气载入原子化器进行原子化，到出现最大峰值为止，并记录信号强度。

5. 样品测定

在相同的实验条件下，对待测水样进行测定，记录样品的信号强度。在测定样品的同时，用去离子水代替试样做空白实验。

【结果处理】

以信号强度为纵坐标，铅标准溶液浓度为横坐标，绘制标准曲线，并求出待测水样中铅的含量（μg·mL^{-1}）。

【注意事项】

1. 铅的氢化反应只有在氧化剂存在下才有较高的反应效率。铁氰化钾-盐酸是一种很有效的铅烷发生体系。但由于铁氰化钾溶液不太稳定，将其加入标准溶液中后，放置时间稍长就会有靛蓝色沉淀生成，不仅会污染器皿，而且还使燃烧发生效率降低。故本法将铁氰化钾加入硼氢化钾溶液中，然后与铅的酸性溶液进行氢化反应，能获得较好的效果。

2. 含有铁氰化钾的硼氢化钾溶液与酸性溶液反应过程中，在气液分离器中废液还产生靛蓝色溶液，因此当测定完毕后应及时将泵管放入去离子水中冲洗。

3. 锥形瓶、容量瓶等玻璃器皿均应及时使用稀硝酸盥洗后冲净使用，防止污染。

4. Pb 的氢化物发生条件要求比较苛刻，因此要特别注意严格按照建议条件操作。

5. 硼氢化钾是强还原剂，使用时注意勿接触皮肤和眼睛。

【思考题】

1. 比较原子吸收分光光度计和原子荧光光度计在结构上的异同点，并解释原因。

2. 每次实验，氢化物发生器中各种溶液总体积是否要严格相同？为什么？

实验 28　分子荧光法测定罗丹明 B 的含量

【实验目的】

1. 掌握荧光法测定罗丹明 B 含量的基本原理。

2. 了解 F-4500 型分子荧光分光光度计的基本构造和原理，并能简单操作。

【实验原理】

罗丹明 B 在水中是强的荧光物质，并且在低浓度时，荧光强度与罗丹明 B 浓度呈正比：

$$I_f = kc$$

基于此，测定一系列已知浓度的罗丹明 B 的荧光强度，然后以荧光强度对罗丹明 B 浓度作标准曲线，再测定未知浓度罗丹明 B 的荧光强度，把它代入标准曲线方程求出其浓度。

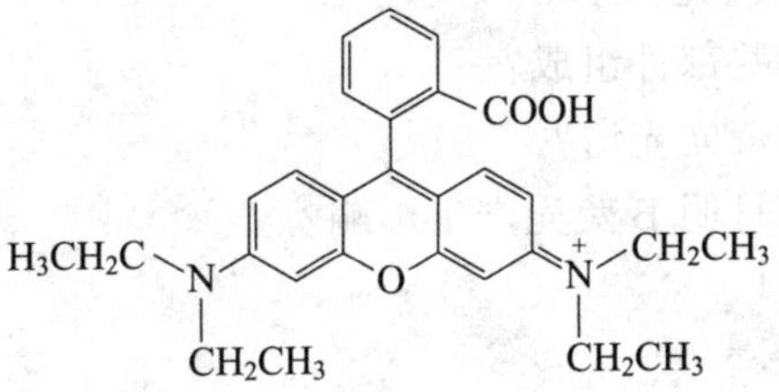

罗丹明 B

【仪器与试剂】

仪器　F-4500 型分子荧光分光光度计，1000mL 容量瓶 2 只，100mL 容量瓶 12 只，1mL 的吸量管 1 支。

试剂　$1\times10^{-2}g\cdot L^{-1}$的罗丹明 B 储备液：准确称取 0.1g 罗丹明 B，用二次蒸馏水定容至 100mL，将此溶液稀释 100 倍就得到 $10^{-2}g\cdot L^{-1}$的罗丹明 B 储备液。

【实验步骤】

1. 系列标准溶液的配制　用移液管移取 5.00mL $1\times10^{-2}g\cdot L^{-1}$的罗丹明 B 储备液于 500mL 容量瓶中，用蒸馏水稀释至刻度，得 $10^{-4}g\cdot L^{-1}$的罗丹明 B 标准溶液。取 10 只 25mL 容量瓶，分别加入 $10^{-4}g\cdot L^{-1}$的罗丹明 B 标准溶液 0.10mL、0.20mL、0.30mL、0.40mL、0.50mL、0.60mL、0.70mL、0.80mL、0.90mL、1.00mL，用蒸馏水稀释至刻度，摇匀。

2. 绘制激发光谱和发射光谱　在 200～350nm 范围内扫描激发光谱，在 320～580nm 范围内扫描荧光发射光谱。

3. 绘制标准曲线　将激发波长固定在 556nm，荧光发射波长固定在 573nm 处，测定系列标准溶液的荧光发射强度。

4. 未知试样的测定　准确移取一定量 $1\times10^{-4}g\cdot L^{-1}$的罗丹明 B 标准溶液于 50mL 容量

瓶中，加蒸馏水稀释至刻度，配制成未知样品。在标准系列溶液同样条件下，测定未知样品的荧光发射强度。

5. 绘制荧光强度 I_f 对罗丹明 B 溶液浓度 c 的标准曲线，并由标准曲线求算未知试样的浓度。

【数据处理】

1. 数据记录。

浓度/$\mu g \cdot L^{-1}$	0	1	2	3	4	5	6	7	8	9	x
荧光强度											
扣除空白											

2. 标准曲线绘制和未知样品含量的计算。

【注意事项】

1. 罗丹明 B 的浓度不要太高。

2. 实验结束后，检查仪器是否正常，关闭是否正确。

【思考题】

1. 为什么罗丹明 B 会发荧光？

2. 荧光分光光度计有哪些部件组成？

3. 如何绘制激发光谱和荧光光谱？

4. 哪些因素可能会对罗丹明 B 荧光产生影响？

第4章 选做实验

实验29 铁矿中全铁含量的测定（无汞定铁法）

【实验目的】

1. 掌握 $K_2Cr_2O_7$ 标准溶液的配制及使用。
2. 学习铁矿石试样的酸溶法。
3. 学习 $K_2Cr_2O_7$ 法测定铁的原理及操作过程。
4. 了解无汞定铁法，增强环保意识。
5. 二苯胺磺酸钠指示剂的作用原理。

【实验原理】

铁矿石中铁的经典分析方法是 $K_2Cr_2O_7$ 法，即用 HCl 分解矿石后，以 $SnCl_2$-$HgCl_2$ 联合还原 Fe^{3+} 至 Fe^{2+}，然后以二苯胺磺酸钠为指示剂，用 $K_2Cr_2O_7$ 标准溶液滴定 Fe^{2+}。该方法准确度较高，但 $HgCl_2$ 易造成环境污染。

近年来，提出了许多无汞定铁法，以克服 $HgCl_2$ 对环境的污染。本实验采用 $SnCl_2$-甲基橙联合还原法。其原理是：Sn^{2+} 将 Fe^{3+} 还原完后，过量的 Sn^{2+} 可将甲基橙还原为氢化甲基橙而褪色，不仅指示了还原的终点，而且 Sn^{2+} 还能继续使氢化甲基橙还原成 *N*,*N*-二甲基对苯二胺和对氨基苯磺酸，过量的 Sn^{2+} 则可消除。以上反应是不可逆的，因此甲基橙的还原产物不消耗 $K_2Cr_2O_7$。

HCl 溶液浓度应控制在 $4mol \cdot L^{-1}$，若大于 $6mol \cdot L^{-1}$，Sn^{2+} 会先将甲基橙还原为无色，无法指示 Fe^{3+} 的还原反应。HCl 溶液的浓度低于 $2mol \cdot L^{-1}$，则甲基橙褪色缓慢。

滴定反应为

$$Cr_2O_7^{2-} + 6Fe^{2+} + 14H^+ = 2Cr^{3+} + 6Fe^{3+} + 7H_2O$$

滴定突跃范围为 0.93～1.34V，使用二苯胺磺酸钠为指示剂时，由于它的条件电极电位为 0.85V，因而需加入 H_3PO_4 使滴定生成的 Fe^{3+} 转化为 $[Fe(HPO_4)_2]^-$ 而降低 Fe^{3+}/Fe^{2+} 电对的电位，使突跃范围变为 0.71～1.34V，指示剂可以在此范围内变色，同时也消除了 $[FeCl_4]^-$ 黄色对终点观察的干扰。Sb(Ⅴ)、Sb(Ⅲ) 干扰本实验，不应存在。

【主要试剂】

1. $SnCl_2$ 溶液（$100g\cdot L^{-1}$、$50g\cdot L^{-1}$）。

2. 甲基橙溶液（$2g\cdot L^{-1}$）。

3. $K_2Cr_2O_7$基准物质　在 150～180℃干燥 2h 后备用。

4. H_2SO_4-H_3PO_4 混酸　将 15mL 浓 H_2SO_4 缓慢加至 70mL 水中，冷却后加入 15mL 浓 H_3PO_4，混匀。

5. 二苯胺磺酸钠溶液（$2g\cdot L^{-1}$）。

【实验步骤】

1. $K_2Cr_2O_7$标准溶液的配制

准确称取 $K_2Cr_2O_7$固体 0.59～0.62g，倒入洁净的烧杯中，加入适量水，使 $K_2Cr_2O_7$ 完全溶解后，定量转移至 250mL 容量瓶中，用水稀释至刻度，摇匀。

2. 铁矿石中铁的测定

准确称取铁矿石粉 0.70～1.0g，倒入洁净的烧杯中，加入少量水润湿，加入 20mL 浓 HCl，盖上表面皿，在通风橱中低温加热分解试样，若有带色不溶残渣，可滴加 20～30 滴 $SnCl_2$ 溶液（$100g\cdot L^{-1}$）助溶。试样分解完全时，残渣应接近白色，用少量水吹洗表面皿及烧杯壁，冷却后，定量转移至 250mL 容量瓶中，用水稀释至刻度，摇匀。

准确移取 25.00mL 试液于 250mL 锥形瓶中，加入 8mL 浓 HCl，加热近沸，趁热滴加 $SnCl_2$ 溶液至溶液变为无色，再滴加甲基橙溶液至溶液呈现淡粉色。立即流水冷却，加 50mL 蒸馏水、20mL 硫磷混酸、4 滴二苯胺磺酸钠，立即用 $K_2Cr_2O_7$标准溶液滴定到稳定的紫红色为终点。平行测定三次，计算铁矿石中全铁含量，结果以 w(Fe) 表示。

【数据处理】

本实验的数据记录及表格自列，并根据有关数据计算铁矿石中全铁含量，结果以 w_{Fe} 表示。

【思考题】

1. $K_2Cr_2O_7$为什么可以直接称量配制准确浓度的溶液？

2. 分解铁矿石时，为什么要在低温下进行？如果加热至沸会对结果产生什么影响？

3. $SnCl_2$ 还原 Fe^{3+} 的条件是什么？怎样控制 $SnCl_2$ 不过量？

4. 以 $K_2Cr_2O_7$溶液滴定 Fe^{2+}时，加入 H_3PO_4 的作用是什么？

5. 本实验中，甲基橙起什么作用？

实验 30　高锰酸钾法测定石灰石中的钙

【实验目的】

1. 学习沉淀分离的基本知识和操作（沉淀、过滤及洗涤等）。

2. 了解用高锰酸钾法测定石灰石中钙含量的原理和方法。

3. 掌握晶形草酸钙沉淀和分离的条件及洗涤 CaC_2O_4 沉淀的方法。

【实验原理】

石灰石中的主要成分是 $CaCO_3$，较好的石灰石含 CaO 45%～53%，此外还含有 SiO_2、Fe_2O_3、Al_2O_3 及 MgO 等杂质。

测定钙的方法很多，快速的方法是配位滴定法，较精确的方法是本实验采用的高锰酸钾法，即将 Ca^{2+} 沉淀为 CaC_2O_4，将沉淀滤出并洗净后，溶于稀 H_2SO_4 溶液，再用 $KMnO_4$ 标准溶液滴定与 Ca^{2+} 相当的 $C_2O_4^{2-}$，根据所用 $KMnO_4$ 的量计算试样中钙或氧化钙的含量，主要反应如下：

$$Ca^{2+} + C_2O_4^{2-} = CaC_2O_4$$

$$CaC_2O_4 + H_2SO_4 = CaSO_4 + H_2C_2O_4$$

$$5H_2C_2O_4 + 2MnO_4^- + 6H^+ = 2Mn^{2+} + 10CO_2 + 8H_2O$$

此法用于含 Mg^{2+} 及碱金属的试样，其它许多金属阳离子不应存在，因为它们与 $C_2O_4^{2-}$ 容易生成沉淀或共沉淀而形成正误差。

CaC_2O_4 是弱酸盐沉淀，pH=4 时，CaC_2O_4 的溶解损失可以忽略。一般采用在酸性溶液中加入 $(NH_4)_2C_2O_4$，再滴加氨水逐渐中和溶液中的 H^+，使 CaC_2O_4 沉淀缓慢生成，最后控制溶液 pH 值在 3.5～4.5。这样，既可使 CaC_2O_4 沉淀完全，又不致形成 $(CaOH)_2C_2O_4$ 沉淀，并能获得组成一定、颗粒粗大而纯净的 CaC_2O_4 沉淀。

其它矿石中的钙，也可用本法测定。

【主要试剂及仪器】

HCl（$6mol \cdot L^{-1}$），H_2SO_4（$1mol \cdot L^{-1}$），甲基橙（0.1%），氨水（$3mol \cdot L^{-1}$），柠檬酸铵（10%），$(NH_4)_2C_2O_4$ 溶液（5%，0.1%），$AgNO_3$（$0.1mol \cdot L^{-1}$），$KMnO_4$ 标准溶液（$0.02mol \cdot L^{-1}$），玻璃漏斗，定性滤纸（ϕ9cm 或 ϕ11cm）。

【实验步骤】

1. $KMnO_4$ 标准溶液的配制与标定

方案自拟，参照实验 8。

2. 石灰石中钙的测定

准确称取石灰石试样 0.1～0.2g 两份，置于 250mL 烧杯中，滴加少量水润湿[1]，盖上表面皿，缓慢滴加 $6mol \cdot L^{-1}$ HCl 溶液 6mL，同时不断摇动烧杯，待停止发泡后，小心加热煮沸 2min。将溶液稀释至 50mL，加入 2 滴甲基橙，再加入 15mL 5% $(NH_4)_2C_2O_4$ 溶液。（若此时有沉淀生成，应在搅拌下滴加 $6mol \cdot L^{-1}$ HCl 溶液至沉淀溶解，注意勿多加。）加热至 70～80℃，在不断搅拌下以每秒 1～2 滴的速度滴加 $3mol \cdot L^{-1}$ 氨水至溶液由红色变为橙色[2]。放置陈化[3]。

用中速滤纸（或玻璃砂芯漏斗）以倾泻法过滤。用冷的 0.1% $(NH_4)_2C_2O_4$ 溶液，以倾泻法洗涤沉淀 3～4 次[4]，再用冷水洗涤至洗涤液中不含 Cl^- 为止。

将带有沉淀的滤纸贴在原储沉淀的烧杯内壁（沉淀向杯内）。用 50mL $1mol \cdot L^{-1}$ H_2SO_4 溶液仔细将滤纸上的沉淀洗入烧杯，用水稀释至 100mL，加热至 75～85℃，用 $0.02mol \cdot L^{-1}$ $KMnO_4$ 标准溶液滴定至溶液呈粉红色，然后将滤纸浸入溶液中[5]，用玻璃棒搅拌，若溶液褪色，再滴加 $KMnO_4$ 溶液，直至粉红色经 30s 不褪为终点。根据 $KMnO_4$ 溶液用量和试样的质量计算试样中钙（或 CaO）的百分率。

注：

［1］ 先用少量水润湿，以免加 HCl 溶液时产生的 CO_2 将试样粉末冲出。

［2］ 调节溶液 pH 值至 3.5～4.5，使 CaC_2O_4 沉淀完全，而 MgC_2O_4 不沉淀。

［3］ 保温是为了使沉淀陈化。若沉淀完毕后，要放置过夜，则不必保温。但对含 Mg 的试样，不宜久放，以免后沉淀。

［4］ 先用沉淀剂的稀溶液洗涤，是利用同离子效应，降低沉淀的溶解度，以减小溶解损失，并且洗去大量杂质。

［5］ 在酸性溶液中，滤纸消耗 $KMnO_4$ 溶液，接触时间越长，消耗越多，因此只能在滴定至终点前，才能将滤纸浸入溶液中。

【思考题】

1. 沉淀 CaC_2O_4 时，为什么要在酸性溶液中加入沉淀剂 $(NH_4)_2C_2O_4$，然后在 70～80℃时滴加氨水至甲基橙变橙黄色而使 CaC_2O_4 沉淀？中和时为什么选择甲基橙指示剂指示酸度？

2. 洗涤 CaC_2O_4 沉淀时，为什么先要用稀 $(NH_4)_2C_2O_4$ 溶液作洗涤液，然后用纯水洗？怎样判断 $C_2O_4^{2-}$ 已洗净？怎样判断 Cl^- 已洗净？

3. 如果将带有 CaC_2O_4 沉淀的滤纸一起用硫酸处理，再直接用 $KMnO_4$ 溶液滴定，会产生什么影响？

4. CaC_2O_4 沉淀生成后，为什么要陈化？

5. $KMnO_4$ 法与配位滴定法测定钙的优缺点各是什么？

实验 31　PAR 分光光度法测定痕量钒

【实验目的】

1. 了解 UV-2100 型分光光度计的基本结构及使用方法。

2. 初步掌握分光光度法测定痕量钒的基础实验技术。

3. 了解分光光度分析与测量条件的关系及其依据。

【实验原理】

钒(V）是人体中重要的元素之一，从药学研究表明：钒化合物在人体内外均有类似于胰岛素的特性，在脂肪组织和骨骼肌中刺激葡萄糖吸收、糖原合成和葡萄糖氧化酶酵解、减少食物吸收，是一种很有发展前途的治疗糖尿病药物。钒也是重要的合金元素，在钢铁合金中，钒能使钢具有一些特殊的机械性能，如提高钢的抗张强度和屈服点，尤其是能明显提高钢的高温强度。因此钒的测定在实际工作中具有十分重要的意义。

钒的分析方法主要有滴定法、分光光度法和原子吸收光谱法等。分光光度法是测定痕量钒的主要方法之一，其显色剂主要有：钽试剂（*N*-苯甲酰-*N*-苯基羟胺）、4-(2-吡啶偶氮）间苯二酚（PAR）等。其中，PAR 是分光光度法测定痕量钒的常用试剂。

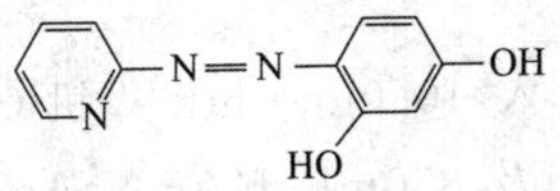

4-(2-吡啶偶氮)间苯二酚（PAR）

4-(2-吡啶偶氮)间苯二酚在 pH＝1～7 的范围内与钒离子反应，生成几种橘红色可溶于水的 1∶1 配合物。在 pH＝1～4.5，形成 λ_{max}＝525nm，ε 为 1.6×10^4 $L\cdot mol^{-1}\cdot cm^{-1}$ 的配合物；在 pH＝4.5～7，形成 λ_{max}＝545nm，ε 为 3.6×10^4 $L\cdot mol^{-1}\cdot cm^{-1}$ 的配合物。在钒配合物的 λ_{max} 波长下，过量试剂无明显干扰。

常见阳离子干扰该显色体系，可用 1,2-环己二胺四乙酸（DCTA）掩蔽；铁和钛的干扰可用氟化物掩蔽。EDTA 能破坏 V-PAR 配合物，但酒石酸盐、草酸盐、磷酸盐及氟化物的影响很小。

【仪器与试剂】

1. UV-2100 型分光光度计，25mL 比色管（或容量瓶），移液管（1mL、2mL、5mL）等。

2. PAR：0.02%乙醇-水（1∶1）溶液。

3. 钒标准溶液（$0.5mg\cdot mL^{-1}$）：溶解 1.149g NH_4VO_3 于 10mL 氨水（1∶1）中，用 10mL HNO_3 酸化，用蒸馏水定容至 1L。

4. 钒标准溶液（$10.0\mu g\cdot mL^{-1}$）：移取 2.0mL 钒标准溶液（$0.5mg\cdot mL^{-1}$）于 100mL 容量瓶中，用水定容至刻度，摇匀，备用。

5. HAc-NaAc 缓冲溶液（pH＝5.0）：将 50g $NaAc\cdot3H_2O$ 溶于适量水中，加 $6mol\cdot L^{-1}$ HAc 34mL，定容至 500mL。

【实验步骤】

1. 吸收曲线的制作

在 50mL 容量瓶中，依次加入 $10.0\mu g\cdot mL^{-1}$ 钒（Ⅴ）标准溶液 3.0mL、HAc-NaAc（pH＝5.0）缓冲溶液 8.0mL，再加入 0.02% PAR 溶液 4.0mL，定容至刻度并摇匀。10min 后，以试剂空白为参比，用 1cm 比色皿，从 470～500nm 进行扫描（470～500nm 每隔 10nm，500～540nm 每隔 5nm，540～550nm 每隔 1nm，550～570nm 每隔 5nm，570～600nm 每隔 10nm 扫描一次），记录对应的吸光度 A。以 λ 为横坐标，A 为纵坐标，绘制吸收曲线，并根据吸收曲线求出配合物的最大吸收波长 λ_{max}（仪器操作见实验 12）。

2. PAR 用量的影响

在 50mL 容量瓶中，依次加入 $10.0\mu g\cdot mL^{-1}$ 钒标准溶液 2.0mL、HAc-NaAc（pH＝5.0）缓冲溶液 8.0mL，再分别加入 0.02% PAR 溶液 1.0mL、2.0mL、4.0mL、5.0mL、6.0mL、8.0mL，定容至刻度并摇匀。5min 后，以试剂空白为参比，用 1cm 比色皿，在所选定的 λ_{max} 处测定吸光度 A，根据实验结果确定 PAR 的最佳用量。

3. 稳定时间

在 50mL 容量瓶中，依次加入 $10.0\mu g\cdot mL^{-1}$ 钒（Ⅴ）标准溶液 2.0mL、HAc-NaAc（pH＝5.0）缓冲溶液 8.0mL，再加入 0.02% PAR 溶液 4.0mL，定容至刻度并摇匀。5min 后，以试剂空白为参比，用 1cm 比色皿，在所选定的 λ_{max} 处测定吸光度 A。以后每隔 30min 测定一次吸光度 A，根据 A 的变化确定该显色体系的稳定时间。

4. 工作曲线的制作

在 50mL 容量瓶中，依次加入 $10.0\mu g \cdot mL^{-1}$ 钒（V） 标准溶液 0.0mL、1.0mL、2.0mL、3.0mL、4.0mL、5.0mL 及 8.0mL HAc-NaAc（pH＝5.0）缓冲溶液，再加入 0.02% PAR 溶液 4.0mL，定容至刻度并摇匀。5min 后，以试剂空白为参比，用 1cm 比色皿，在所选定的 λ_{max} 处测定吸光度 A。根据实验数据绘制工作曲线，并确定线性范围（仪器操作见实验 12）。

5. 未知液分析

移取未知液 4.0mL 三份于 50mL 容量瓶中，加入 8.0mL HAc-NaAc（pH＝5.0）缓冲溶液，再加入 0.02% PAR 溶液 4.0mL，定容至刻度并摇匀。5min 后，以试剂空白为参比，用 1cm 比色皿，在所选定的 λ_{max} 处测定吸光度 A，根据工作曲线确定该未知液中钒（V）的含量（结果以 $\mu g \cdot mL^{-1}$ 表示）。

【结果处理】

1. 列出 A-λ 表，绘制钒(V)-PAR 配位物的吸收曲线，并指出其最大吸收波长。

2. 列出 A-V_{PAR} 表，绘制 PAR 用量曲线，并指出 PAR 的适宜用量。

3. 列出 A-c_V 表，绘制工作曲线，计算钒(V)-PAR 配合物的摩尔吸光系数 ε，并计算未知液中钒(V) 的含量（结果以 $\mu g \cdot mL^{-1}$ 表示）。

4. 指出该显色体系的稳定时间。

【思考题】

1. 如何提高该方法的选择性？

2. 为何本实验选择在 pH 4.5～7 的条件下显色？

3. 如何确定显色体系的稳定时间？

4. 分光光度法的灵敏度如何评价？本实验所采用显色体系的灵敏度如何？

实验 32 紫外吸收光谱法同时测定维生素 C 和维生素 E

【实验目的】

1. 进一步熟悉和掌握紫外-可见分光光度计的使用。

2. 学习在紫外光谱区同时测定双组分体系——维生素 C 和维生素 E。

【实验原理】

维生素 C（抗坏血酸）和维生素 E（α-生育酚）都是机体内重要的抗氧化剂和自由基清除剂，参与许多重要的生理生化反应。将二者联合使用，能够发挥“协同”的效果，获得更好的抗氧化性能。因此，它们常作为一种有用的组合试剂，在医药、日用化工、食品、生物等领域广泛应用。

维生素 C 具有水溶性，维生素 E 具有脂溶性，但它们都能溶于无水乙醇。在这两种组分组成的混合物中，彼此都不影响另一种物质的光吸收性质。因此，能够使用紫外-可见分光光度法同时定量测定无水乙醇溶液中维生素 C 和维生素 E 的含量。

【仪器与试剂】

1. Shimadzu UV-1800 型紫外-可见分光光度计，石英比色皿，25mL 容量瓶 9 个，5mL 吸量管 2 支。

2. 维生素 C（A. R.），维生素 E（A. R.），无水乙醇。

【实验步骤】

1. 标准溶液的配制

维生素 C 标准储备液的配制：准确称取 0.0132g 维生素 C 溶于无水乙醇中，并用无水乙醇定容至 1000mL，此溶液中维生素 C 的浓度为 7.50×10^{5} $mol\cdot L^{-1}$。

维生素 E 标准储备液的配制：准确称取 0.0488g 维生素 E 溶于无水乙醇中，并用无水乙醇定容至 1000mL，此溶液中维生素 E 的浓度为 1.13×10^{4} $mol\cdot L^{-1}$。

分别吸取维生素 C 储备液 2.00mL、3.00mL、4.00mL、5.00mL 于 4 个 25mL 容量瓶中（编号分别对应为 1～4），用无水乙醇稀释至刻度，摇匀，分别得到 0.6×10^{-5}、0.9×10^{-5}、1.2×10^{-5} 和 1.5×10^{-5} $mol\cdot L^{-1}$ 的维生素 C 标准溶液。

分别吸取维生素 E 储备液 2.00mL、3.00mL、4.00mL、5.00mL 于 4 个 25mL 容量瓶中（编号分别对应为 5～8），用无水乙醇稀释至刻度，摇匀，分别得到 0.904×10^{-5}、1.356×10^{-5}、1.808×10^{-5} 和 2.260×10^{-5} $mol\cdot L^{-1}$ 的维生素 E 标准溶液。

2. 吸收曲线的制作

用 1cm 石英吸收池，以无水乙醇为参比，在 220～320nm 波长范围内测定 3 号和 7 号标样的紫外吸收光谱，确定最大吸收波长 λ_1 和 λ_2。

3. 工作曲线的制作

以无水乙醇为参比，在选择的最大吸收波长 λ_1 处，分别测定步骤 1 中配制的 1～4 号维生素 C 标准溶液的吸光度。在 λ_2 处，分别测定步骤 1 中配制的 5～8 号维生素 E 标准溶液的吸光度。

4. 未知样品分析

取未知液 5.00mL 于 25mL 容量瓶中，用无水乙醇稀释至刻度，摇匀。在 λ_1 和 λ_2 处分别测其吸光度。

【结果处理】

1. 绘制维生素 C 和维生素 E 的吸收光谱，确定最大吸收波长 λ_1 和 λ_2。

2. 分别绘制维生素 C 和维生素 E 在最大吸收波长 λ_1 和 λ_2 时的 4 条标准曲线，求出 4 条直线的斜率。

3. 计算未知液中维生素 C 和维生素 E 的浓度。

【注意事项】

1. 维生素 C 会缓慢地氧化成脱氢维生素 C，所以维生素 C 的标准溶液必须在实验时配制新鲜溶液。

2. 本实验所涉及的计算机操作应严格按操作规程进行。

【思考题】

1. 利用紫外-可见吸收光谱法测定溶液中多组分含量时，如何选择测定波长？

2. 根据实验数据计算维生素 C 和维生素 E 的摩尔吸光系数。

实验33 正己烷中微量苯的测定

【实验目的】

1. 学习利用苯的B吸收带测定苯的含量。

2. 学习紫外光度法实验操作。

【实验原理】

苯为环状共轭体系，产生$\pi \rightarrow \pi^*$跃迁，有两个吸收带，即E带和B带。其中E带又分为E_1带和E_2带。E_1带又称乙烯带，$\lambda \approx 184nm$，$\lg\varepsilon > 4$。E_1带为苯环的特征谱带，吸收强度较大，没有精细结构。它是由苯环中乙烯键上的π电子被激发所致，所以是$\pi \rightarrow \pi^*$跃迁。E_2带$\lambda \approx 203nm$，$\varepsilon = 7400L \cdot mol^{-1} \cdot cm^{-1}$。它有分辨不清的精细结构，与$E_1$带相重叠，它是苯环中共轭二烯引起的$\pi \rightarrow \pi^*$跃迁。该带相当于K带。当苯环上引入发射团时，与苯环共轭，E_2带移至220～250nm，$\varepsilon > 10000L \cdot mol^{-1} \cdot cm^{-1}$，此时亦称为K带。

苯环的另一个特征谱带是$\lambda = 256nm$的B吸收带。当苯呈气体状态时，由于分子间距离比较大，互相作用力较弱，所以可观察到B吸收带的振动、转动精细结构，而在溶液中由于分子间距离缩短、作用力增大以及溶剂比的影响，精细结构中一些吸收较弱的谱线消失，吸收带合并成7个光滑、较宽的吸收峰。当苯环上有发色基团或助色基团取代基时，B吸收带精细结构进一步合并，吸收峰减少，甚至变为一个宽吸收带。

比吸光系数法是分光光度定量分析方法之一，它是利用化合物的比吸光系数进行定量测定的。根据朗伯-比耳定律关系式，当吸收池厚度为1cm时，吸光度与浓度c之间的关系式可表示为：

$$A = Ec$$

若被测物质的浓度c以$g \cdot (100mL)^{-1}$为单位，则上式比例系数E称为比吸光系数，其数值等于溶液浓度为$1.0g \cdot (100mL)^{-1}$时的吸光度值。为了与摩尔吸光系数相区别，常以$E_{cm}^{1\%}$表示比吸光系数。比吸光系数可以用实验方法测定，许多化合物的比吸光系数可以从手册中查到。比吸光系数与摩尔吸光系数类似，是化合物固有的特性，仅与测定波长有关。比吸光系数E与摩尔吸光系数ε有如下的关系：

$$E = 10\varepsilon / M$$

【仪器与试剂】

1. 紫外分光光度计。

2. 容量瓶（10mL、25mL）。

3. 吸液管（1mL、2mL、5mL）。

4. 苯（A.R.）。

5. 正己烷（G.R.和C.P.）。

【实验步骤】

1. 配制苯的正己烷标准溶液

（1）准确吸取1mL苯于10mL容量瓶中，用不含苯的优级纯正己烷溶解并稀释至刻度。

(2) 吸取上述溶液 2mL 于 25mL 容量瓶中，用优级纯正己烷稀释至刻度，此溶液的苯浓度为 $7.032g·L^{-1}$，作为储备液。

(3) 吸取 2mL 储备液于 25mL 容量瓶中，用正己烷稀释至刻度，此溶液的苯浓度为 $0.5626g·L^{-1}$，作为标准溶液。

2. 测定苯蒸气的 B 吸收带精细结构

取少许苯滴于 1cm 带盖的比色皿中，于紫外分光光度计中记录 220～300nm 波长范围的苯蒸气吸收光谱。

3. 测定苯在正己烷溶液中 B 吸收带的摩尔吸光系数

(1) 分别吸取苯标准溶液 1.0mL、2.0mL、3.0mL、4.0mL、5.0mL 于 5 个 10mL 容量瓶中，用正己烷稀释至刻度。

(2) 用 1cm 比色皿，以优级纯正己烷作参比，分别测定上述溶液在 220～300nm 范围内的吸收光谱，确定 $\lambda_{max}=256nm$ 位置的吸光度。

4. 测定化学纯正己烷中杂质苯的含量

用 1cm 比色皿，以优级纯正己烷为参比，测定化学纯正己烷在 220～300nm 范围内的吸收光谱，并确定 $\lambda_{max}=256nm$ 位置的吸光度。如果正己烷中苯含量过高，可以用优级纯正己烷稀释后进一步测定。

【结果处理】

1. 以苯标准溶液浓度为横坐标，吸光度为纵坐标作苯的工作曲线，并由工作曲线的斜率计算苯的 B 吸收带摩尔吸光系数：

$$\varepsilon=\Delta A/\Delta c$$

2. 计算苯的比吸光系数 E。

3. 计算化学纯正己烷中苯的百分含量：

$$c=Ak/E$$

式中，k 为测定时化学纯正己烷的稀释倍数。

4. 确定苯蒸气 B 吸收带 7 个主要吸收峰的波长，并与正己烷溶液中苯的 B 吸收带进行比较。

【思考题】

1. 解释气态苯与溶液中苯的 B 吸收带存在一定差别的原因。

2. 苯的 B 吸收带含有 7 个不同波长的吸收峰，除 $\lambda=256nm$ 外，是否可选其它吸收峰进行定量分析？

3. 利用本实验数据是否还可用其它方法计算正己烷中苯的含量？

实验 34 用 IR 法区分顺、反丁烯二酸

【实验目的】

1. 学习用红外光谱法区分丁烯二酸的两种几何异构体。

2. 学习用 KBr 压片法制样。

【实验原理】

烯烃中的特征吸收峰由 C═C—H 键和 C═C 键的伸缩振动以及 C═C—H 键的变形振动所引起。

1. $\nu_{C=C-H}$

烯烃双键上的 C—H 键伸缩振动波数在 $3000cm^{-1}$以上，末端双键上的氢 $>C=CH_2$ 在 $3075\sim3090cm^{-1}$有强峰，最易识别。

2. $\nu_{C=C}$

吸收峰的位置在 $1670\sim1620cm^{-1}$。顺丁烯二酸和反丁烯二酸在结构上的区别，是分子中两个羧基相对于双键的几何排列不同。顺丁烯二酸分子结构对称性差，加之双键与羰基共轭，在 $1600cm^{-1}$附近出现很强的 $\nu_{C=C}$谱带；反丁烯二酸分子结构对称性强，双键位于对称中心，其伸缩振动无红外活性，在光谱中观察不到吸收谱带。另外，顺丁烯二酸只能生成分子间氢键，其羰基谱带位于 $1705cm^{-1}$，接近羰基 $\nu_{C=O}$频率的正常值；而反丁烯二酸能生成分子内氢键，其羰基谱带移至 $1680cm^{-1}$，因此，利用这一区间的谱带可以很容易地将两种几何异构体区分开来。

3. $\gamma_{C=C-H}$

烯烃双键上的 C—H 键面内弯曲振动在 $1500\sim1000cm^{-1}$，用途较少；而面外摇摆振动吸收最有用，在 $1000\sim700cm^{-1}$范围内，该振动对结构敏感，其吸收峰特征性明显，强度也较大，易于识别，可借以判断双键取代情况和构型。例如区分烯烃顺、反异构体，常常借助位于 $1000\sim650cm^{-1}$范围的 γ_{C-H}谱带。烷基型烯烃的顺式结构出现在 $730\sim675cm^{-1}$，反式结构出现在 $\sim960cm^{-1}$。当取代基变化时，顺式结构峰位变化较大，反式结构峰位基本不变，因此在确定异构体时非常有用。

【仪器与试剂】

1. Nicolet IR200 红外光谱仪。

2. 压片装置，玛瑙研钵，不锈钢刮刀。

3. 溴化钾（A. R.），顺丁烯二酸（A. R.），反丁烯二酸（A. R.）。

【实验步骤】

1. 将 1～2mg 顺丁烯二酸放在玛瑙研钵中磨细至 $2\mu m$ 左右，再加入 100～200mg 干燥的 KBr 粉末继续研磨 3min，混合均匀。

用不锈钢刮刀移取适量混合粉末于压模的底磨面上，中心可稍高一些。放入顶模，把模具装配好，压制得到一直径为 10mm、厚度为 0.8mm 的透明盐片。

2. 用同样方法制得反丁烯二酸的盐片。

3. 分别绘制红外光谱图。

【结果处理】

1. 根据实验所得的两张谱图，找出各个化合物的特征吸收峰。

2. 根据 $\nu_{C=C}$吸收峰的位置在 $1670\sim1620cm^{-1}$鉴别顺、反异构体。

3. 根据 $\gamma_{C=C-H}$烯烃双键上的 C—H 键面外摇摆振动 $1000\sim700cm^{-1}$范围内的吸收情况，鉴别顺、反异构体。

【注意事项】

1. 为使样品压片受力均匀，在压片模具内需将粉末弄平后再加压，否则压片会产生白斑。

2. 样品在红外灯下干燥后再压片图谱效果好一些。

【思考题】

1. 脂肪酸的特征吸收谱带有哪几种？

2. 哪些因素会影响烯烃的吸收光谱？

3. 区分顺、反丁烯二酸异构体的主要依据是什么？

实验 35 氯离子选择性电极性能的测试

【实验目的】

1. 学习离子选择性电极的选择性系数的测定方法原理和技术。

2. 进一步了解离子计（酸度计）和离子选择性电极的使用方法。

【实验原理】

氯离子选择性电极，其敏感膜由 Ag_2S-$AgCl$ 粉末混合压片制成。它是无内参比溶液的全固态型电极，电荷由膜内电荷数最少、半径最小的 Ag^+ 传导。当把氯离子选择性电极浸入含有 Cl^- 的溶液时，可将溶液中 Cl^- 的活度转变成相应的膜电位：

$$E_M = K - \frac{2.303RT}{nF}\lg a_{Cl^-} \quad (1)$$

在测定 Cl^- 时，不能使用普通的饱和甘汞电极作参比电极，因为饱和甘汞电极中有大量 Cl^-，电极内的 Cl^- 可通过陶瓷芯多孔物质向溶液中扩散，从而影响 Cl^- 的测定，为避免这一影响，应在饱和甘汞电极上连接可卸的非 KCl 盐桥套管，内盛适当的液接液体（本实验采用 KNO_3 溶液），即构成双盐桥饱和甘汞电极（见图 4-1），作为参比电极。

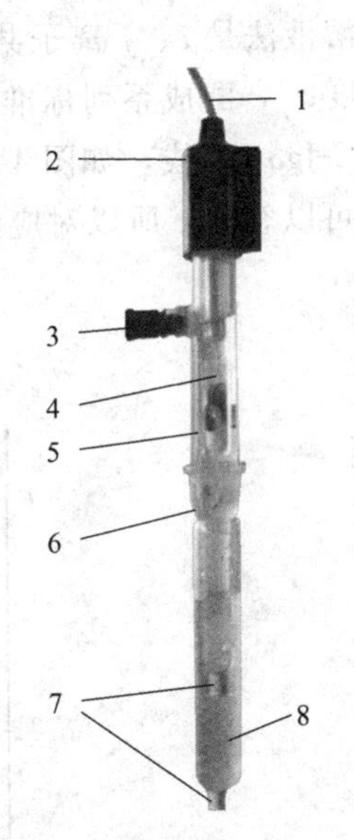

图 4-1 217 型双盐桥饱和甘汞电极

1—电极引线；2—绝缘帽；3—加液口；4—内电极；5—饱和 KCl 溶液；6—可卸盐桥套管；7—多孔陶瓷；8—液接液体

以氯离子选择性电极、双盐桥饱和甘汞电极和待测试液组成工作电池：

$Hg, Hg_2Cl_2 | KCl(饱和) \| KNO_3 \| Cl^- 试液 | AgCl\text{-}Ag_2S$

其电动势：

$$E = K' - \frac{2.303RT}{nF}\lg a_{Cl^-} \quad (2)$$

即在一定条件下，工作电池的电动势 E 与溶液中 Cl^- 活度的对数值呈线性关系。K' 与温度、参比电极电位以及膜的特性等有关，在实验中，K' 为一常数。

分析工作中常需测定离子的浓度，根据 $a_{Cl^-}=\gamma_{Cl^-}c_{Cl^-}$，在实验中加入总离子强度调节液（TISAB）使溶液的离子强度保持恒定，从而使活度系数 γ_{Cl^-} 为一常数，则工作电池电动势 E 为：

$$E=k-\frac{2.303RT}{nF}\lg c_{Cl^-} \tag{3}$$

即 E 与 c_{Cl^-} 的对数值呈线性关系。利用此关系式，在没有干扰的情况下，通过标准曲线法或标准加入法可测定微量 Cl^- 的含量。

但离子选择性电极的“选择性”有一定的限度，即电极除对特定的 i 离子有电位响应外，对某些其它离子（j）也会有所响应，只是响应的程度不同，或是响应较小。

当把氯离子选择性电极浸入分别含有 Br^-、I^-、CN^-、SO_4^{2-}、CO_3^{2-} 等的溶液中时，也会产生膜电位。因此，当上述离子与 Cl^- 共存时，必然对 Cl^- 的测定产生干扰，引入测定误差。为了表明共存离子对电位的“贡献”，可用一个扩展的能斯特公式描述：

$$E=K\pm\frac{2.303RT}{nF}\lg(a_i+K_{ij}a_j^{n/m}) \tag{4}$$

式中，“+”用于阳离子，“−”用于阴离子；i 为待测离子；j 为干扰离子；n 和 m 分别为待测离子和干扰离子的电荷数，当 $m=n=1$，且 25℃时，有：

$$E=K\pm0.059\lg(a_i+K_{ij}a_j) \tag{5}$$

式中，K_{ij} 为电极的电位选择性系数，可理解为在相同实验条件下，产生相同电位时两种离子活度的比值，K_{ij} 的数值取决于 i、j 离子的活度、实验条件与测定方法，因而不是真实的常数，但它可用于估量其它离子 j 对待测离子 i 测定的干扰程度。可见 K_{ij} 愈小，电极对待测离子的选择性愈好。

测定的 K_{ij} 方法通常有分别溶液法和混合溶液法，本实验采用后者测定 K_{ij} 值。

混合溶液法是 i、j 离子共存于溶液中，实验中固定干扰离子 j 的活度 a_j，改变待测离子 i 的活度 a_i，配成系列标准溶液，然后用 i 离子选择性电极分别测量这些溶液的电位值 E，绘成 E-$\lg a_i$ 曲线，如图 4-2 所示。图中向上倾斜的直线部分 $a_i\gg a_j$，此时 j 离子对电位的贡献可以忽略。所以对应的能斯特方程为：

$$E_1=K'\pm\frac{2.303RT}{nF}\lg a_i \tag{6}$$

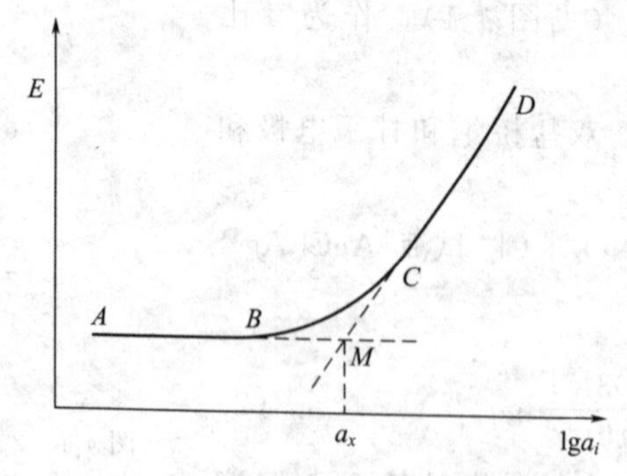

图 4-2　固定干扰法沉淀离子选择性电极的 K_{ij}

图中，水平的直线部分 $a_i\ll a_j$，此时电极对 i 离子的响应可以忽略，电位值完全由 j

离子决定，则：

$$E_2 = K' \pm \frac{2.303RT}{nF} \lg K_{ij} a_j^{n/m} \tag{7}$$

延长两段直线部分相交于 M 点，过 M 点作横坐标的垂线，可查得与该点相应的 a_i 值。在 M 点，$E_1 = E_2$，合并（6）、（7）两式得：

$$a_i = K_{ij} a_j^{n/m}$$

即

$$K_{ij} = \frac{a_i}{a_j^{n/m}} \tag{8}$$

由此可求得 K_{ij} 值，这一方法也称为固定干扰法，是混合溶液法中的一种。固定干扰法比较接近实际的测定情况，所测得的电位值是电极对 i、j 离子联合响应的结果，因此 IUPAC 建议采用固定干扰法测定离子选择性电极的 K_{ij}。

本实验将以 Br^- 为干扰离子，测定氯离子选择性电极的电位选择性系数 K_{Cl^-,Br^-}。

【仪器与试剂】

1. 离子计或 pH/mV 计，电磁搅拌器。

2. 氯离子选择性电极和 217 型双盐桥饱和甘汞电极。

3. 0.500mol·L^{-1} NaCl 标准溶液：准确称取 7.305g 经 110℃烘干的分析纯 NaCl 于小烧杯中，用水溶解后，转移至 250mL 容量瓶中，稀释至刻度，摇匀备用。

4. 0.100mol·L^{-1} NaBr 标准溶液：准确称取分析纯 NaBr 2.573g 于小烧杯中，用水溶解后，转移至 250mL 容量瓶中，稀释至刻度，摇匀备用。

5. 1.0mol·L^{-1} KNO_3 溶液　作为离子强度调节剂，用 HNO_3 调节 pH 值在 2.5 左右，以 pH 试纸试验确定。

6. 0.1mol·L^{-1} KNO_3 溶液。

【实验步骤】

1. 按离子计或 pH/mV 计操作步骤调试仪器，检查 217 型饱和甘汞电极是否充满 KCl 溶液，若未充满，则应补充饱和 KCl 溶液，并排除其中的气泡。于盐桥套管内注入 0.1mol·L^{-1} KNO_3 溶液，约占套管容积的 2/3，用橡皮圈将套管连接在甘汞电极上。

2. 将氯离子选择性电极和饱和甘汞电极与离子计或 pH/mV 计连接好（217 型饱和甘汞电极接“+”，氯离子选择性电极接“−”，即玻璃电极插孔），把电极浸入去离子水中，放入搅拌磁子，开动搅拌器清洗电极，直至空白电位值（本底值）。

3. 准确吸取适量的 NaCl 标准溶液于 50mL 容量瓶中，配制含 1.00×10^{-4} mol·L^{-1}、5.00×10^{-4} mol·L^{-1}、1.00×10^{-3} mol·L^{-1}、5.00×10^{-3} mol·L^{-1}、1.00×10^{-2} mol·L^{-1}、5.00×10^{-2} mol·L^{-1} 和 1.00×10^{-1} mol·L^{-1} Cl^- 的系列标准溶液，各加入 1.00×10^{-2} mol·L^{-1} Br^- 标准溶液 5.00mL、1.0mol·L^{-1} KNO_3 溶液 15mL，用水稀释至刻度，摇匀。

4. 由低浓度到高浓度的顺序逐个测量以上溶液的电位值。具体操作是：将溶液转入小烧杯中，浸入氯离子选择性电极和 217 型饱和甘汞电极，放入搅拌磁子，开动搅拌器，调节至适当的搅拌速度，读取稳定的电位值并记录之。

【结果处理】

根据上面的测量结果，以测得的电位值 E 为纵坐标，以 $\lg c_{Cl^-}$ 为横坐标作图，延长曲线中两段直线部分得一交点，并从交点处求得 c_{Cl^-} 的值，由下式计算氯离子选择性电极对溴离子的电位选择性系数。

$$K_{Cl^-,Br^-}=\frac{c_{Cl^-}}{c_{Br^-}}$$

【思考题】

1. 评价离子选择性电极的性能有哪些特性参数？

2. 为什么离子选择性电极的 K_{ij} 仅仅能用来估量其它离子的干扰程度，而不能直接利用 K_{ij} 的文献值对分析测定进行校正？

3. 本实验中为什么要选用双盐桥饱和甘汞电极？

4. 测定电位选择性系数有哪几种方法？

实验 36　高效液相色谱法检测食品中苏丹红Ⅰ染料

【实验目的】

1. 学习食品中苏丹红Ⅰ染料的高效液相色谱测定方法。

2. 学习固相萃取法的原理与操作。

【实验原理】

样品经溶剂提取、固相萃取净化后，用反相高效液相色谱-紫外-可见检测器进行色谱分析，采用外标法定量。

【仪器与试剂】

1. 高效液相色谱仪（C_{18}柱，紫外-可见检测器），溶剂过滤器，超声波清洗器，旋转蒸发仪。

2. 乙腈（色谱纯），丙酮（色谱纯、分析纯）；甲酸（分析纯）；乙醚（分析纯）；正己烷（分析纯）；无水硫酸钠（分析纯）。

3. 色谱用氧化铝（中性，100～200 目）：105℃干燥 2h，于干燥器中冷至室温，每 100g 中加入 2mL 水降活，混匀后密封，放置 12h 后使用。

4. 氧化铝色谱柱：在 1cm（内径）×5cm（高）的注射器管底部塞入一薄层脱脂棉，干法装入处理过的氧化铝至 3cm 高，轻敲实后加一薄层脱脂棉，用 10mL 正己烷预淋洗，洗净柱中杂质后，备用。

5. 5%丙酮的正己烷溶液：吸取 50mL 丙酮用正己烷定容至 1L。

6. 标准物质：苏丹红Ⅰ，纯度≥95%。

【实验步骤】

1. 高效液相色谱的基本操作

流动相：0.1%甲酸的水溶液/乙腈（85∶15，体积比）。

流速：$1mL\cdot min^{-1}$。

柱温：30℃。

检测波长：苏丹红Ⅰ 478nm。

进样量：20μL。

2. 制作工作曲线

吸取标准储备液 0mL、0.1mL、0.2mL、0.4mL、0.8mL、1.6mL，用正己烷定容至 25mL，此标准系列浓度为 $0\mu g \cdot mL^{-1}$、$0.16\mu g \cdot mL^{-1}$、$0.32\mu g \cdot mL^{-1}$、$0.64\mu g \cdot mL^{-1}$、$1.28\mu g \cdot mL^{-1}$、$2.56\mu g \cdot mL^{-1}$，绘制标准曲线。

3. 样品分析

红辣椒粉等粉状样品的处理：称取 1～5g（准确至 0.001g）样品于锥形瓶中，加入10～30mL 正己烷，超声 5min，过滤，用 10mL 正己烷洗涤残渣数次，至洗出液无色，合并正己烷液，用旋转蒸发仪浓缩至 5mL 以下，慢慢加入氧化铝色谱柱中。为保证色谱效果，在柱中保持正己烷液面为 2mm 左右时上样，在全程的色谱过程中不应使柱干涸，用正己烷少量多次淋洗浓缩瓶，一并注入色谱柱。氧化铝表层吸附的色素带宽宜小于 0.5cm，待样液完全流出后，视样品中含油类杂质的多少用 10～30mL 正己烷洗柱，直至流出液无色，弃去全部正己烷淋洗液，用含 5%丙酮的正己烷液 60mL 洗脱，收集、浓缩后，用丙酮转移并定容至 5mL，经 0.45μm 有机滤膜过滤后待测。

【结果处理】

按下列公式计算苏丹红含量：

$$w = c \times \frac{V}{m}$$

式中，w 为样品中苏丹红含量，$mg \cdot kg^{-1}$；c 为由标准曲线得出的样液中苏丹红的浓度，$\mu g \cdot mL^{-1}$；V 为样液定容体积，mL；m 为样品质量，g。

【注意事项】

1. 所有淋洗液应过滤和脱气处理。
2. 样品中不应含有悬浮物、大量有机物和重金属离子。
3. 进样时，转动阀要迅速，以免造成高压，损坏流路和柱子。

【思考题】

1. 在高效液相色谱中，为什么可利用保留值定性？这种定性方法你认为可靠吗？
2. 本实验为什么采用反相液相色谱，试说明理由。
3. 高效液相色谱分析中流动相为何要脱气，不脱气对实验有何妨碍？

实验 37　碳素钢的光电直读光谱分析

【实验目的】

1. 了解光电直读光谱仪分析的原理和方法。
2. 了解光电直读光谱仪的使用方法。

【实验原理】

光电直读光谱法是一种快速测试手段，由于利用光电法直接获得光谱的强度，它与摄谱仪的主要差别在于投影物镜的焦面上安装一个或多个出射狭缝，并以光电倍增管代替感光板为检测器，产生的电信号用计算机处理，从而快速给出分析结果。光电直读光谱分析广泛应用于冶金工业的炉前快速分析及固体金属材料的质量检测。

由于采用火花光源，激发能量高，特别适合于块状或具有一定厚度样品的测定。通过采用高能光源、使用高纯氩及增加氩气流量，能提高杂质元素的敏感度，消除共存元素的干扰，分析数据的精密度和准确度均较好。本方法可快速、准确地分析钢样中 Al、C、Co、Cr、Mn、Mo、Ni、P、S、Si、Ti、V、W 等元素。采用光电直读光谱仪分析技术，可以很好地克服经典摄谱法中由于暗室处理、测光和计算致使分析过程很长、分析速度太慢的缺点，有利于实现现代光谱分析对样品分析的准确、快速、测定波长范围广及检测范围宽的要求。

【仪器与试剂】

1. SPECTRO LAB 型（或其它型号）光电直读 ICP 光谱仪，计算机，自动磨样机。

2. 标准碳素钢样一套（GB/T 700—2006）。

【实验步骤】

1. 工作条件设置

光栅聚焦　750mm。

光栅刻度　3600 条·mm^{-1}、2400 条·mm^{-1}、1800 条·mm^{-1}。

氩气流量　备用期间 0.5L·min^{-1}，分析期间 1.5L·min^{-1}。

分析波长范围　120～800nm。

冲洗时间　2s。

预热时间　5s。

曝光时间　8s。

分析谱线　见表 4-1。

表 4-1　元素分析谱线

元素	Cr	Co	Mn
波长/nm	298.9	228.6	293.3

2. 测定

用细砂轮将钢样制成光平面，并且无油、无锈。在上述设置的工作条件下，激发标准碳素钢样，按仪器说明书绘制工作曲线。激发试样，在计算机上读出测量结果。

【结果处理】

在计算机上绘制工作曲线，读出碳素钢中 Mn、Cr 或 Co 的含量（视标准碳素钢样而定）。

【思考题】

1. 直读光谱仪为什么主要用于分析固体金属试样？它和摄谱仪相比有何异同？

2. 直读光谱仪有哪些特点？

附录　SPECTRO LAB 型（或其它型号）光电直读 ICP 光谱仪操作规程

光谱仪包括五个部分：光学系统、光源系统、电子读出系统、氩气冲洗系统、氮气循环系统，其操作规程如下：

1. 将氩气压力调到 0.6MPa。

2. 打开稳压器。

3. 打开红色电源总开关，使仪器后面主板的主开关处于“ON”的位置（每次开机后仪器应稳定2h再开始分析试样的测量工作）。

4. 打开Stand by（上面电子柜电源开关）。

5. 打开Source（光源开关）。

6. 打开显示器电源、打印机电源。

7. 打开计算机电源。

8. 出现“sg”字样，按OK进入分析程序，点击“Spark analyzer”图标输入用户名“sg”和密码“fjsg”

9. 如果正在10-FE，就进行工作；如果不在按F10调程序。

10. 首先冲洗氩气（用Ctrl＋F进行预冲洗），如果2h没有分析样品，冲洗10min，一天没有分析样品，冲洗30min。

11. 用废样打几点看是否稳定，稳定后直接打标样。

（1）如果结果与化学值相符，就可进行日常分析。

（2）如果结果与化学值相差很远，则要作标准化：按F7后按Yes，出现标准化样品名称，如：02-RN13、03-RN14等后，按OK，在屏幕左上方出现刚才的标准化样品的名称后，按F2激发，打三个点以上稳定的值（如果有点不好，可用“Delete”键删除）后按F9自动平均存储并进入下一个样品，（如果想看一下平均值，按F4后再按F9即可），以此类推，最后直到出现屏幕中间一个标准化数据表后，按OK，此时打印机开始打印。

注意：一定不能拿错标准化样品，要按照屏幕提示激发样品。

（3）如果结果与化学值相差不太远，则要作控样：

按F8后按Yes，选准控样后按F2激发，屏幕此时才出现控样名称，如“SG-2”打三个点以上稳定的值（如果有点不好，可以用“Delete”键删除）后按F9自动平均存储（如果想看一下平均值，按F4后再按F9即可），最后出现屏幕中间一个控样数据表后，按OK，结束控样工作，在做完标样后，屏幕左上方第一行必须出现“Type connected concentration→SG-2”被SG-2控后含量，此时，再将该控样激发一次与化学值相符才说明控样成功。

12. 做日常分析，激发生产样品几次，并在中间用“Shift＋F9”修改样品名称，最后按F9自动平均存储（如果想看一下平均值，按F9即可）。

13. 按Shift＋F9可以更改样品名称。

第5章 综合性实验

实验38 阿司匹林的合成、表征及含量测定

【实验目的】

1. 掌握乙酰化合成阿司匹林的方法。
2. 掌握采用红外光谱表征阿司匹林的方法。
3. 掌握荧光光度法分析阿司匹林含量的原理及操作。
4. 掌握紫外分光光度法及酸碱滴定法分析阿司匹林含量的原理及操作。

【实验原理】

阿司匹林是一种非常普遍的治疗感冒的药物，有解热止痛作用，同时还可软化血管。19世纪末，人们成功地合成了乙酰水杨酸。直到目前，阿司匹林仍是一个广泛使用的具有解热止痛作用治疗感冒的药物。

在浓硫酸介质中，水杨酸和乙酸酐发生乙酰化反应生成乙酰水杨酸（阿司匹林），副产品可采用 $NaHCO_3$ 饱和溶液洗涤及乙酸乙酯重结晶而除去。反应式如下：

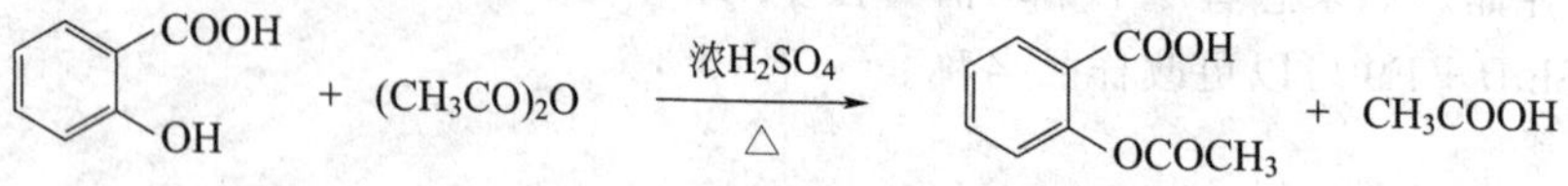

$$C_6H_4(OH)COOH + (CH_3CO)_2O \xrightarrow[\triangle]{浓H_2SO_4} C_6H_4(OCOCH_3)COOH + CH_3COOH$$

乙酰水杨酸具有一系列特殊结构，在红外光谱图中可出现多个特征振动频率。比较产品和标准的红外光谱图，同时结合产品的熔点，可对合成的产品进行鉴定。

乙酰水杨酸的分子结构中含有羧基，在溶液中解离出一个质子，故作为一元酸（$pK_a=3.5$），用 NaOH 标准溶液直接滴定，以酚酞作指示剂，可分析其含量。乙酰水杨酸为白色针状晶体，熔点 135～136℃。

由于乙酰水杨酸的乙酰基容易水解，产生乙酸和水杨酸，所以用 NaOH 溶液滴定时，分析结果将偏高。操作中控制温度在10℃以下，在中性乙醇溶液中用 NaOH 标准溶液滴定，可有效防止乙酰基的水解，得到较为理想的结果。

在乙酸-氯仿介质中，选择特定的激发波长，阿司匹林可发射较强的荧光，该荧光光谱的荧光强度在一定条件下，与阿司匹林的浓度呈线性关系，因此，在合适条件下，可用荧光

分析法测定阿司匹林的含量。

【仪器与试剂】

RF5300 荧光光度计，RY-1 熔点仪，Spectrum Two 红外光谱仪，TU-1800 紫外分光光度计，SH2-DIII 循环水真空泵，分析天平，水浴锅，电炉，温度计（150℃），磨口锥形瓶（125mL），锥形瓶（250mL），布氏漏斗，玻璃漏斗，吸滤瓶，移液管（2mL、5mL，25mL），量筒（100mL），烧杯（250mL、20mL），碱式滴定管（50mL），表面皿（9cm），定性滤纸（ϕ11cm）。

水杨酸（C. P.），乙酸酐（C. P.），乙酰水杨酸（A. R.），KBr（A. R.），硫酸（A. R.），HCl（A. R.），NaOH（A. R.），乙酸乙酯（A. R.），95%乙醇（A. R.），1% $FeCl_3$ 溶液，$NaHCO_3$ 饱和溶液，冰醋酸（A. R.），氯仿（A. R.），邻苯二甲酸氢钾（A. R.），0.1%酚酞乙醇溶液，冰。

0.1mol·L^{-1} NaOH 标准溶液的配制与标定参照实验 2。

中性乙醇溶液的配制　用量筒量取 60mL 95%乙醇溶液于烧杯中，加入 1～2 滴酚酞指示剂，用 0.1mol·L^{-1} NaOH 标准溶液滴定至微红色，盖上表面皿，将此中性乙醇溶液冷却至 10℃以下备用。

乙酰水杨酸储备液的配制　称取 0.4000g 乙酰水杨酸溶于 1%乙酸-氯仿中，用 1%乙酸-氯仿溶液定容至 1L 容量瓶中。

【实验步骤】

1. 阿司匹林的合成

在 125mL 锥形瓶中加入 2g 水杨酸、5mL 乙酸酐（乙酸酐应是新蒸馏的，收集 139～140℃馏分）和 5 滴浓硫酸，摇动锥形瓶使水杨酸全部溶解后，在水浴上加热 5～10min，控制浴温在 85～90℃。冷至室温，即有乙酰水杨酸结晶析出（可用玻璃棒摩擦瓶壁或将反应物置于冰水中冷却，促使结晶产生）。加入 50mL 水，将混合物继续在冰水浴中冷却，使结晶完全。减压过滤，用滤液反复淋洗锥形瓶，直至所有晶体被收集到布氏漏斗。每次用少量冷水洗涤结晶几次，继续抽吸将溶剂尽量抽干。粗产物转移至表面皿上，在空气中风干，称重，粗产物约为 1.8g。

将粗产物转移至 150mL 烧杯中，在搅拌下加入 25mL 饱和碳酸氢钠溶液，加完后继续搅拌几分钟，直至无气泡产生。抽气过滤，副产物聚合物应被滤出，用 5～10mL 水冲洗漏斗，合并滤液，倒入预先盛有 4～5mL 浓 HCl 和 10mL 水混合液的烧杯中，搅拌均匀，即有乙酰水杨酸结晶析出。将烧杯置于冰水浴中冷却，使结晶完全。减压过滤，用洁净的玻塞挤压滤饼，尽量抽去滤液，再用冷水洗涤 2～3 次，抽干水分。将结晶移至表面皿上干燥后，得约 1.5g，熔点 133～135℃（乙酰水杨酸易受热分解，因此熔点不很明显，它的分解温度为 128～135℃。测定熔点时，应先将热载体加热至 120℃左右，然后放入样品测定）。取几粒结晶加入盛有 5mL 水的试管中，加入 1～2 滴 1% $FeCl_3$ 溶液，观察有无颜色反应。

为了得到更纯的产品，可将上述结晶的一半溶于最少量的乙酸乙酯中（约需 2～3mL），溶解时应在水浴上小心加热。如有不溶物出现，可用预热过的玻璃漏斗趁热过滤。将滤液冷至室温，阿司匹林晶体即析出。如不析出结晶，可在水浴上稍加浓缩，并将溶液置于冰水浴中冷却，或用玻璃棒摩擦瓶壁，抽滤收集产物，干燥后用于下一步测试与表征。

2. 阿司匹林产品的检测

(1) 熔点的测定

用电热熔点仪测定阿司匹林熔点。因乙酰水杨酸受热易分解，熔点不很明显，它的分解温度为 128～135℃。测定熔点时，可将热载体加热至 120℃左右，然后放入样品测定。

（2）红外光谱鉴定乙酰水杨酸

将上述已纯化并已干燥的乙酰水杨酸取出 5～10mg，加入 50mg 溴化钾，在玛瑙研钵中研细，在紫外灯下干燥后，制成半透明的薄片（透光率大于 60%），在红外光谱仪上扫描，得到产品的红外光谱图。并与乙酰水杨酸标准样品的红外光谱图进行比较，指出乙酰水杨酸重要的基团频率。

3. 阿司匹林的含量分析

（1）紫外分光光度法（参照实验 13）

（2）酸碱滴定法测定乙酰水杨酸的含量

准确称取 0.5～0.7g 本实验合成的乙酰水杨酸，置于洁净、干燥的 250mL 锥形瓶中，加入 20mL 冷的中性乙醇溶液，充分摇动使试样完全溶解，在不超过 10℃的条件下（加冰控制），加入 1～2 滴酚酞指示剂，用 $0.1mol \cdot L^{-1}$ NaOH 标准溶液滴定至溶液呈微红色，且 30s 不褪色为终点。平行测定三次，计算产品中乙酰水杨酸的百分含量。

（3）荧光法测定乙酰水杨酸的含量

在 1%乙酸-氯仿中，选择激发波长为 270nm，荧光波长为 325nm，可采用荧光法测定乙酰水杨酸的含量，此时水杨酸不干扰测定。

将乙酰水杨酸储备液稀释 100 倍（用二次稀释来完成），用该溶液绘制乙酰水杨酸的激发光谱和荧光光谱曲线，并找出它的最大激发波长和最大荧光波长。

在 5 只容量瓶中，用吸量管分别加入 $4.0\mu g \cdot mL^{-1}$ 溶液 2mL、4mL、6mL、8mL、10mL，用 1% 乙酸-氯仿溶液稀释至刻度，摇匀。分别测量它们的荧光强度，并绘制工作曲线。

称取自制的乙酰水杨酸产品 400.0mg，用 1% 乙酸-氯仿溶液溶解后，全部转移至 1000 容量瓶中，用 1% 乙酸-氯仿溶液稀释至刻度，摇匀，乙酰水杨酸产品溶解后，1h 内要完成测定，否则其含量将降低。

将上述滤液稀释 1000 倍（用三次稀释来完成），与标准溶液同样条件测量的荧光强度，根据工作曲线求出产品中乙酰水杨酸的含量。

【结果处理】

1. 列表说明该合成反应的产率，并解释原因。
2. 根据熔点及红外光谱图对产品进行定性分析。
3. 绘制阿司匹林的紫外光谱图，并计算产品中阿司匹林的含量。
4. 根据酸碱滴定的有关数据计算产品中阿司匹林的含量。
5. 根据荧光分析法的有关数据计算产品中阿司匹林的含量。
6. 比较几种分析方法所得结果的差异，并解释原因。

【思考题】

1. 还可以用其它什么方法制备阿司匹林？
2. 在重结晶操作中，必须注意哪几点才能使产品产率高，质量好？
3. 如果在硫酸作用下，水杨酸与乙醇作用将会得到什么产物？写出反应方程式。
4. 比较产品和标准的红外光谱图，并说明阿司匹林的特征振动频率。
5. 阿司匹林的乙酰基容易水解，测定时如何控制条件？

6. 从乙酰水杨酸和水杨酸激发光谱和荧光光谱曲线，解释这种分析方法可行的原因。

7. 还可以用其它什么方法来分析阿司匹林的含量？

实验 39 胃舒平药片中铝和镁的测定

【实验目的】

1. 学习药剂测定的前处理方法。
2. 学习用返滴定法测定铝的方法。
3. 掌握沉淀分离的操作方法。

【实验原理】

胃舒平又称复方氢氧化铝，是一种常见的抗胃酸药，其主要成分为 $Al(OH)_3$、$2MgO\cdot 3SiO_2\cdot xH_2O$ 和少量颠茄浸膏，在制成片剂时还加入了大量糊精等赋形剂。国家药典规定每片药中含 Al_2O_3 不少于 0.116g，含 MgO 不少于 0.020g，两者的含量均可采用 EDTA 配位滴定法进行测定。

将药片研细成药粉，用酸溶解后，分离除去不溶物质，制成试液。

由于 Al^{3+} 与 EDTA 的反应速率较慢，且对所用的指示剂有封闭作用，因而常采用返滴定法进行测定。为了避免 Al^{3+} 因水解生成多核氢氧基配合物，先调节试液的酸度为 pH 3～4，再加入一定量且过量的 EDTA 标准溶液，并加热煮沸数分钟以加速反应进行。待两者反应完全后，调节试液的酸度为 pH 5～6，以二甲酚橙为指示剂，再用 Zn^{2+} 标准溶液返滴定剩余的 EDTA，直至试液由亮黄色突变为紫红色即为终点。求得氢氧化铝的含量。

测定镁含量时，另取试液，先调节溶液的 pH 5～6，使 Al^{3+} 转变为 $Al(OH)_3$ 沉淀，过滤分离后，用三乙醇胺掩蔽剩余的铝，从而消除它对测定镁的干扰。在 pH=10 的条件下，以铬黑 T 为指示剂，用 EDTA 标准溶液滴定滤液中的 Mg^{2+}，求得其含量。

【主要仪器及试剂】

1. 仪器

瓷研钵，药匙，电炉，漏斗，定量滤纸等。

2. 试剂

$0.02mol\cdot L^{-1}$ EDTA 标准溶液（配制和标定方法见实验 5），$0.02mol\cdot L^{-1}$ Zn^{2+} 标准溶液（配制方法见实验 7），胃舒平药片，$6mol\cdot L^{-1}$ HCl 溶液，$3mol\cdot L^{-1}$ HCl 溶液，1∶1 氨水，20% 六亚甲基四胺溶液，1∶2 三乙醇胺溶液，氨性缓冲溶液（pH=10，配制方法见实验 5），NH_4Cl（A. R.），0.2%二甲酚橙指示剂，0.5%铬黑 T 指示剂，甲基红指示剂（0.2%乙醇溶液）。

【实验步骤】

1. 样品前处理

取胃舒平药片 10 片，称其总质量（m_1）后置于研钵内，尽量研细并使其混合均匀，再转入称量瓶中（取多片药片充分研细混匀后再分取部分进行测定，以保证分析结果具有代表性)。准确称取药粉 0.8g（m_2）于 250mL 烧杯中，用几滴水润湿，并在不断搅拌下逐滴加入 1∶1 HCl 溶液 8mL，再加蒸馏水至 40mL，搅拌，加热并煮沸，注意勿使试液溅出损失。静置冷却后，将试液过滤于 250mL 容量瓶中，并用蒸馏水先后洗涤烧杯和滤纸上的沉淀数次（少量多次原则），滤液和洗涤液均收集于容量瓶中（定量转移）。最后用蒸馏水稀释至刻度，摇匀备用。

2. 铝的测定

准确移取试液 10.00mL 于 250mL 锥形瓶中，加 20mL 蒸馏水，再准确加入 20.00mL 0.02mol·L^{-1} EDTA 标准溶液，摇匀。加入 2 滴二甲酚橙指示剂于试液中，溶液应呈黄色。滴加 1：1 氨水溶液至试液恰呈紫红色，再滴加 1∶3 HCl 2 滴，将溶液煮沸 3min，冷却后加入 20%六亚甲基四胺溶液 10mL，再补加二甲酚橙指示剂 2 滴，用锌标准溶液滴定至溶液由黄色变为紫红色，即为终点，平行测定 3 份。根据 EDTA 加入量与 Zn^{2+} 标准溶液的滴定体积，计算每片药片中 $Al(OH)_3$ 的质量分数。

3. 镁的测定

移取试液 20.00mL 于小烧杯中（如消耗滴定剂体积过小，可酌情增加移取体积），滴加 1∶1 氨水至刚好出现沉淀，再滴加 1∶1 HCl 溶液至沉淀恰好溶解，加入 0.8g 固体 NH_4Cl，滴加 20%六亚甲基四胺溶液至沉淀生成，并过量 5mL。加热试液至沸腾 5min 后，趁热过滤，滤液承接入 250mL 锥形瓶中。用 10mL 含 NH_4Cl 的稀溶液分数次洗涤氢氧化铝沉淀，洗涤液一并收集于同一锥形瓶中，再向其中加入 1∶2 三乙醇胺溶液 4mL、pH 10 的氨性缓冲溶液 5mL、甲基红指示剂 1 滴、铬黑 T 指示剂 1～2 滴，用 EDTA 标准溶液滴定试液中的 Mg^{2+}，溶液由暗红色突变为蓝绿色即为终点，平行测定 3 份。计算每片药片中 Mg 的质量分数（以 MgO 表示）。

【数据记录及计算】

1. 铝的测定

项目	1	2	3
m_1(药片)/g			
m_2(药粉)/g			
$V(Zn^{2+}$标准溶液)/mL			
$w[Al(OH)_3]$/%			
$\overline{w}[Al(OH)_3]$/%			
相对平均偏差 $\overline{d}_r$/%			

2. 镁的测定

项目	1	2	3
V(EDTA 标准溶液)/mL			
w(MgO)/%			
$\overline{w}$(MgO)/%			
相对平均偏差 $\overline{d}_r$/%			

【注意事项】

1. 欲使测定结果有良好的代表性，所取药片的数量不能太少，且应研细、混匀。对于一般实验练习，称取量可少一些，也可每人称一片半左右。

2. 当铝离子浓度小于 $10^{-2}mol \cdot L^{-1}$时，pH 4 开始生成沉淀，pH 10～12 沉淀溶解，本实验将酸度控制在 pH 5～6。在调节试液酸度的过程中，如加氨水过多，$Al(OH)_3$ 沉淀会溶解；如加 HCl 溶液过量，滴加六亚甲基四胺溶液时就不会有沉淀生成，均会影响后续 Mg^{2+} 的测定，因此在上述过程中，滴加酸、碱液都要边滴边摇，尽量使溶液均匀。另外，后面用六亚甲基四胺溶液来调节试液酸度要比用氨水好，可以减少氢氧化铝沉淀对 Mg^{2+} 的吸附。

3. 测定 Mg^{2+} 时，加入甲基红指示剂 2 滴，可使终点的颜色变化更为敏锐。

【思考题】

1. 本实验为什么要称取大样后，再分取部分试液进行滴定？与分析结果之间的关系何在？

2. 简述返滴定法测定铝的步骤和条件，并解释其原因。

3. 在分离铝后的滤液中测定镁，为什么要加三乙醇胺？

4. 在测定 Mg^{2+} 之前，为了使 $Al(OH)_3$ 沉淀完全并便于过滤操作，实验中采取了哪些措施？

5. 能否在同一份试液中连续测定镁和铝？

实验 40 水泥熟料中 SiO_2、Fe_2O_3、Al_2O_3、CaO 和 MgO 含量的测定

【实验目的】

1. 了解重量法测定水泥熟料中 SiO_2 含量的原理和方法。

2. 进一步掌握配位滴定法的原理，特别是通过控制试剂的酸碱度、温度及适当的掩蔽剂和指示剂等，在铁离子、铝离子、钙离子、镁离子等共存时直接分离各离子的方法。

3. 掌握水浴加热、沉淀、过滤等操作技术。

4. 掌握尿素均匀沉淀法的分离技术。

【实验原理】

水泥主要由硅酸盐组成，可分成硅酸盐水泥（熟料水泥）、矿渣硅酸盐水泥（矿渣水泥）、火山灰质硅酸盐水泥（火山灰水泥）和粉煤灰硅酸盐水泥（煤灰水泥）几种。水泥熟料是由水泥生料经 1400℃以上高温煅烧而成。硅酸盐水泥由熟料加入适量石膏，其成分均与水泥熟料相似，可按水泥熟料化学分析法进行。熟料水泥、未掺混合材料的硅酸盐水泥、碱性矿渣水泥，可采用酸分解法。不溶性含量较高的熟料水泥、酸性矿渣水泥、火山灰质水泥等酸性氧化物较高的物质，可采用碱熔融法。本实验采用硅酸盐水泥，一般较易为酸所分解。

SiO_2 的测定可采用容量法和重量法。重量法又因使硅酸盐凝聚所用物质的不同分为盐酸干涸法、动物胶法、NH_4Cl 法等。本实验用 NH_4Cl 法，将试样与 7～8 倍固体 NH_4Cl 混

匀后，再加入 HCl 分解试样，经沉淀分离、过滤、洗涤后的 $SiO_2 \cdot nH_2O$ 在瓷坩埚中 950℃灼烧恒重。本法测定结果较标准法约偏高 0.2%。若改用铂坩埚在 1100℃灼烧恒重、经氢氟酸处理后，测定结果与标准法结果误差小于 0.1%，生产上 SiO_2 的快速分析常采用氟硅酸钾容量法。

$$H_2SiO_3 \cdot nH_2O \xrightarrow{110℃} H_2SiO_3 \xrightarrow{950\sim1000℃} SiO_2$$

如果不测定 SiO_2，则试样经 HCl 溶液分解、HNO_3 溶液氧化后，用均匀沉淀法使 $Fe(OH)_3$、$Al(OH)_3$ 与 Ca^{2+}、Mg^{2+} 分离。以磺基水杨酸为指示剂，用 EDTA 配位滴定 Fe^{3+}；以 PAN 为指示剂，用 $CuSO_4$ 标准溶液返滴定法测定 Al^{3+}。含量较高的 Fe^{3+}、Al^{3+} 对 Ca^{2+}、Mg^{2+} 测定有干扰，可用尿素分离 Fe^{3+}、Al^{3+} 后，以 GBHA 或铬黑 T 为指示剂，用 EDTA 配位滴定法测定 Ca^{2+}、Mg^{2+}。若试样中含有 Ti^{4+} 时，用 $CuSO_4$ 回滴法测得的实际上是 Al^{3+}、Ti^{4+} 总量。若要测定 TiO_2 的含量，可加入苦杏仁酸解蔽剂将 TiY 解蔽成 Ti^{4+}，再用 $CuSO_4$ 标准溶液滴定释放的 EDTA。如 Ti^{4+} 含量较低时可用比色法测定。

【仪器与试剂】

1. 指示剂

磺基水杨酸钠指示剂 10% 10g 磺基水杨酸钠溶于 100mL 水中。

PAN 指示剂（0.3%，乙醇溶液）。

铬黑 T（$1g \cdot L^{-1}$）称取 0.1g 铬黑 T 溶于 75mL 三乙醇胺和 25mL 乙醇中。

溴甲酚绿（$1g \cdot L^{-1}$，20%乙醇溶液）。

GBHA（$0.4g \cdot L^{-1}$，乙醇溶液）。

2. 缓冲溶液

氯乙酸-乙酸铵缓冲溶液（pH=2） 850mL $0.1mol \cdot L^{-1}$ 氯乙酸与 85mL $0.1mol \cdot L^{-1}$ NH_4Ac 混匀。

氯乙酸-乙酸钠缓冲溶液（pH=3.5） 250mL $2mol \cdot L^{-1}$ 氯乙酸与 500mL $1mol \cdot L^{-1}$ NaAc 混匀。

NaOH 强碱缓冲溶液（pH=12.6） 10g NaOH 与 10g $Na_2B_4O_7 \cdot 10H_2O$（硼砂）溶于适量蒸馏水后，稀释至 1L。

NH_3-NH_4Cl 缓冲溶液（pH=10） 称取 67g NH_4Cl 固体溶于适量蒸馏水中，加入 520mL 浓氨水，用蒸馏水稀释至 1L。

3. EDTA 标准溶液（$0.02mol \cdot L^{-1}$） 在台秤上称取 4g EDTA，加入 100mL 水溶解后，转移至塑料瓶中，稀释至 500mL，摇匀，待测定。

4. 铜标准溶液（$0.02mol \cdot L^{-1}$） 准确称取 0.3g 纯铜，加入 3mL $6mol \cdot L^{-1}$ HCl 溶液，滴加 2～3mL H_2O_2，盖上表面皿，微沸溶解，继续加热赶去 H_2O_2，冷却后转入 250mL 容量瓶中，用水稀释至刻度，摇匀。

5. 其它试剂

NH_4Cl 固体，1∶1 氨水，盐酸溶液 [$12mol \cdot L^{-1}$（浓）、$6mol \cdot L^{-1}$、$2mol \cdot L^{-1}$]；1% NH_4NO_3 溶液，浓硝酸溶液，NH_4F 溶液（$200g \cdot L^{-1}$），NaOH 溶液（$200g \cdot L^{-1}$），尿素（$500g \cdot L^{-1}$），$AgNO_3$ 溶液（$0.1mol \cdot L^{-1}$），NH_4NO_3 溶液（$10g \cdot L^{-1}$）。

6. 马弗炉、瓷坩埚、干燥器、坩埚钳（长、短）、定性滤纸、中速定量滤纸。

【实验步骤】

1. EDTA溶液的标定

移取10.00mL铜标准溶液于250mL锥形瓶中，加入5mL pH值为3.5的缓冲溶液和35mL水，加热至80℃后，加入4滴PAN指示剂，趁热用待标定的EDTA滴定至由红色变为绿色，即为终点，记下消耗EDTA溶液的体积。平行测定3次。计算EDTA的浓度。

2. SiO_2的测定

准确称取0.4g试样，置于干燥的50mL烧杯中，加入2.5～3g固体NH_4Cl，用玻璃棒混匀，滴加浓HCl溶液至试样全部润湿（一般约2mL），并滴定2～3滴浓HNO_3，搅匀。小心压碎块状物，盖上表面皿，置于沸水浴上，加热10min，加入热蒸馏水约40mL，搅动以溶解可溶性盐类。过滤，用热蒸馏水洗涤烧杯和沉淀，直至滤液中无Cl^-为止（以$AgNO_3$检验），弃去滤液。

将沉淀连同滤纸放入已恒重的瓷坩埚中，低温干燥、炭化并灰化后，于950℃灼烧30min取下，置于干燥器中冷却至室温，称重。再灼烧、称重，直至恒重。计算试样中SiO_2的含量。平行测定三次。

3. Fe_2O_3、Al_2O_3、CaO和MgO含量的测定

（1）试样溶解　准确称取约2g水泥试样于250mL烧杯中，加入8g NH_4Cl，用一端平头的玻璃棒压碎块状物，仔细搅拌20min。加入12mL浓HCl溶液，使试样全部润湿，再滴加4～8滴浓HNO_3，搅匀，盖上表面皿，置于已预热的沙浴上加热20～30min，直至无黑色或灰色的小颗粒为止。取下烧杯，稍冷后加热蒸馏水40mL，搅拌使盐类溶解。冷却后，连同沉淀一起转移到500mL容量瓶中，用水稀释至刻度，摇匀后放置1～2h，使其澄清。然后用洁净、干燥的虹吸管吸取溶液于洁净干燥的400mL烧杯中保存，作为测定Fe、Al、Ca、Mg等元素之用。

（2）Fe_2O_3和Al_2O_3含量的测定　准确移取25mL试液于250mL锥形瓶中，加入10滴10%磺基水杨酸、10mL pH=2的缓冲溶液，将溶液加热至70℃，用EDTA标准溶液缓慢地滴定至溶液由酒红色变为无色（终点时溶液温度应在60℃左右），记下消耗的EDTA溶液的体积。平行滴定3次。计算Fe_2O_3含量：

$$w_{Fe_2O_3}=\frac{0.5\times(cV)_{EDTA}\times M_{Fe_2O_3}}{m_s}$$

其中，m_s为实际滴定的每份试样的质量。

于滴定铁后的溶液中，加入1滴1g·L^{-1}溴甲酚绿，用（1+1）氨水调至黄绿色，然后加入15.00mL过量的EDTA标准溶液，加热煮沸1min，加入10mL pH=3.5的缓冲溶液，4滴PAN指示剂，用铜标准溶液滴至茶红色即为终点。记下消耗的铜标准溶液的体积。平行滴定3份。计算Al_2O_3含量：

$$w_{Al_2O_3}=\frac{0.5\times[(cV)_{EDTA}-(cV)_{CuSO_4}]\times M_{Al_2O_3}}{m_s}$$

（3）CaO、MgO含量的测定　由于Fe^{3+}、Al^{3+}干扰Ca^{2+}、Mg^{2+}的测定，需将它们预先分离。为此，取试液100mL于200mL烧杯中，滴入（1+1）氨水至红棕色沉淀生成时，再滴入2mol·L^{-1} HCl溶液使沉淀刚好溶解。然后加入25mL 500g·L^{-1}尿素溶液，加热约20min，不断搅拌，使Fe^{3+}和Al^{3+}完全沉淀，趁热过滤，滤液用250mL烧杯承接，用1%热NH_4NO_3溶液洗涤沉淀至无Cl^-为止（用$AgNO_3$检验）。滤液冷却后转移至250mL容

量瓶中，稀释至刻度，摇匀。滤液用于测定 Ca^{2+}、Mg^{2+}。

用移液管移取 25.00mL 试液于 250mL 锥形瓶中，加入 2 滴 GBHA 指示剂，滴加 $200g \cdot L^{-1}$ NaOH 使溶液变为微红色后，加入 10mL pH 值为 12.6 的缓冲液和 20mL 水，用 EDTA 标准溶液滴至由红色变为亮黄色，即为终点，记下消耗 EDTA 标准溶液的体积。平行测定 3 次，计算 CaO 的含量。

在测定 CaO 后的溶液中，滴加 $2mol \cdot L^{-1}$ HCl 溶液至溶液黄色褪去，加入 15mL pH＝10 的氨缓冲液、2 滴铬黑 T 指示剂，用 EDTA 标准溶液滴至由红色变为纯蓝色即为终点。记下消耗 EDTA 标准溶液的体积。平行测定 3 次，计算 MgO 的含量。

【思考题】

1. Ca^{2+} 和 Mg^{2+} 共存时，能否用 EDTA 标准溶液控制酸度法滴定 Fe^{3+}？滴定 Fe^{3+} 的介质酸度范围为多大？

2. 为什么 EDTA 滴定 Al^{3+} 时采用返滴定法？

3. EDTA 滴定 Ca^{2+} 和 Mg^{2+} 时，怎样消除 Fe^{3+} 和 Al^{3+} 的干扰？

4. EDTA 滴定 Ca^{2+} 和 Mg^{2+} 时，怎样用 GBHA 指示剂的性质调节溶液 pH 值？

实验 41 化学分析设计实验

【设计实验目的】

1. 提高学生的学习兴趣，鼓励探索精神和创新精神。
2. 培养学生阅读参考资料的能力，以及设计水平和独立完成实验报告的能力。
3. 运用所学知识及有关参考资料写出实验方案设计。
4. 培养学生利用所学知识和原理分析问题、解决问题的能力。
5. 通过实践加深对理论课程的理解，使其掌握基本滴定方法。

【设计实验要求】

要求学生通过选做其中部分实验，达到能灵活地运用所学的基本理论、典型的分析方法和基本操作技能，自行设计实验方案，独立地进行实验，并将结果予以验证。

1. 学生提前一周自选设计方案题目，根据分析目的和要求，适当查阅有关的参考资料，了解试样的大体组成、待测组分的性质和大致含量、干扰组分及大约存在量和对分析结果准确度的要求，选择合适的分析方法，设计实验方案，并提交实验教师审核。

2. 实验教师针对实验方案提出修改意见，学生修改和完善设计实验方案，至实验方案可行后方可进入实验室进行实验。

【设计实验需注意问题】

1. 分析方法的选择

当所选实验题目有几种测定方案时，选择最优方案的方法如下。

(1) 从待测组分的含量来看，测定常量组分，宜采用滴定分析法或重量分析法，在两者均可采用的情况下，通常采用滴定分析法；测定微量组分，多采用分光光度法或其它仪器分析方法。

（2）从待测组分的性质来看，酸碱滴定法适用于酸碱性物质或经过化学反应其产物为酸碱性物质；配位滴定法适用于大部分金属离子；氧化还原滴定法适用于某些具有多种价态的元素。

（3）从试样的组成来看，要考虑共存组分的干扰和消除，如配位滴定法测定石灰石或白云石中的钙、镁含量时，对于共存元素铁、铝的干扰，则需加入掩蔽剂三乙醇胺予以消除。分析结果准确，但费时很长，若准确度要求不高，可采用硅氟酸钾滴定法，该法测定快速、简便。

此外，在各类滴定分析中，还应考虑采用何种滴定方式。如配位滴定法测定铝时，对于简单的试样，采用返滴定方式即可，而对于组成复杂的试样，则需将返滴定与置换滴定方式结合起来进行测定。

2. 试样的初步测定和取样量的确定

如试样中待测组分的大致含量不清楚，需进行初步测定，以确定如何取样和处理。滴定剂的浓度和试样取样量通常要考虑的是：酸碱滴定法和沉淀滴定法中，标准溶液的浓度为 $0.10mol \cdot L^{-1}$；配位滴定法中，EDTA 标准溶液的浓度为 $0.20mol \cdot L^{-1}$；氧化还原滴定法中，$KMnO_4$、$K_2Cr_2O_7$、I_2 和 $Na_2S_2O_3$ 标准溶液的浓度分别为 $0.020mol \cdot L^{-1}$、$0.017mol \cdot L^{-1}$、$0.050mol \cdot L^{-1}$ 和 $0.10mol \cdot L^{-1}$。滴定剂消耗的体积约为 20mL。

3. 实验条件的选择

实验条件如试样的处理，反应的介质、酸度、温度、共存组分的干扰和消除，试剂的用量和指示剂的选择等，在满足对试样测定准确要求的前提下，以简便、经济为最佳方案。

【实验方案的拟定】

1. 分析方法及简要原理　包括反应方程式、滴定剂和指示剂的选择、化学计量点 pH 值的计算、滴定终点的判断和分析结果的计算公式等。

2. 所用仪器和试剂　所需试剂的用量、浓度、配制方法等。

3. 实验步骤　试样的处理和初步测定、标准溶液的配制和标定、条件实验研究、待测组分的测定等。

4. 实验结果　实验原始数据的记录表格，实验结果的计算方法。

5. 实验讨论　注意事项、误差分析等。

6. 参考文献　按所拟定的实验方案认真细致地进行实验，做好实验数据的记录，在实验过程中，发现原实验方案有不完善的地方，应给予改进和完善。实验结束后，按实验的实际做法，根据实验记录进行整理，及时认真地写出实验报告。报告格式与通常的实验报告基本相同，在实验报告中应对所设计的实验方案和实验结果进行评价，并对实验中的现象和问题进行讨论。

【设计实验题目】

（1）Na_2HPO_4-NaH_2PO_4 混合液中各组分浓度的测定

以酚酞（或百里酚酞）为指示剂，用 NaOH 标准溶液滴定 $H_2PO_4^-$ 至 HPO_4^{2-}；以甲基橙或溴酚蓝为指示剂，用 HCl 标准溶液滴定 HPO_4^{2-} 至 $H_2PO_4^-$，可以取两份分别滴定，也可以在同一溶液中连续滴定。

（2）NaOH-Na_3PO_4 混合液中各组分浓度的测定

以百里酚酞为指示剂，用 HCl 标准溶液将 NaOH 滴定至 NaCl、PO_4^{3-} 滴定至 HPO_4^{2-}。以甲基橙为指示剂，用 HCl 标准溶液将 HPO_4^{2-} 滴定至 $H_2PO_4^-$。

（3）NaOH-Na_2CO_3（$NaHCO_3$-Na_2CO_3）混合液中各组分浓度的测定

在混合碱中加酚酞指示剂，用 HCl 标准溶液滴定至无色，消耗 HCl 溶液的体积设为

V_1，再以甲基橙为指示剂，用 HCl 标准溶液滴定至橙色，消耗 HCl 溶液的体积为 V_2，根据 V_1 及 V_2 的大小，可判别混合碱的组成，计算各组分含量。

（4）NH_3-NH_4Cl 混合液中各组分浓度的测定

以甲基红为指示剂，用 HCl 标准溶液滴定 NH_3 至 NH_4^+。用甲醛法将 NH_4^+ 强化后以 NaOH 标准溶液滴定。

（5）HCl-NH_4Cl 混合液中各组分浓度的测定

以甲基红为指示剂，用 NaOH 标准溶液滴定 HCl 溶液至 NaCl。甲醛法强化 NH_4^+，以酚酞为指示剂，用 NaOH 标准溶液滴定。

（6）HCl-H_3BO_3 混合液中各组分浓度的测定与 NH_3-NH_4Cl 体系类同，但 H_3BO_3 的强化要用甘油或甘露醇。

（7）H_3BO_3-$Na_2B_4O_7$ 混合液中各组分浓度的测定以甲基红为指示剂，用 HCl 标准溶液滴定 $Na_2B_4O_7$ 至 H_3BO_3，加入甘油或甘露醇强化 H_3BO_3 后，用 NaOH 滴定，差减法求出原试液中 H_3BO_3 的含量。

（8）H_2SO_4-HCl 混合液中各组分浓度的测定先滴定酸的总量，然后以沉淀滴定法测定其中的 Cl^- 含量，差减法求出 H_2SO_4 的量。

（9）HAc-H_2SO_4 混合液中各组分浓度的测定

首先测定总酸量，然后加入 $BaCl_2$ 将 $BaSO_4$ 沉淀析出，过滤、洗涤后，配位滴定法测定 Ba^{2+} 的量。

（10）硫酸铝中铝和硫的测定

试样用稀盐酸或稀硝酸溶解，用返滴定法测定铝，加过量 Ba^{2+} 后再用 EDTA 返滴定多余的 Ba^{2+}。

（11）Bi^{3+}-Fe^{3+} 混合液中 Bi^{3+} 和 Fe^{3+} 浓度的测定

这两种离子与 EDTA 的配合物的稳定常数差不多，不能通过控制酸度对它们进行分别滴定。可先滴定总量，再用氧化还原掩蔽法掩蔽 Fe^{3+} 后，滴定 Bi^{3+}。

（12）酸雨中硫酸根浓度的测定（EDTA 法）

用过量 Ba^{2+} 沉淀硫酸根，再用 EDTA 返滴定过量的 Ba^{2+}。滴定时可加少量 MgY 使终点变色较灵敏。

（13）Mg^{2+}-EDTA 混合液中各组分浓度的测定

可用 Zn^{2+} 或者 EDTA 标准溶液先滴定溶液中过量的 EDTA 或 Mg^{2+}，再在较高酸度下用 Zn^{2+} 滴定 MgY 的浓度。

（14）合金中 Pb^{2+}、Ni^{2+}、La^{3+} 的测定

Pb^{2+}、Ni^{2+}、La^{3+} 与 EDTA 的配合物的稳定常数相近，需采用合适的试剂（如 CN^-、S^{2-}、F^- 等）掩蔽（或解蔽）后滴定各组分的含量。

实验 42　化学修饰电极电催化氧化测定饮料中的抗坏血酸

【实验目的】

1. 了解化学修饰电极的类型和制备方法。

2. 了解化学修饰电极的基本性能，学习电催化氧化原理。

3. 学习并掌握化学修饰电极测定抗坏血酸的方法和步骤。

【实验原理】

化学修饰电极（chemically modified electrode，CME）是指将具有特异功能的分子有目的地接在导电基体表面导致形成具有某些专一功能的电极。它是 20 世纪 70 年代中期发展起来的交叉于电化学与电分析化学学科的一个新兴领域。CME 的出现突破了以往电化学家所研究的范畴，把注意力由传统电化学中的裸电极/电解质溶液界面的范围转移到电极表面上，开创了从化学状态上人为控制电极表面结构的领域。通过化学的或物理化学的方法对电极表面进行修饰，在电极表面造成某种微结构，赋予电极预定的功能，可以有选择地在这种电极上进行所期望的反应，从而实现电极功能设计。CME 具有电催化、光电转换、能量储存、离子交换、电化学传感器、材料保护、分子识别、掺杂和释放、生物膜模拟等方面的功能。尤其是电分析化学是建立在氧化还原反应的基础上，而自然界许多生命过程又都是与氧化还原反应相关的。因而化学修饰电极在生命科学的研究中，起着越来越重要的作用。

CME 按其修饰剂组成可分为无机物膜 CME 和有机物膜 CME 两大类。无机物膜 CME 包括金属氧化物微粒及嵌入化合物、黏土类化合物、无机杂多酸、欠电位沉积的吸附亚单分子层金属原子以及混合价态类化合物膜 CME；有机物膜 CME 包括吸附或共价键合法制备的有机小分子和配体，以及浸涂和现场聚合的有机导电高分子薄膜 CME。在 CME 领域发展最快的是有机聚合物膜 CME，它已成为 CME 研究的前沿。

电催化作用是化学修饰电极一个最重要的功能，它在伏安分析方面的应用由于降低了底物在电极上反应的过电位，增大了响应信号，同时使可能的干扰和背景减少，从而提高了测定的灵敏度和选择性。这对于那些电活性较差、在电极上电子转移较慢、过电位较大的组分的分析特别有利。

作为化学修饰电极的基底材料主要有碳、玻碳、贵金属及半导体等。不管采用什么方法在对电极进行修饰之前，所用固体电极必须进行表面清洁处理，其目的之一是为了获得一种新鲜的、活性的和重现性好的电极表面状态，有助于后续修饰步骤的进行。另一个重要目的则是为取得溶液中氧化还原体（redox species）在裸电极表面反应的电化学参数，以期与在化学修饰电极上的行为进行比较（如在电催化中促进过电位的降低和反应速率的加快）。

抗坏血酸又名维生素 C，是生命不可缺少的重要物质。抗坏血酸具有烯醇式羟基，所以比乙酸具有更强的酸性。抗坏血酸的特殊性质是具有还原性，这是由于 C2、C3 的烯醇式羟基上的氢易于解离，因而抗坏血酸易被空气和其它氧化剂氧化成脱氢抗坏血酸，光和金属离子（Cu^{2+}、Fe^{2+}）可促进抗坏血酸被氧化破坏。

$$\text{(HO)C=C(OH)-C(=O)-O-CH-CH(OH)-CH_2OH} \underset{+2H}{\overset{-2H}{\rightleftharpoons}} \text{O=C-C(=O)-C(=O)-O-CH-CH(OH)-CH_2OH} \xrightarrow{+H_2O} \text{HO-C(=O)-C(=O)-C(=O)-CH(OH)-CH(OH)-CH_2OH}$$

抗坏血酸的定量测定在生命科学、医药和食品等领域中具有重要的意义。已有的测定方法有碘量法、分光光度法、动态光度法等。但是这些方法有些要求实验条件及操作技术高，有些方法灵敏度低。而电分析化学方法具有操作简便、快速和灵敏度高的特点引起了人们广泛的重视。但是，由于抗坏血酸在裸电极上氧化的过电位很高，直接用裸电极测定将会导致其测定灵敏度低、重现性差。若用化学修饰电极测定，则由于修饰膜的电催化氧化功能，可以使抗坏血酸氧化的过电位大为降低，一般可以使其氧化峰电位负移 150～300mV，而峰电流则增加 1～2 倍，不仅提高了灵敏度，而且还避免了一些干扰因素。因此，化学修饰电极是测定抗坏血酸的有效方法之一。

本实验通过制备并采用三苯甲烷类染料聚合物膜（聚孔雀绿膜或聚茜素红膜）化学修饰电极对抗坏血酸进行电催化氧化，在中性电解质中和一定的扫描速度下，利用循环伏安曲线上抗坏血酸的氧化峰电流和其浓度呈线性关系这一原理，可对抗坏血酸进行定量测定。

【仪器与试剂】

1. CHI620C 电化学分析仪（或其它的循环伏安仪，X-Y 函数记录仪），打印机。

2. 玻碳盘工作电极、铂丝辅助电极和饱和甘汞（或 Ag/AgCl）参比电极组成的三电极系统；金相砂纸、麂皮或抛光绒布、α-Al_2O_3 粉、10cm×10cm 平板玻璃等。

3. 超声波清洗器。

4. 铁氰化钾溶液（$2.0\times10^{-2}mol\cdot L^{-1}$）。

5. 孔雀绿溶液（$3.0\times10^{-4}mol\cdot L^{-1}$）。

6. 抗坏血酸标准溶液（$2.0\times10^{-2}mol\cdot L^{-1}$）。

7. 磷酸盐生理缓冲溶液 PBS　NaCl $8g\cdot L^{-1}$、KCl $0.2g\cdot L^{-1}$、K_2HPO_4 $1.5g\cdot L^{-1}$、KH_2PO_4 $0.2g\cdot L^{-1}$，均为分析纯，pH=7.4。

8. 硫酸溶液（$1mol\cdot L^{-1}$）。

9. K_2HPO_4-KH_2PO_4 缓冲溶液（pH=6，$0.075mol\cdot L^{-1}$）。

10. 硝酸钾溶液（$1.5mol\cdot L^{-1}$）。

11. 硝酸溶液（1∶1）。

12. 无水乙醇。

13. 含抗坏血酸的试样（饮料、药片等）。

实验用水为石英二次蒸馏水或超纯水，所有试剂均为分析纯或优级纯。

【实验步骤】

1. 工作电极的预处理

对于固体电极如玻碳电极，表面处理的第一步是进行机械研磨、抛光至镜面。通常用于抛光电极的材料有金相砂纸和 α-Al_2O_3 粉及其抛光液等。抛光时总是按抛光剂粒度降低的顺序依次进行研磨，如果电极表面不光洁或有其它物质附着，表面须先经金相砂纸粗研和细磨后，再用一定粒度的 α-Al_2O_3 粉在抛光绒布上进行抛光。抛光后先用纯水冲洗电极表面污物，再移入超声波清洗器中依次用 1∶1 HNO_3 溶液、无水乙醇和二次蒸馏水超声清洗，每次 2～3min，最后得到一个平滑光洁的、新鲜的电极表面。

2. 工作电极的电化学活化

打开 CHI620C 电化学分析仪和打印机电源，启动计算机，双击 CHI620C 图标启动电化学分析仪程序。在菜单中依次选择 Setup、Technique、Cyclic Voltammetry、Parameter，输入以下参数并确定：

Init E/V	−1.0	Segment	20 或更大
High E/V	2.0	Smpl Interval/V	0.001
Low E/V	−1.0	Quiet Time/s	2
Scan Rate/$V\cdot s^{-1}$	0.10	Sensitivity/$A\cdot V^{-1}$	1×10^{-5}

将以上表面处理好了的玻碳电极冲洗干净后放入 0.5mol·L^{-1} 硫酸溶液中，点击桌面上扫描快捷键“▶”，于−1.0～+2.0V 电位范围内，以 100mV·s^{-1} 的扫速进行连续循环扫描极化处理，直至循环伏安图稳定为止。取出三电极系统，冲洗并擦净后备用。

3. 聚孔雀绿膜修饰电极（PMGE）的制备

（1）分别移取 0.075mol·L^{-1} K_2HPO_4-KH_2PO_4（pH=6）、1.5mol·L^{-1} $NaNO_3$、3×10^{-4} mol·L^{-1} 孔雀绿溶液各 2.0mL 于 10mL 电解池（小烧杯）中，混匀后得到电极修饰溶液，将以上处理好的玻碳电极以及辅助电极与参比电极一起插入该溶液中。

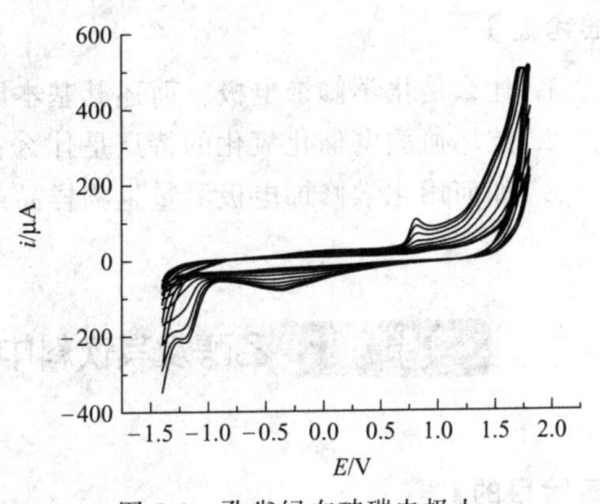

图 5-1　孔雀绿在玻碳电极上聚合时的循环伏安图

（2）按实验步骤 2 中参数的设定方法，修改第二列中的参数依次为−1.4V、1.8V、−1.4V、0.05V，点击“▶”于−1.4～+1.8V 电位区间，以 50mV·s^{-1} 的扫描速度循环扫描进行电化学聚合 10 圈。聚合过程中出现一对极不可逆的氧化还原峰（如图 5-1 所示）。图中峰电流随扫描圈数的增加而迅速增大，说明孔雀绿在电极表面发生了聚合，而且所得聚合物膜为导电膜。这样制得的孔雀绿膜呈半透明状，致密性好，在电极上附着牢固。将制备好的电极取出、冲洗干净后放入超纯水中保存备用。

4. 聚孔雀绿膜修饰电极的电催化性能研究

（1）取 4.0×10^{-3} mol·L^{-1} 抗坏血酸溶液 3.00mL 于 10mL 电解池中，再加入磷酸盐生理缓冲溶液（PBS，pH=7.4）3.00mL 混匀。

（2）按实验步骤 2 中参数的设定方法，修改表中前五项的参数依次为−0.4V、0.6V、−0.4V、0.04V·s^{-1}、2，分别用裸电极和修饰电极测定以上溶液的循环伏安图。完毕后，将两幅图叠加并打印。

5. 抗坏血酸系列标准溶液的配制与测量

（1）利用 2.0×10^{-2} mol·L^{-1} 抗坏血酸标准溶液配制 2.0×10^{-5} mol·L^{-1}、2.0×10^{-4} mol·L^{-1}、8.0×10^{-4} mol·L^{-1}、1.4×10^{-3} mol·L^{-1}、2.0×10^{-3} mol·L^{-1}、4.0×10^{-3} mol·L^{-1}、6.0×10^{-3} mol·L^{-1}、8.0×10^{-3} mol·L^{-1}、1.0×10^{-2} mol·L^{-1} 的抗坏血酸标准溶液系列。

（2）依次从低浓度到高浓度分别移取 3.00mL 抗坏血酸标准系列溶液和 3.00mL 磷酸盐生理缓冲溶液（PBS，pH=7.4），置于 10mL 电解池中，按照实验步骤 4 用修饰电极依次从低浓度到高浓度的顺序进行测量，记录各次测量的峰电流，命名并保存图谱。

6. 试样的处理与测量

市售果汁饮料，其抗坏血酸含量一般都比较高，约在 10^{-3} mol·L^{-1} 数量级。实验时，准确移取三份饮料上清液（必要时要用超纯水稀释）3.00mL 于三个 10mL 电解池中，再分别加入磷酸盐生理缓冲溶液（PBS，pH=7.4）3.00mL 混匀，按实验步骤 5 的方法测量，记录峰电流，命名并保存图谱。

【结果处理】

1. 根据实验步骤 4，讨论抗坏血酸在修饰电极和裸电极上的电化学氧化还原行为，根据抗坏血酸在修饰电极上的峰电流和峰电位讨论电催化效果。

2. 抗坏血酸标准曲线的绘制：根据实验步骤 5 所记录的峰电流值，以抗坏血酸的浓度为横坐标、电流为纵坐标绘制抗坏血酸的标准曲线。

3. 未知样品中抗坏血酸浓度的测定：根据实验步骤 6 所记录的样品测量的峰电流值，由标准曲线可查得稀释后的饮料中抗坏血酸的浓度，求出平均值并乘以稀释倍率即得所测饮料中抗坏血酸的浓度。

【思考题】

1. 什么是化学修饰电极？简述其基本原理和特点。
2. 抗坏血酸电催化氧化的特点是什么？
3. 如何用化学修饰电极测量生物样品或药物中的抗坏血酸？

实验 43 乙醇及其饮料中痕量乙醛的微分脉冲极谱法测定

【实验目的】

学会使用滴汞电极，学习极谱法测定有机化合物的基本原理和方法。

【实验原理】

1. 极谱分析

极谱法基本装置如图 5-2 所示，其实验装置主要有三个部分。第一部分是提供可变外加电压的装置。它是由直流电源、可变电阻和一均匀的滑线电阻组成的，通过改变接触点的位置，可以改变加在两个电极上的电压，一般其变化幅度为 0～2V，这一电压的大小则通过伏特计来指示。第二部分是指示电压改变过程中进行电解时，流经电解池电流变化的装置，是由串联在电路中的检流计和分流器组成的，由检流计来指示电流的变化，其电流的强度为 μA 数量级。第三部分是电解池，它是由两个电极和待测的电解液组成的。由以上的介绍可以看出，极谱分析与电解分析装置的不同在于两个电极。极谱分析使用的两个电极一般都是汞电极，其中一个是面积很小的滴汞电极，另一个是面积很大的甘汞电极，通常是饱和甘汞电极。滴汞电极的结构是，上部为一储汞瓶，其下端以厚壁软塑料管与一支长约 10cm，内径约 0.05mm 的玻璃厚壁毛细管相连接。当储汞瓶中储以适当量汞，并完全注满塑料管和毛细管，因重力作用插入电解液的毛细管下口汞滴自由在电解液中滴落，而构成滴汞电极。滴汞电极是待测物质发生电极反应的一极，由于滴汞面积很小，电解时电流密度很大，很容易发生浓差极化，是极谱分析的工作电极。甘汞电极是通过盐桥与电解液相沟通。由于甘汞电极的面积比滴汞电极大很多，电解时电流密度小，不发生浓差极化，是去极化电极，在一定条件下其电极电位保持

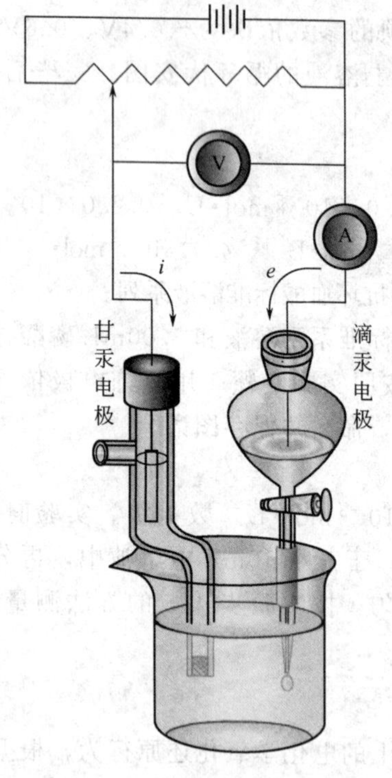

图 5-2 极谱法基本装置示意图

恒定，是参比电极。因此，滴汞电极的电位就完全随着外加电压的改变而变化，使极谱电解过程完全成为控制工作电极电位的电解过程。极谱电解过程中，所测电解液必须处于静止状态，不得搅动。

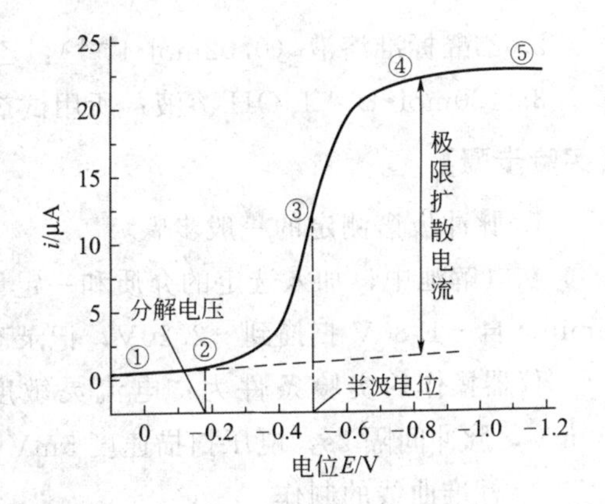

图 5-3 极谱曲线示意图

例如，以极谱法测定某一样品中 Pb 的含量：以滴汞电极为阴极，饱和甘汞电极为阳极进行电解（亦称极谱电解），使外加电压在 0～2V 间逐渐增加，以自动记录的办法绘制电解过程中的极谱波，如图 5-3 所示。图中①～②段，仅有微小的电流流过，这时的电流称为“残余电流”或背景电流。当外加电压到达 Pb^{2+} 的析出电位时，Pb^{2+} 开始在滴汞电极上迅速反应。当外加电压增加到大于 Pb^{2+} 的分解电压后，电解作用开始，Pb^{2+} 在滴汞电极上还原为金属 Pb，并在电极上形成汞齐。与此同时，在甘汞电极上则发生氧化反应，使甘汞电极中的 Hg 氧化为 Hg_2Cl_2。其电极反应分别为：

阴极：　$Pb^{2+} + Hg + 2e^- = Pb(Hg)$（铅汞齐）

阳极：　$2Hg + 2Cl^- = Hg_2Cl_2 + 2e^-$

电解开始后，随着外加电压的继续增大，电流急剧上升，形成极谱波的②～④线段。图中③处电流随电压变化的比值最大，此点对应的电位称为半波电位（极谱定性的依据）。最后当外加电压增加到一定数值时，电流不再增加，达到一个极限值。极谱波出现了一个平台④～⑤线段，此时的电流称为极限电流。极限电流与残余电流之差称为极限扩散电流，也叫波高。波高与电解液中 Pb^{2+} 的浓度成正比，这是极谱定量分析的基础。

极谱曲线形成的条件如下。

（1）待测物质的浓度要小，快速形成浓度梯度。

（2）溶液保持静止，使扩散层厚度稳定，待测物质仅依靠扩散到达电极表面。

（3）电解液中含有较大量的惰性电解质，使待测离子在电场作用力下的迁移运动降至最小。

（4）使用两支不同性能的电极。极化电极的电位随外加电压的变化而变化，保证在电极表面形成浓差极化。

2. 乙醇是重要的有机溶剂，由于醇分子中的羟基易氧化成醛基，故在乙醇中常含有少量的乙醛。以杂质形式存在的乙醛则对乙醇或含乙醇的饮料在质量上有很大的影响。乙醛的测定通常可采用氧化还原滴定法，但灵敏度不够高。乙醛分子结构中的醛基具有电化学活性，用微分脉冲极谱法在 $0.1mol \cdot L^{-1}$ LiOH 介质中测定，乙醛的检出限可达 $5.2 \times 10^{-7} mol \cdot L^{-1}$，能适用于痕量乙醛的测定。溶液中丙酮、乙酸、甲醇等物质对测定没有影响。该方法应用于各种试剂级的乙醇及含乙醇的饮料（大曲、黄酒、葡萄酒等）中微量乙醛的直接测定，方法快速简便。

【仪器与试剂】

1. 脉冲极谱仪；工作电极为滴汞电极，对电极为铂丝电极，参比电极为 Ag/AgCl 电极；氮气。

2. 乙醛标准溶液（0.02mol·L^{-1}）：乙醛溶液浓度的标定方法见附录。

3. 1.0mol·L^{-1} LiOH 溶液；所用试剂均为分析纯级，水为二次蒸馏水。

【实验步骤】

1. 脉冲极谱测定的一般步骤

在电解池中，加入选定的介质和一定量的试液，用水稀释至10.0mL，通入氮气，除氧5min。自－1.80V扫描到－2.20V，记录乙醛的脉冲极谱峰，峰电位为－2.05V。

仪器操作的实验条件为：电流灵敏度 2×10^{-9} A·mV^{-1}，衰减增益1.0，脉冲振幅50mV，脉冲间隔2s，电压扫描速度5mV·s^{-1}。

2. 标准曲线的制作

在8个10mL容量瓶中分别加入 10^{-5} mol·L^{-1}乙醛标准溶液0.1mL、0.5mL、1.0mL、2.0mL、3.0mL、4.0mL、5.0mL、6.0mL，依次加入LiOH溶液1mL，通氮除氧5min后进行极谱测定。

3. 样品的测定

根据情况选择化学纯或分析纯乙醇、医用乙醇、含醇饮料，样品的量根据其峰高处在标准曲线范围内即可。

【结果处理】

1. 制作工作曲线。

2. 由曲线上找到样品中乙醛的含量。

3. 计算样品中乙醛的浓度。

【思考题】

1. 为什么要对待测溶液除氧？一般有几种除氧方法？

2. 为什么在使用滴汞电极时首先要调节滴汞速度？如何控制汞流速度？

3. 使用滴汞电极时要注意哪些问题？

附　肟化法测定羰基化合物的含量

1. 试剂

(1) 0.75mol·L^{-1}氢氧化钠乙醇溶液：称取21g氢氧化钠于21mL水中，振摇使之溶解后，倒入344mL 95%乙醇中，混合均匀。

(2) 羟胺试剂：称取4g盐酸羟胺溶解在8mL去离子水中，在此溶液中加入40mL 0.75mol·L^{-1} NaOH溶液和4mL 4%溴酚蓝指示剂，然后用95%乙醇稀释至100mL。

(3) 4%溴酚蓝指示剂：称取200mg溴酚蓝，溶解于50mL 95%乙醇中。

(4) 0.1mol·L^{-1}盐酸标准溶液：量取9mL浓盐酸溶解在1000mL去离子水中，混合均匀后，用无水碳酸钠作基准物进行标定。

2. 操作步骤

准确量取10.00mL盐酸羟胺试剂于150mL锥形瓶中，准确称取含约1mmol的醛（或酮）类试样于上述锥形瓶中，振摇使之溶解，放置30min。待反应完毕后，用盐酸标准溶液滴定。当反应液的颜色由蓝色刚变为黄色时即为终点。平行测定三份样品并同时做空白试验。终点的颜色应使样品与空白滴定相一致。

实验44 茶叶中咖啡因的高效液相色谱分析

【实验目的】

1. 了解反相色谱的原理和应用。

2. 掌握标准曲线法定量分析的操作方法。

【实验原理】

在高效液相色谱法中，通常将采用极性固定相和非极性洗脱液为流动相的色谱方法称为正相色谱法，将采用极性洗脱液作流动相弱极性或非极性载体作固定相的色谱分析方法称为反相色谱法。由于化学键合相的迅速发展，制造出了各种类型的固定相，使反相色谱法的应用越来越广泛。

利用C_{18}反相液相色谱柱进行分离，以紫外检测器进行检测，可以测定多种有机化合物，如本实验茶叶中咖啡因的测定。咖啡因又称咖啡碱，属黄嘌呤衍生物，化学名称为1,3,7-三甲基黄嘌呤，其分子式为$C_8H_{10}O_2N_4$，可由茶叶或咖啡中提取而得的一种生物碱。它能兴奋大脑皮层，使人精神兴奋。咖啡中含咖啡因约为1.2%～1.8%，茶叶中约含2.0%～4.7%。样品在碱性条件下，用氯仿定量提取，然后采用标准曲线法进行定量测定，即以咖啡因标准系列溶液的色谱峰面积对其浓度做工作曲线，再根据样品中的咖啡因峰面积，由工作曲线算出其浓度。

【仪器与试剂】

1. 液相色谱仪；色谱柱，微量注射器，125mL分液漏斗等。

2. 甲醇（色谱纯）；二次蒸馏水，氯仿（A. R.），lmol·L^{-1} NaOH，NaCl（A. R.），Na_2SO_4（A. R.），咖啡因（A. R.），可口可乐（1.25L瓶装），雀巢咖啡，茶叶。

3. 1000mg·L^{-1}咖啡因标准储备溶液：将咖啡因在110℃下烘干1h，准确称取0.1000g咖啡因，用氯仿溶解，定量转移至100mL容量瓶中，用氯仿稀释至刻度。

【实验步骤】

1. 按操作说明书使色谱仪正常工作，色谱条件如下。

柱温：室温。流动相：甲醇/水＝60∶40。流动相流量：1.0mL·min^{-1}。检测波长：275nm。

2. 咖啡因标准系列溶液的配制：分别用吸量管吸取0.40mg·L^{-1}、0.60mg·L^{-1}、0.80mg·L^{-1}、1.00mg·L^{-1}、1.20mg·L^{-1}、1.40mg·L^{-1}咖啡因标准储备液于六只10mL容量瓶中，用氯仿定容至刻度，浓度分别为40mg·L^{-1}、60mg·L^{-1}、80mg·L^{-1}、100mg·L^{-1}、120mg·L^{-1}、140mg·L^{-1}。

3. 样品处理

（1）将约100mL可口可乐置于一250mL洁净、干燥的烧杯中，剧烈搅拌30min或用超声波脱气5min，以赶尽可乐中的二氧化碳。

（2）准确称取0.25g咖啡，用蒸馏水溶解，定量转移至100mL容量瓶中，定容至刻度，摇匀。

(3) 准确称取 0.30g 茶叶，用 30mL 蒸馏水煮沸 10min，冷却后，将上层清液转移至 100mL 容量瓶中，并按此步骤再重复两次，最后用蒸馏水定容至刻度。

将上述三份样品溶液分别进行干过滤（即用干漏斗、干滤纸过滤），弃去前过滤液，取后面的过滤液。

分别吸取上述三份样品的滤液 25.00mL 于 125mL 分液漏斗中，加入 1.0mL 饱和氯化钠溶液，1mL $1mol \cdot L^{-1}$ NaOH 溶液，然后用 20mL 氯仿分三次萃取（10mL、5mL、5mL）。将氯仿提取液分离后经过装有无水硫酸钠的小漏斗（在小漏斗的颈部放一团脱脂棉，上面铺一层无水硫酸钠）脱水，过滤于 25mL 容量瓶中，最后用少量氯仿多次洗涤无水硫酸钠小漏斗，将洗涤液合并至容量瓶中，定容至刻度。

4. 绘制工作曲线：待液相色谱仪基线平直后，分别注入咖啡因标准系列溶液 $10\mu L$，重复两次，要求两次所得的咖啡因色谱峰面积基本一致，否则，继续进样，直至每次进样色谱峰面积重复，记下峰面积和保留时间。

5. 样品测定：分别注入样品溶液 $10\mu L$，根据保留时间确定样品中咖啡因色谱峰的位置，再重复两次，记下咖啡因色谱峰面积。

6. 实验结束后，按要求关好仪器。

【结果处理】

1. 根据咖啡因标准系列溶液的色谱图，绘制咖啡因峰面积与其浓度的关系曲线。

2. 根据样品中咖啡因色谱峰的峰面积，由工作曲线计算可口可乐、咖啡、茶叶中咖啡因的含量（分别用 $mg \cdot L^{-1}$ 和 $mg \cdot g^{-1}$ 表示）。

【注意事项】

1. 测定咖啡因的传统方法是先经萃取，再用分光光度法测定。由于一些具有紫外吸收的杂质同时被萃取，所以，测定结果具有一定误差。液相色谱法先经色谱柱高效分离后再检测分析，测定结果正确。实际样品成分往往比较复杂，如果不先萃取而直接进样，虽然操作简单，但会影响色谱柱寿命。

2. 不同品牌的茶叶中咖啡因含量不大相同，称取的样品量可酌量增减。

3. 若样品和标准溶液需保存，应置于冰箱中。

4. 为获得良好结果，标准品和样品的进样量要严格保持一致。

【思考题】

1. 用标准曲线法定量的优缺点是什么？

2. 根据结构式，咖啡因能用离子交换色谱法分析吗？为什么？

3. 若标准曲线用咖啡因浓度对峰高作图，能给出准确结果吗？与本实验的标准曲线相比何者优越？为什么？

4. 在样品过滤时，为什么要弃去前过滤液？这样做会不会影响实验结果？为什么？

实验 45 手性药物酮洛芬拆分方法的研究

【实验目的】

1. 学习高效液相色谱分离手性药物的方法。

2. 了解高效液相色谱手性分离的原理。

3. 掌握现代高效液相色谱分离分析仪器的操作及应用。

【实验原理】

酮洛芬是一种 α-芳基丙酸类非甾体抗炎药物，其化学名为 3-苯甲酰-α-甲基苯乙酸。现在市场上销售的是其外消旋体，其中右旋酮洛芬［S-(+)-酮洛芬］和左旋酮洛芬［R-(−)-酮洛芬］各占 50%。临床上主要用于治疗慢性类风湿性关节炎、外伤和术后疼痛等。大量药理研究显示：S-(+)-酮洛芬具有明显较高的临床效果。S-(+)-酮洛芬比 R-(−)-酮洛芬高出 10 倍。以单一对映体 S-(+)-酮洛芬给药不仅可有效降低毒副作用，而且可以提高疗效，所以对酮洛芬的手性分离有着重要的意义。

高效液相色谱法是较常用的分离手性药物的现代仪器方法，手性色谱分离的原理是通过待拆分对映体与手性固定相之间的瞬间可逆相互作用，根据形成瞬间缔合物的难易程度和稳定程度，经过多次质量交换后，达到对映体间的分离。通常手性分离药物后需要计算 *e.e.* 值，*e.e.*（enantionmeric excesses）计算原理如下：当药物合成 R 和 S 两种对映体时，如果得到的不是消旋体，即有一种对映体过量，这时的 *e.e.* 值计算式就为 $e.e.(S)=([S]-[R])/([R]+[S])\times100\%$，［$S$］和［$R$］代表两种对映体色谱分离后的含量或者峰面积。

【仪器与试剂】

1. 仪器　电子天平，容量瓶，各种量程移液器，离心机，手性高效液相色谱柱（Chiral Cel OJ），0.45μm 液相色谱滤膜，高效液相色谱仪（Agilent 1100）。

2. 试剂　正己烷（A. R.），异丙醇（A. R.），冰醋酸（A. R.），酮洛芬（A. R.），去离子高纯水。

【实验步骤】

1. 流动相溶液的配制：按照正己烷/异丙醇/醋酸（9∶1∶0.05，体积比）配制 1L。

2. 配制 1.0μg·mL^{-1}、5.0μg·mL^{-1}、10.0μg·mL^{-1}、20.0μg·mL^{-1} 酮洛芬标准溶液。

3. 设定高效液相色谱分析参数：流动相为正己烷/异丙醇/醋酸（9∶1∶0.05，体积比），流速 1.0mL·min^{-1}，检测波长 254nm，色谱柱温度 25℃；标准溶液及样品溶液经 0.45μm 滤膜过滤后进行液相色谱分离。

【注意事项】

1. 本实验所用到的所有样品容器、玻璃仪器及过滤装置都必须用 0.1mol·L^{-1} HCl 溶液浸泡 2h 并用高纯去离子水润洗两次后烘干。

2. 使用高效液相色谱仪器前应先熟悉仪器操作程序，分析标准品及样品前应用流动相平衡色谱柱 0.5h。

【结果与讨论】

1. 根据标准色谱图确定右旋酮洛芬和左旋酮洛芬的保留时间，作为定性依据并计算分离度。根据不同浓度标准溶液的峰面积和浓度分别做右旋酮洛芬和左旋酮洛芬的标准曲线，作为定量依据。

2. 通过样品色谱图中右旋酮洛芬和左旋酮洛芬的峰面积和各自的标准曲线，计算样品中右旋酮洛芬和左旋酮洛芬的浓度含量。

3. 根据公式 $e.e.(S)=([S]-[R])/([R]+[S])\times100\%$ 计算右旋酮洛芬的 *e.e.* 值。

【思考题】

如何提高手性药物的拆分效果？

实验 46 纤维素型手性固定相的制备及手性分离

【实验目的】

1. 了解手性固定相的制备方法。
2. 学习色谱柱的装填方法，掌握高效液相色谱柱效的测定方法。
3. 了解手性化合物的分离。
4. 掌握傅立叶变换红外光谱仪和元素分析仪表征方法。

【实验原理】

手性药物对映体的拆分是分离、分析领域中的重要研究内容之一。以手性固定相（chiral stationary phase，CSP）为基础的高效液相色谱法因其高效、快速等优点，已成为对映体分离和检测的最佳方法。多糖类 CSP 的制备和应用是近年来色谱手性分离领域的研究热点。本实验以色谱固定相的制备、表征和性能测试为主，用傅立叶变换红外光谱、元素分析和扫描电镜等方法对纤维素衍生物进行表征，用高效液相色谱考查所制备固定相的手性分离性能。本综合实验既包括了有机高分子的合成与表征、色谱固定相的制备，又涵盖液相色谱柱的填充、柱效的测定和用液相色谱法进行手性分离性能的评价，有利于学生综合实验能力的提高和创新能力的培养。所以，本实验可适用于应用化学和制药工程专业的本科生综合实验教学。

【仪器及试剂】

试剂：微晶纤维素、1-萘异氰酸酯、甲苯、丙酮、正己烷、乙醇、甲醇、乙腈和 3-氨丙基三乙氧基硅烷（APTES），均为分析纯；吡啶为分析纯，依次用 KOH 和 CaH_2 回流干燥，重蒸；硅胶（7μm，100nm）购自日本 Daiso 公司；手性药物及中间体的结构见图 5-4。

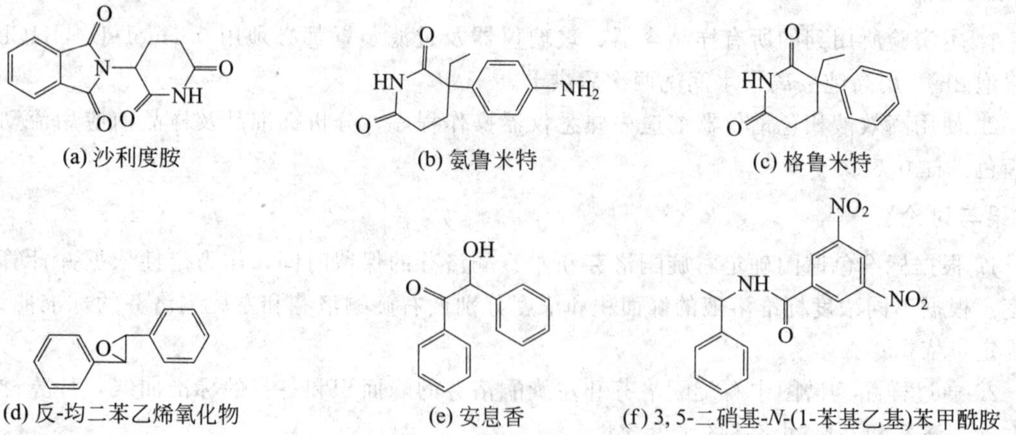

(a) 沙利度胺　(b) 氨鲁米特　(c) 格鲁米特

(d) 反-均二苯乙烯氧化物　(e) 安息香　(f) 3, 5-二硝基-*N*-(1-苯基乙基)苯甲酰胺

图 5-4　手性药物及中间体的结构

仪器：分析天平（万分之一）；不锈钢空色谱柱（250mm×4.6mm）；Nicolet IR 200 型红外光谱仪；Waters 高效液相色谱仪系统［包括 600E 泵，717 自动进样器，996 二极管阵列检测器，Empower Ⅰ色谱工作站］；Alltech 1666 型色谱柱填充泵；Hypersil（250mm×4.6mm）空色谱柱；VarioEL Ⅲ CHNOS 型元素分析仪（配有百万分之一电子天平）。

【实验步骤】

1. 纤维素-三(1-萘基氨基甲酸酯）的制备

称取 2.0g 干燥的微晶纤维素于 250mL 三口烧瓶中，再加入 70mL 干燥的吡啶，于 110℃下搅拌溶胀 12h；加入 13mL 1-萘异氰酸酯后，升温至 120℃反应 24h，反应完毕后冷却至室温；将反应液滴加到 400mL 乙醇中，产生沉淀，减压抽滤；用二甲基甲酰胺溶解所得固状物，将溶液滴入乙醇中，进行重沉淀，如此反复 3 次；最终滤饼用乙醇洗涤数次，先在常压、60℃下干燥 12h，再于常温、真空下干燥 12h，得到纤维素-三(1-萘基氨基甲酸酯)，即纤维素衍生物灰色粉末，计算产率。

2. 纤维素衍生物的涂覆——手性固定相的制备

氨丙基硅胶的制备。称取干燥至恒重的硅胶 10.0g 于 100mL 三口烧瓶中，加入 25mL 甲苯、10mL APTES 和催化量干燥的三乙胺，磁力搅拌，于 95℃下反应 24h，过滤，用丙酮抽提 24h，干燥至恒重，得到氨丙基硅胶。

称取 0.5g 纤维素衍生物溶解在 30mL 的 DMF 中，加入 2.8g 氨丙基硅胶，充分搅拌；在旋转蒸发器上蒸除 DMF 得到 CSP。计算固定相中纤维素衍生物的涂覆量。

3. 纤维素衍生物及固定相的表征

（1）傅立叶变换红外光谱（FTIR）测试。采用 KBr 压片法对实验中得到的纤维素衍生物进行红外光谱扫描，扫描范围为 4000～400cm^{-1}。

（2）元素分析。用元素分析仪在 CHN 模式下对氨丙基硅胶及纤维素衍生物进行元素分析，样品用百万分之一天平称取，取样量约为 3mg，测试前样品需要干燥。

4. 色谱柱的填充及柱效的测定

（1）采用匀浆法装柱：将固定相均匀分散在异丙醇/正己烷（10∶90，体积比）匀浆液中，以正己烷为顶替液，用填充泵将 CSP 在 34～44MPa（5000～6500psi）压力下压入空的不锈钢色谱柱管中。

（2）柱效的测定：以联苯为分析物，以正己烷/异丙醇（90∶10，体积比）为流动相，流速为 1.0$mL \cdot min^{-1}$，柱温为 25℃，二极管阵列检测器（DAD）检测。

（3）固定相分离性能的测定：用乙醇配制手性样品溶液（1.0$g \cdot L^{-1}$），进样前经 0.45μm 滤膜过滤，进样量为 10μL。所有流动相在使用前过滤。流动相的流速均为 1.0$mL \cdot min^{-1}$，柱温为 25℃。测定死时间时，以 1,3,5-三叔丁基苯为分析物，其它参数同柱效测定方法一样。

【结果处理】

1. 纤维素衍生物红外谱图解析

根据纤维素-三(1-萘基氨基甲酸酯）的 FT-IR 谱图，观察谱图上氨基甲酸酯中的 N—H 伸缩振动吸收峰、芳香环和纤维素骨架上 C—H 吸收峰、—CO 特征吸收峰和—NHCO 吸收峰，判断纤维素是否被氨基甲酸酯化。

2. 元素分析

记录对氨丙基硅胶及纤维素衍生物的元素分析结果，分析 C、H 和 N 的实测值和计算值是否相符。结合红外光谱初步判断所合成的产物是否为实验中所需要的目标产物。

3. 柱效的测定和手性识别能力评价

依据柱效测定色谱数据，计算柱效和对称因子，分析影响色谱柱柱效的因素。记录6种手性药物或者药物中间体手性分离结果，并做比较说明。

【思考题】

1. 纤维素衍生物合成过程中，溶剂如何实现干燥？

2. 还有哪些纤维素衍生物可以用作手性分离材料？

3. 哪些材料表征技术可以用于本实验中材料的表征？

实验47 高效液相色谱-串联质谱法测定诺氟沙星含量

【实验目的】

1. 掌握电喷雾电离源的构造和离子化原理。

2. 了解LC-MS的基本构造和工作流程。

3. 掌握LC-MS的定性和定量分析方法。

【实验原理】

诺氟沙星是腹泻时常用的一种喹诺酮类抗生素。喹诺酮类药物以4-喹诺酮结构为结构母核，具有抗菌谱广、抗菌活性强、与其它抗菌药物无交叉耐药性等特点，广泛用于动物和人类的多种感染性疾病的预防和治疗。但是，喹诺酮类药物的过量使用也会对食品安全和社会公共卫生造成威胁。目前，液相色谱-质谱联用技术已被广泛用于喹诺酮类药物残留量的测定。与其它检测方法相比较，LC-MS具有定性、定量准确，检测限低，无需衍生化等优点，通过质谱数据信息，还能够推断被分析物的元素组成和分子结构。

【仪器与试剂】

1. 高效液相色谱-质谱联用仪：ExionLC AC高效液相色谱仪（美国AB Sciex公司），4500Qtrap质谱仪（美国AB Sciex公司），色谱柱Phenomenex Kinetex C_{18} 2.6u（2.1mm×100mm），分析天平，100mL容量瓶，旋涡混匀器，高速离心机，10μL注射器，微量移液器。

2. 诺氟沙星标准品，甲醇（LC-MS级），甲酸（LC-MS级），去离子水。

【实验步骤】

1. 诺氟沙星储备溶液的配制

准确称取10.0mg诺氟沙星标准品，用质谱纯甲醇溶解，定容至100mL，配制成溶液浓度为100μg·mL^{-1}的高浓度储备液。

2. 诺氟沙星标准溶液的配制

将上述标准储备溶液，用甲醇/水/甲酸（50∶50∶0.1，体积比）经逐级稀释，配制成浓度为2.5ng·mL^{-1}、5ng·mL^{-1}、10ng·mL^{-1}、25ng·mL^{-1}、50ng·mL^{-1}、100ng·mL^{-1}的系列标准溶液。

3. HPLC 条件

Phenomenex Kinetex C_{18} 2.6u（2.1mm×100mm）色谱柱，流动相为甲醇/水/甲酸（50：50：0.1，体积比），流速 0.4mL·min^{-1}，柱温为室温，进样量 10μL。

4. 诺氟沙星的质谱分析

离子源设置为电喷雾离子源正离子模式（ESI+），用 200ng·mL^{-1}诺氟沙星标准溶液经注射泵以 10μL·min^{-1}的流速进样。在 m/z 200～400 扫描范围内以正离子模式进行一级质谱图扫描，通过调节去簇电压 DP 为 70V，确定 m/z 319.9 为母离子，m/z 302.0、m/z 276.1 为子离子进行扫描，调节 DP、EXP、CE 参数，使母、子离子都具有一定的强度，一般母离子的强度占 1/4～1/3 为最佳。通过多反应检测（MRM）模式获得数据：选择 m/z 319.9→302.0、m/z 319.9→276.1 作为定性离子对，选择 m/z 319.9→302.0 作为定量离子对。

其它仪器参数设置为：Curtain gas，30psi；Ionspray voltage，5.5kV；Temperature，0℃；Ion Source Gas1，20psi；Ion Source Gas2，0psi；Interface Heater，on；Collision Gas，Medium。

【结果处理】

1. 标准曲线的绘制

将浓度为 2.5ng·mL^{-1}、5ng·mL^{-1}、10ng·mL^{-1}、25ng·mL^{-1}、50ng·mL^{-1}、100ng·mL^{-1}的系列标准溶液，在拟定的质谱条件下测定，每个质量浓度平行 3 份，用于计算标准曲线。标准曲线由诺氟沙星在多反应检测（MRM）模式下选择离子的峰面积对组分浓度经回归处理，得到回归方程式。

2. 未知浓度样品的测定：将样品在拟定的质谱条件下测定，各平行 6 份。计算诺氟沙星平均含量和精密度。

【思考题】

1. 多反应检测（MRM）模式定量分析的优点是什么？
2. 总离子色谱图是怎样得到的？质量色谱图是怎样得到的？
3. 进样量过大或过小会对测试产生什么影响？

实验 48 叶绿素的提取分离及叶绿素金属配合物的合成与鉴定

【实验目的】

植物光合作用是自然界最重要的现象，它是人类所利用能量的主要来源。在光合作用过程中，叶绿素起着重要的作用。高等植物体内的叶绿体色素有叶绿素和类胡萝卜素两类，主要包括叶绿素 a、叶绿素 b、β-胡萝卜素和叶黄素四种。植物叶绿素的提取、分离、表征及含量测定在植物生理学和农业科学研究中具有重要意义。同时，叶绿素和胡萝卜素等天然色素在食品工业和医药工业中也有广泛的用途。

在适宜条件下，叶绿素可与金属离子（如 Zn^{2+}、Mn^{2+}、Cr^{3+}等）配位，形成对应的叶绿素金属配位物。叶绿素金属配位物具有许多独特的性质。系统探讨叶绿素金属配位物的合成及表征，对于研究配位理论、微量元素与人体健康、生物抗氧化以及医药工业均具有重要意义。

本实验旨在通过叶绿素的提取、分离及测定，使学生掌握从天然植物中提取有效成分的实验方法、鉴定技术及测定方法。同时结合叶绿素金属配位物的合成、表征及测定，使学生掌握有机合成路线的设计、合成产品的提纯、鉴定及测定方法。

【实验提示】

查阅相关文献资料，设计可行性实验方案，做到如下八点。

1. 了解叶绿素的化学性质，选择合适的有机溶剂从植物叶片中提取叶绿素。

2. 了解叶绿素的分离方法，选择适宜的分离技术。

3. 根据多种鉴定方法，将分离并纯化的叶绿素进行鉴定，确定其为叶绿素。

4. 选择适宜分析方法，测定所提取的叶绿素的质量，计算提取率。进一步说明所拟定方法的可行性。

5. 了解叶绿素金属配合物（叶绿素锌、叶绿素铬、叶绿素锰等）的化学性质，设计叶绿素金属配合物的合成路线。

6. 了解叶绿素金属配合物的分离方法，选择适宜的分离技术。

7. 根据多种鉴定方法，将分离并纯化的叶绿素金属配合物进行鉴定，确定其为叶绿素金属配合物。

8. 了解叶绿素金属配合物的消解方法，并采用光谱分析法测定其金属元素的含量，进一步确定其为对应的叶绿素金属配合物。

【仪器与试剂】

根据所拟定的实验方案，列出实验中所使用的仪器与试剂。

【文献来源】

掌握利用各种文献资源获取参考资料的途径，可进行网上查询，检索相关文献，参阅有关书籍、期刊、专利等。

实验 49 金属氧化物纳米材料的制备及其在环境污染物处理中的应用

【实验目的】

纳米科技是一门多学科交叉的基础研究和应用开发紧密联系的高新技术，与许多分支学科有关。自 20 世纪 80 年代以来，纳米科技引起了国内外许多研究者的广泛兴趣，取得了许多极具学术价值的成果，国内外许多学者为此作了综述。这些综述主要总结了近 20 年来，有关纳米材料的合成、结构、性质、表征、应用、理论、存在的问题及发展趋势等多方面的进展。

纳米材料被誉为 21 世纪最有前途的材料。纳米材料一般是指尺寸在 1～100nm 之间的粒子，是处在原子簇和宏观物体交界的过渡区域。由于纳米粒子本身的结构和特性决定了纳米固体材料的许多新特性，它所具有的体积效应、表面效应、量子尺寸效应和宏观量子隧道效应使得纳米材料在固体力学、电学、磁学、光学和化学活性等方面具有奇特的性能，因而在许多方面有着广阔的应用前景。

纳米光催化反应在环境污染物处理中的应用是近年来纳米科技的研究热点之一，这项新的污染处理技术具有操作简便、实用范围广、反应条件较温和、无二次污染等优点，能有效地除去许多污染物。因此，系统地研究这项技术，对于保护环境、维持生态平衡、实现可持续发展具有重大意义。

由于表面效应，纳米金属氧化物微粒具有较大的比表面积，因此容易吸附金属离子，从而可分离富集痕量元素，提高分析方法的灵敏度或选择性。同时，由于元素的形态不同，在纳米金属氧化物上的吸附性质会出现差异，根据这种差异，选择不同的操作条件，可有效分离元素的不同形态，从而完成元素的形态分析。

本实验旨在通过金属氧化物纳米材料的制备、表征及性质比较，使学生掌握纳米材料的制备及表征方法；并通过纳米科技在环境污染物处理中的应用，使学生了解纳米光催化反应对环境污染物处理这一前沿研究领域；同时，结合金属氧化物纳米材料的吸附性质，使学生掌握纳米科技在痕量元素的分离富集及形态分析中的研究方法及进展。

【实验提示】

查阅相关文献资料，设计可行性实验方案，做到如下七点。

1. 了解纳米材料的特殊性质，选择合适的方法并优化制备条件，制备几种金属氧化物纳米材料（如纳米 TiO_2、纳米 ZnO、纳米 ZrO_2、纳米 Fe_2O_3 等）。

2. 了解纳米材料的表征方法，将制备的纳米材料进行表征，并比较几种纳米材料的光催化活性、稳定性及吸附性质。

3. 根据文献，设计纳米 TiO_2、纳米 ZnO 光催化降解罗丹明类染料的方法，并优化反应条件。

4. 根据文献，设计研究纳米 TiO_2、纳米 ZnO 光催化降解罗丹明类染料反应机理的方法，并结合文献及实验数据，归纳出上述反应的机理。

5. 根据文献，设计研究纳米 ZrO_2、纳米 Fe_2O_3 吸附处理环境污染物 Cr(Ⅵ)、As^{3+}、As^{5+} 的方法。

6. 根据文献，设计研究纳米 ZrO_2、纳米 Fe_2O_3 吸附痕量钒(Ⅴ)的方法。优化制备条件，并结合痕量钒的分析方法，拟定分析方案，评价实验结果。

7. 根据文献，设计研究纳米 ZrO_2、纳米 Fe_2O_3 吸附痕量 Mn^{2+}、MnO_4^- 的方法。优化制备条件，拟定锰形态分析的方案，评价实验结果。

【仪器与试剂】

根据所拟定的实验方案，列出实验中所使用的仪器与试剂。

【文献来源】

掌握利用各种文献资源获取参考资料的途径。可进行网上查询，检索相关文献，参阅有关书籍、期刊、专利等。

实验 50　紫外-可见分光光度法测定可口可乐中咖啡因含量

【实验目的】

1. 了解紫外-可见分光光度计的结构及特点，掌握其使用方法。

2. 进一步熟悉紫外-可见分光光度法的基本原理及测定饮料中咖啡因含量的方法。

【实验原理】

咖啡因是一种生物碱，化学名为1,3,7-三甲基黄嘌呤，存在于多种植物的叶子、种子和果实中。咖啡因的少量摄入能起到提神、消除疲劳的作用，大量摄入能使呼吸加快、血压升高，过量摄入能引起呕吐等症状。所以饮料中咖啡因的含量有限定。本实验将利用咖啡因在紫外光区有吸收的特点，采用紫外-可见分光光度法测定可乐型饮料中咖啡因的含量，方法简单、快速、易掌握，便于推广应用。

【仪器与试剂】

仪器：UV-2401紫外-可见分光光度计，250mL分液漏斗，100mL和10mL带塞比色管若干。

试剂：无水Na_2SO_4（分析纯），三氯甲烷（分析纯），0.1mol·L^{-1}高锰酸钾溶液，5%亚硫酸钠和5%硫氰酸钾混合溶液（同体积混合），15%磷酸溶液，2.5mol·L^{-1}氢氧化钠溶液，咖啡因标准溶液200μg·mL^{-1}，市售可乐。

【实验步骤】

1. 移取200μg·mL^{-1}的咖啡因标准溶液1.0mL于10mL容量瓶中，用三氯甲烷定容，摇匀，以溶剂为参比，在200～350nm范围内绘制吸收谱图，确定最大吸收波长λ_{max}。

2. 准备8支10mL比色管，分别加入咖啡因标准溶液0.00mL、0.25mL、0.50mL、0.75mL、0.90mL、1.00mL、1.20mL、1.50mL，用三氯甲烷定容、摇匀。在定量测定模式下，以溶剂为参比，测定每份溶液在λ_{max}处的吸光度。

3. 取可口可乐20.0mL，置于250mL分液漏斗中，加入5mL 0.1mol·L^{-1}高锰酸钾溶液，摇匀，静置5min。加入10mL亚硫酸钠和硫氰酸钾混合溶液，摇匀，加入1mL 15%磷酸溶液，摇匀，加入2mL 2.5mol·L^{-1}氢氧化钠溶液，摇匀，加入三氯甲烷50mL，振摇100次，静置分层，收集三氯甲烷。水层再加入40mL三氯甲烷，振摇100次，静置分层。合并二次三氯甲烷萃取液于100mL容量瓶中，并用三氯甲烷稀释定容，摇匀，待用。

4. 取20mL待测样品的三氯甲烷制备液，加入5g无水Na_2SO_4，摇匀，静置。以三氯甲烷为参比溶液，测定λ_{max}处的吸光度。

5. 取20mL待测样品的三氯甲烷制备液，加入5g无水Na_2SO_4，摇匀，静置。以三氯甲烷为参比，测定λ_{max}处的吸光度。

【数据处理】

① 将步骤2. 中各标准样品溶液的浓度及吸光度填在下表中。

编号	1	2	3	4	5	6	7	8
c/μg·mL^{-1}								
吸光度A								

② 绘制A-c标准曲线，根据待测样品在波长λ_{max}处测定吸光度A，在标准曲线上求出所测可乐中咖啡因的含量。

【思考题】

1. 在处理待测样品中所用试剂的作用分别是什么？请阐述之。

2. 以紫外-可见分光光度法进行定量测定时，常用的有哪几种定量方法？适用范围分别是什么？

实验51 改性甘蔗渣的制备及其对重金属离子的吸附性能

【实验目的】

1. 了解采用废弃甘蔗渣制备改性生物吸附剂的方法和原理。

2. 掌握改性生物吸附剂对重金属吸附性能的研究方法。

3. 掌握原子吸收光谱仪、红外光谱仪、电位滴定仪等相关仪器操作。

【实验原理】

随着现代工业的发展，矿冶、机械制造、化工、电子、仪表等过程中产生大量重金属废水，如不经处理将会对环境造成严重污染，并且通过食物链威胁人体健康，重金属废水的治理迫在眉睫。在众多重金属废水处理方法中，生物吸附法因原料来源丰富、处理成本低、不会造成二次污染、易被生物降解等优点而备受关注。

生物吸附法主要是利用生物体本身的化学结构及成分特性，吸附溶于水中的重金属离子，再通过固液两相分离去除水中的重金属离子。近年来，以农作废弃物如甘蔗渣为材料的生物吸附剂被广泛应用于重金属废水处理的研究中。中国、巴西、印度是三大甘蔗渣产出国，年产约5亿吨，而仅在中国就高达2.62亿吨。这些废弃的甘蔗渣会对环境造成二次污染，而传统的焚烧处理不仅浪费资源，还会污染空气，迫切需要开发农作废弃物的综合利用新途径。

甘蔗渣等秸秆主要由纤维素、木质素和半纤维素组成，其表面有丰富的羟基，可通过表面改性的方式提高其对重金属的吸附特性。为此，本实验以废弃甘蔗渣为原料，采用化学接枝法制备均苯四甲酸二酐改性甘蔗渣，同时采用静态吸附法考查改性甘蔗渣对重金属离子Pb^{2+}和Cd^{2+}的吸附容量、吸附速率、吸附平衡时间等吸附性能参数。

【仪器及试剂】

仪器：原子吸收光谱仪，氘灯扣背景，用于测定元素Pb和Cd；傅立叶变换红外光谱仪，用于测定改性前后甘蔗渣表面官能团的变化；电位滴定仪，用于测定改性甘蔗渣表面羧基的含量。国华（HY-5）回旋振荡器，离心机，圆底烧瓶，锥形瓶。

试剂：*N*,*N*-二甲基甲酰胺、均苯四甲酸二酐（PMDA）、硝酸镉、硝酸铅、硝酸等试剂均为分析纯，氢氧化钠为优级纯。

【实验操作】

1. 甘蔗渣的预处理

以废弃的甘蔗渣为材料，用去离子水煮沸1h后，洗涤3～5次，在恒温干燥箱中烘至恒重，粉碎后过筛，取粒径为0.075～0.15mm的甘蔗渣备用。

2. 改性甘蔗渣的制备

准确称取1.0g均苯四甲酸二酐加入40mL *N*,*N*-二甲基甲酰胺中搅拌溶解，然后加入

10.0000g 处理好的甘蔗渣于70℃恒温磁力搅拌并冷凝回流反应4h后抽滤，所得固体粉末先用 $0.0100mol \cdot L^{-1}$ 的 NaOH 溶液碱化，再用去离子水洗涤至中性后真空干燥备用。

3. 改性甘蔗渣的表征

准确称取 0.1g PMDA 改性甘蔗渣用酸洗至中性，然后将其加入 30mL $0.0100mol \cdot L^{-1}$ 的 NaCl 溶液中，向溶液中通氮气 2h，以去除溶于溶液中的二氧化碳等气体，然后采用 NaOH 标准溶液进行滴定，记录滴定过程中溶液酸度的变化，绘制滴定曲线；采用溴化钾压片法测定甘蔗渣改性前后的红外光谱图。

4. 改性甘蔗渣对重金属离子的静态吸附实验

（1）改性甘蔗渣对重金属离子的等温吸附实验

分别称取 0.01g 改性和未改性甘蔗渣加入 40.00mL 不同初始浓度的 Pb^{2+} 和 Cd^{2+} 溶液中（$0 \sim 100mg \cdot L^{-1}$），于室温下振荡器中匀速（$120r \cdot min^{-1}$）振荡，反应 1h 后取出静置，并采用原子吸收光谱仪测定上清液中重金属离子的浓度。

（2）改性甘蔗渣对重金属离子的吸附动力学实验

称取 0.02g 改性、未改性甘蔗渣分别加入 80.00mL 的 Pb^{2+}（$25mg \cdot L^{-1}$）和 Cd^{2+}（$25mg \cdot L^{-1}$）溶液中，于室温下振荡器中匀速（$120r \cdot min^{-1}$）振荡，定时取样，并采用原子吸收光谱仪测定不同吸附时间时上清液中重金属离子的浓度。

（3）酸度对改性甘蔗渣吸附重金属离子的影响实验

称取 0.01g 改性、未改性甘蔗渣分别加入 40.00mL 不同酸度的 Pb^{2+} 和 Cd^{2+} 溶液中（$25mg \cdot L^{-1}$），于室温下振荡器中匀速（$120r \cdot min^{-1}$）振荡，反应 1h 后取出静置，并采用原子吸收光谱仪测定上清液中重金属离子的浓度。

【结果处理】

1. 以 pH 值为纵坐标，NaOH 标准溶液消耗量为横坐标绘制滴定曲线。同时，以 $\Delta pH/\Delta V$ 为纵坐标，NaOH 标准溶液消耗量为横坐标绘制滴定曲线的一阶倒数曲线。再通过下式计算改性甘蔗渣表面活性官能团的含量：

$$\text{活性官能团含量} = \frac{V_{NaOH} c_{NaOH}}{m_{样}}$$

2. 以重金属离子吸附量为纵坐标，以 Pb^{2+}、Cd^{2+} 吸附后浓度为横坐标绘制等温吸附曲线。以重金属离子吸附量为纵坐标，以反应时间为横坐标绘制吸附动力学曲线。Pb^{2+}、Cd^{2+} 吸附量由下式计算可得：

$$q_e = \frac{(c_0 - c_e)V}{m_{样} \times 1000}$$

【思考题】

1. 在改性甘蔗渣的制备过程中需要注意什么？

2. 原子吸收光谱仪所得标准曲线是否可任意延长？样品测定是否一定要在标准曲线范围内？

3. 在使用原子吸收光谱仪测定 Pb^{2+}、Cd^{2+} 时，注意事项有哪些？如何尽可能减小测定误差？

实验52 离子液体键合硅胶制备及对重金属离子的吸附

【实验目的】

1. 掌握离子液体键合硅胶的制备与表征方法。
2. 掌握重金属静态吸附的测试方法。
3. 掌握原子吸收仪的操作，了解元素分析仪的操作方法。

【实验原理】

重金属铬是一种重要的工业原料，它在冶金、电镀、制革、机械制造、涂料、化工和制药等行业有着广泛的应用。它们所产生的"三废"对水环境和土壤安全构成严重的威胁。其中六价铬 Cr(Ⅵ) 是一种持久性毒害污染物，在国际上被列为对人体危害最大的八种化学物质之一。目前，对含铬废水处理方法主要采用吸附法、沉淀法、还原法和离子交换法等，其中吸附法因具有工艺简单、无二次污染等优点而被广泛应用于水体污染的治理。吸附材料主要有活性炭、分子筛、硅胶、生物吸附剂和改性吸附材料，吸附材料改性的目的是为了提高材料的吸附性能和吸附容量。

离子液体是一种新型绿色介质，它具有不挥发、不可燃、导电性强等性质，对许多无机盐和有机物有良好的溶解性。它的溶解和吸附性用于分离、萃取和催化等研究领域。本实验为了提高硅胶的吸附性能和吸附容量，克服离子液体在吸附分离过程中容易损失的缺点，将两种离子液体分别键合到硅胶的表面，考查两种离子液体键合硅胶对 Cr(Ⅵ) 的静态吸附性能。图 5-5 为两种离子液体键合硅胶的合成步骤。

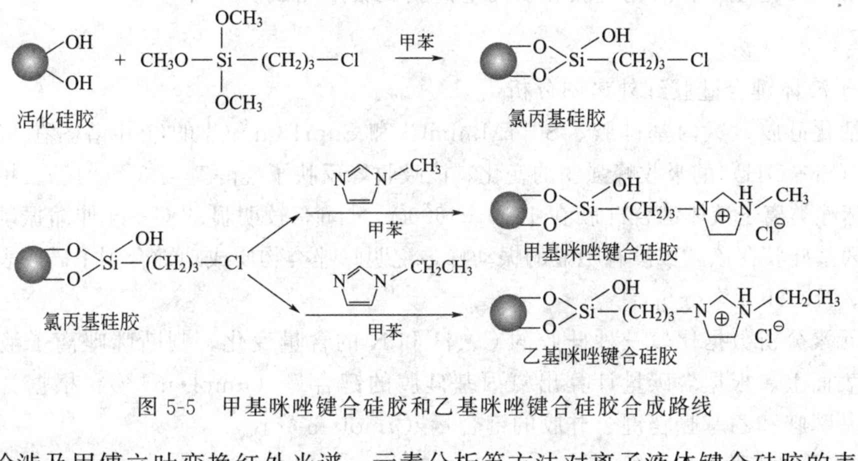

图 5-5 甲基咪唑键合硅胶和乙基咪唑键合硅胶合成路线

本实验涉及用傅立叶变换红外光谱、元素分析等方法对离子液体键合硅胶的表征，用原子吸收光谱考查吸附材料对重金属离子的吸附性能。

【仪器与试剂】

仪器：EL204 分析天平（梅特勒-托利多仪器有限公司），Nicolet 6700 傅立叶变换红外光谱仪（美国 Thermo Electron 公司），VarioEL Ⅲ CHNOS 型元素分析仪（德国 Elementar 公司），SP-3530 原子吸收分光光度计（上海光谱仪器有限公司）。

试剂：硅胶（200～300 目），购自青岛海洋化工有限公司；1-甲基咪唑、1-乙基咪唑和 3-氯丙基三甲氧基硅烷均为分析纯，购自上海阿拉丁生化科技股份有限公司；甲苯，分析纯，使用前重蒸；甲醇、盐酸和重铬酸钾均为分析纯，购自国药集团化学试剂有限公司。

【实验步骤】

1. 离子液体键合硅胶的制备

称取 50.0g 硅胶于锥形瓶中，加入 250mL $5mol \cdot L^{-1}$ 的盐酸慢速搅拌，24h 后用蒸馏水洗涤至中性，于 120℃下干燥得活化硅胶。

向 50mL 无水甲苯中投入称好的 5.0g 活化硅胶，在不断搅拌中加入 5.0mL 3-氯丙基三甲氧基硅烷后回流反应 24h，反应结束后经过滤、甲醇洗涤、真空干燥得到氯丙基硅胶。

称取 5.0g 氯丙基硅胶于圆底烧瓶中，加入 50mL 无水甲苯和 5.0mL 1-甲基咪唑，磁力搅拌回流反应 24h，产物过滤后依次用甲醇、水和甲醇洗去溶剂和未反应完的离子液体，干燥得甲基咪唑键合硅胶（SilprMminCl)。按同样的方法用 1-乙基咪唑制备乙基咪唑键合硅胶（SilprEmimCl)。

2. 离子液体键合硅胶的表征

(1) 傅立叶变换红外（FT-IR）测试　采用 KBr 压片法制备样品，测定波数范围为 $4000 \sim 400cm^{-1}$。

(2) 元素分析　用分析天平准确称取 3mg 左右样品，采用元素分析仪对氯丙基硅胶、甲基咪唑键合硅胶和乙基咪唑键合硅胶进行 C、H、N 分析，测试前样品需要干燥。

3. 离子液体键合硅胶静态吸附重铬酸钾

分别称取 0.1g 甲基咪唑键合硅胶和乙基咪唑键合硅胶，置于 25mL pH 值为 5.6 的 Cr(Ⅵ)溶液（初始浓度为 $200\mu g \cdot mL^{-1}$）中进行静态吸附实验，当达到吸附平衡后，采用火焰原子吸收光谱仪测量上清液中 Cr(Ⅵ) 的含量，并计算吸附量。为了比较吸附性能，在相同条件下用未活化硅胶、活化硅胶和氯丙基硅胶做吸附测试。

【结果处理】

1. 离子液体键合硅胶红外谱图分析

比较活化硅胶、氯丙基硅胶、SilprMmimCl 和 SilprEmimCl 的红外谱图在 $950cm^{-1}$ 附近硅醇基（Si—OH）的吸收峰强弱的变化，该吸收峰反映了硅醇基与 3-氯丙基三甲氧基硅烷的反应。咪唑类离子液体键合硅胶在 $1500 \sim 1600cm^{-1}$ 间有较明显的 C—N 伸缩振动，而活化硅胶、氯丙基硅胶在该区域没有明显的振动峰，说明咪唑类物质成功键合到了硅胶表面。

2. C、N、H 元素分析

通过元素分析数据比较三种硅胶的 C、H 和 N 的含量变化，判断咪唑离子液体是否键合到硅胶表面上。根据含碳量计算出氯丙基硅胶的键合量（$\mu mol \cdot m^{-2}$)；根据含氮量分别计算出甲基咪唑和乙基咪唑键合硅胶的键合量（$\mu mol \cdot m^{-2}$)。

3. 静态吸附实验

通过静态吸附实验计算未活化硅胶、活化硅胶、氯丙基硅烷、SilprMmimCl 和 SilprEmimCl 对 Cr(Ⅵ) 的吸附量（$mg \cdot g^{-1}$)，比较它们的吸附效果。

【注意事项】

1. 离子液体键合硅胶的实验中加料动作应迅速，无水反应对操作要求较高，冷凝管上端需要加塞干燥管，回流反应可通 N_2 保护，降低溶剂吸水率。实验中的无水甲苯溶剂宜现制现用。

2. 使用元素分析仪分析 C、H、N 元素时，样品称量应在较为干燥的室内环境下进行，建议提前开除湿设备。百万分之一天平属于精密仪器，使用前应熟悉量程及操作方法。

3. 火焰原子吸收光谱仪用到易燃气体，使用前严格检漏，实验后按操作程序关机关气源。

实验 53 土壤中重金属形态分析方法研究

【实验目的】

对土壤中不同形态重金属分析方法进行了解，进一步熟悉原子吸收光谱仪的操作。

【实验原理】

土壤重金属污染已经成为全球广泛关注的重要问题。国家环保部门有关调查表明，目前我国多地土壤受到重金属（Cd、Cr、Cu、Ni、Pb、Zn 等）不同程度的污染。重金属在土壤中具有积累性和迁移性，直接或间接地危害生态环境以及人类的健康。土壤中重金属总量包含土壤本身所固有的本底值和外部环境进入的重金属含量。

土壤重金属含量是评价土壤重金属污染程度和土壤重金属生物有效性的前提，但国内外大量的研究结果表明，仅以土壤重金属总量并不能很好地预测评估重金属污染程度和土壤重金属生物有效性。重金属的活动性、生物有效性及毒害性等取决于它们在土壤中的化学形态。对环境可产生潜在危害，或者能被生物吸收利用的仅仅是水溶性和理化性质较活泼的那部分重金属，即与土壤中可交换态极为相近的部分。

为了研究土壤中重金属的化学形态，国内外学者大多采用单独或连续提取法，Kersten 等总结了 1973～1993 年间所用的 25 种不同方法，其中应用最广泛的是 Tessier 5 步提取法（分为可交换态、碳酸盐结合态、铁锰氧化物结合态、有机物结合态及残渣态），然而这些方法存在一些难以克服的缺点：如缺乏统一的标准分析方法，分析结果的可比性差；没有进行质量控制的标准物质，无法进行数据的验证和比对。为克服以上缺点，欧洲共同体标准局（European Community Bureau of Reference）提出了三步提取法（BCR 方法），即将土壤重金属化学形态划分为酸可交换态、可还原态及可氧化态，分别用 HAc、$NH_2OH \cdot HCl$ 及 $H_2O_2 + NH_4Ac$ 进行提取。对在应用该法中出现的重现性不太好等方面加以改进，Rauret 等提出了改进的 BCR 连续提取法。改进 BCR 法已被许多学者应用于预测土壤中重金属的迁移能力。

本实验采用改进 BCR 法对土壤物质进行提取，用 AFS 和 FAAS 法进行测定，对 Cd、Cr、Cu 和 Pb 四种元素进行了定值，可供相关研究者及实验室参考使用。

【仪器及试剂】

仪器：原子吸收光谱仪（上海光谱仪器公司），横向加热，氘灯扣背景，用于测定元素 Cd；国华 HY-5 回旋振荡器，京立 LD4-2A 离心机，全过程采用聚丙烯管。

试剂：盐酸、硝酸、氢氟酸和高氯酸均为优级纯；盐酸羟胺、乙酸、乙酸铵、过氧化氢均为分析纯，超纯水。

【实验步骤】

1. 连续提取过程

按照改进的BCR连续提取法对土壤样品中的重金属进行了分级提取，提取过程如下：准确称取1.000g表层土壤样品置于聚丙烯塑料具塞离心试管中，按以下步骤分级提取。

第一步（可交换态）：称取1.000g样品于100mL聚丙烯离心管中，加入0.11mol·L^{-1} HAc提取液40mL，室温下振荡16h（250r·min^{-1}，保证管内混合物处于悬浮状态），然后，离心分离（4000r·min^{-1}，20min），倾出上层清液于聚乙烯瓶中，保存于4℃冰箱中待测。加入20mL高纯水清洗残余物，振荡20min，离心，弃去清洗液。

第二步（可还原态）：向第一步提取后的残余物中加入0.5mol·L^{-1} NH_2OH·HCl提取液40mL，振荡16h，离心分离。其余操作同第一步。

第三步（可氧化态）：向第二步提取后的残余物中缓慢加入10mL H_2O_2，盖上表面皿，偶尔振荡，室温下消解1h，然后水浴加热到85℃消解1h，去表面皿，升温加热至溶液近干，再加入10mL H_2O_2，重复以上过程。冷却后，加入1mol·L^{-1} NH_4Ac提取液50mL，其余操作同第一步。

2. 混酸消解（残渣态）

将经过第三步提取后的残渣小心转移到50mL聚四氟乙烯烧杯中，然后加入10mL HNO_3、10mL HF和3mL $HClO_4$，加盖后于电热板上低温加热1h，再中温加热1h后开盖除硅，为了达到良好的飞硅效果，应不时摇动坩埚。当加热到冒浓厚白烟时，加盖，以分解黑色有机炭化物。待坩埚壁上的黑色有机物消失后，开盖驱赶$HClO_4$白烟并蒸发至内容物呈黏稠状。视消解情况可再加入3mL HNO_3、3mL HF和1mL $HClO_4$，重复以上消解过程。当白烟再次基本冒尽且内容物坩埚呈黏稠状时，取下稍冷，用水冲洗坩埚盖和内壁，并加入1mL 1∶1 HNO_3溶液低温加热溶解残渣。待消解液冷却后，将其转移至25mL容量瓶中，定容后摇匀待测。

所有样品处理过程均同时带试剂空白、平行样和质控样。

【结果处理】

1. 以吸光度为纵坐标，以加入的不同重金属元素浓度为横坐标，绘制重金属的标准加入法曲线。

2. 将直线外推至与横坐标相交，由交点到原点的距离在横坐标上对应的浓度求出试样中铜的含量。再由下式计算土壤中重金属的含量：

$$w_M=\frac{50\times c_M\times 10^{-6}}{m_{样}}\times 100\%$$

实验54 紫外-可见光谱仪的设计、装配及氧化钬溶液紫外-可见光谱的测定

【实验目的】

1. 了解紫外-可见吸收光谱仪的原理和构成。

2. 掌握紫外-可见吸收光谱仪的装配和调试方法。

3. 掌握紫外-可见光谱仪是否装配成功的验证方法。

【实验原理】

电子的跃迁可以用紫外-可见吸收光谱仪来测量。光谱仪检测到的原始数据是电信号。在检测器未被光饱和前，检测器产生的电信号可以近似地被认为与照在其表面的光强成正比。

紫外-可见光谱仪的光路如图 5-6 所示，以此图为模型，利用光路图各个部件和功能，依据大学物理中的光学知识与分析化学知识，搭建一台紫外-可见吸收光谱仪。

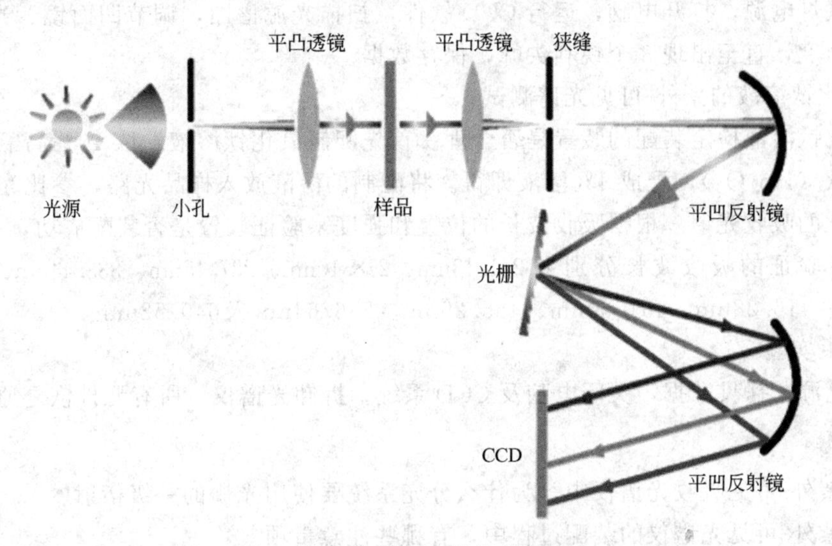

图 5-6 紫外-可见光谱仪的光路图

本实验将依照这个光路图进行仪器结构的分析，并完成一台紫外-可见分光光度计的搭建、紫外-可见光谱的测量以及对实际样品的分析。

【主要仪器与试剂】

仪器：光源，小孔，平凸透镜，样品池，狭缝，凹面镜，光栅，CCD 检测器，光学平台，光学元件架，装有 Windows 操作系统的电脑等。

试剂：10%高氯酸，氧化钬。

【实验步骤】

安全预防：高氯酸是无机强酸，具有强腐蚀性、强刺激性，可致人体灼伤，使用时需做好安全防护。激光直射人体眼睛会对眼睛造成永久性伤害，操作时眼睛勿直视，并佩戴护目镜。实验所使用的的玻璃器件易碎，小心操作并戴上手套防护。

1. 紫外-可见光谱仪的装配

实验所装配的紫外-可见光谱仪的原理如图 5-6 所示，所有部件均安装在光学平台上，保持光路平面与面板高度一致，光路准直，光束通过光学元件的中心部分。

(1) 安装凸透镜、凹面镜与光栅，将光学元件固定在光学平板上，初步定位。光学平板是一种小型的光学平台，所有的光学元件都将通过 U 形底座、支杆套装、镜架组成的支撑套件固定于其上。

(2) 打开光源，确认钨灯和氘灯的位置重合。固定第一个凸透镜，使得透射光成为平行光；固定第二个凸透镜，使光束透过后会聚，焦点正好位于狭缝中心，在两个透镜间固定样品池架。

（3）在狭缝后顺光方向100mm（凹面镜焦距）处固定第一个凹面镜，使反射光与入射光呈小夹角且近似平行光；沿反射光方向取一位置固定光栅，令光照在光栅正中，调节其与入射光夹角找到强一级衍射，在一级衍射方向固定第二个凹面镜，用白纸确定反射光焦点位置，固定CCD，并尽量使CCD接收到250～820nm的全部波谱范围。

（4）装配完成后，遮光，等待测试。

2. 紫外-可见光谱仪的调试

打开氘灯电源，打开电脑，运行CCD软件，扫描光源谱图，调节凹面镜、光栅和CCD的位置与角度，直至出现3个锐利尖峰，保存数据。

3. 氧化钬溶液的紫外-可见光谱测试

用氧化钬溶液检定装配的装置是否合理。首先配制氧化钬溶液：取10%高氯酸为溶剂，加入氧化钬（Ho_2O_3），配成4%溶液即得。将配制的溶液放入样品光路，参比光路为空气，测定氧化钬的吸收光谱。根据吸收波长的位置和强度来验证装置是否装配成功，并进一步优化光路。可验证的吸收波长分别为241.13nm、278.10nm、287.18nm、333.44nm、345.47nm、361.31nm、416.28nm、451.30nm、485.29nm、536.64nm及640.52nm。

4. 结束实验

关闭电源，拷贝数据，关闭电脑及CCD系统，拆卸光谱仪，所有元件恢复原状。

【思考题】

1. 在紫外-可见吸收光谱仪中，为什么分光系统要使用光栅的一级衍射？
2. 在紫外-可见光谱仪的装配过程中，有哪些注意事项？
3. 除了本实验采用的方法外，还有哪些方法可以进行光谱仪的检定？

实验55 激光拉曼光谱仪的设计、装配及乙醇拉曼光谱的测定

【实验目的】

1. 了解激光拉曼光谱仪的原理和构成。
2. 掌握激光拉曼光谱仪的装配和调试方法。
3. 掌握激光拉曼光谱仪是否装配成功的验证方法。

【实验原理】

当频率为ν_I的单色光照射到样品上时，不发生频率改变的弹性散射光称为瑞利散射光，而由物质分子振动、转动及元激发所引起的散射光频率产生几个到几千个波数位移的非弹性散射光则称为拉曼散射光。拉曼散射光本质上反映了分子振动、转动和元激发能级的信息，即它反映基态能级E_0与激发态E_1、E_2……之间的能级差ΔE：

$$E_S=h\nu_S=E_I\pm\Delta E=h(\nu_I\pm\Delta\nu)$$

$$\nu_S=\nu_I\pm\Delta\nu$$

式中，E_I为入射光子能量；E_S为散射光子能量；ν_I为入射光频率；ν_S为散射光频率。

不同物质具有其特征性的 ΔE，根据拉曼散射光的拉曼位移 $\Delta\nu$，就可以判断出被测物质分子所含有的化学键、基团等信息，从而对物质化学组成与分子结构进行有效判断，另外，拉曼散射光谱具有无损、能在线检测等优点，还可对物质微观组成进行显微、成像等方面的测量。

本实验在拉曼光谱的形成原理上搭建激光拉曼光谱仪。光谱仪由四部分构成：光源、样品池、光学系统、检测记录系统，如图 5-7 所示。一般采用激光作为激发光源，经聚焦后入射到样品表面，散射光分别由光学系统进行滤光和分光后收集进入检测器，再由记录系统绘制获得拉曼光谱。其中光学系统为光谱仪的重要部分，也是本实验的重点和难点。因为拉曼散射光在频率上极为靠近瑞利弹性散射光，且比瑞利光微弱得多（约为瑞利散射光的 $10^{-9}\sim10^{-6}$ 倍），所以光路若没有实现高度准直，则无法获取拉曼光谱。

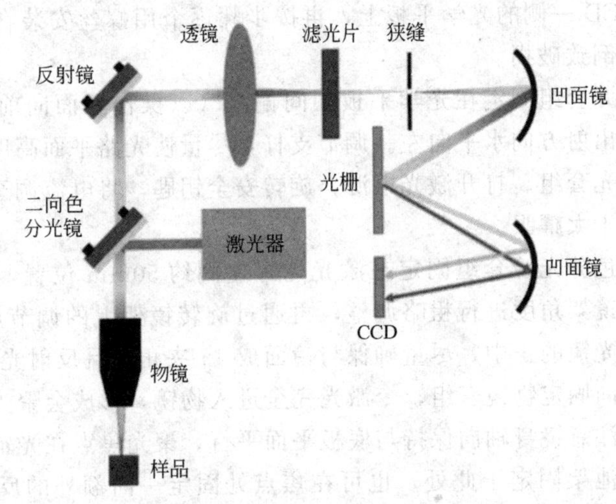

图 5-7　激光拉曼光谱仪的原理

本实验主要使用固体激光器、显微物镜、二向色分光镜、透镜-凹面镜狭缝式共焦单元、光栅以及 CCD 检测器等自主装配激光拉曼光谱仪。拉曼光谱仪初装完毕后用乙醇进行准直和标定，通过采谱软件获得乙醇的 CCD 像素图，精调优化光路，使得像素图的出峰位置、相对峰强等均与标准乙醇的拉曼频移一致，再标定像素点图和频移之间的换算关系，获得最终的乙醇拉曼光谱图。

【主要仪器与试剂】

仪器　532nm 固体激光器，二向色分光镜，10×物镜，样品池，反射镜，凸透镜，光学狭缝，滤波片，两个凹面镜，光栅，CCD 检测器，光学平台，U 形底座，可调节支座，支杆，镜架，遮光板，装有 Windows 7/10 操作系统的电脑等。

试剂　乙醇。

【实验步骤】

安全预防：禁止直接用肉眼对准激光束及其反射光束，严禁佩戴任何有可能反射激光的镜面物品如手表等，禁止将易燃易爆物或低燃点物质暴露于激光下，佩戴相应激光波长的防护眼镜。佩戴防护手套摘取安装镜片，禁止将镜片直接置于玻璃、金属或实验台上，使用吹气球去掉镜片、光栅表面的灰尘，禁止堆叠摆放镜片。

1. 激光拉曼光谱仪的初步装配

激光拉曼光谱仪的基本构造如图 5-7 所示，所有部件均安装在光学平台上，光路平面与光学底板平面保持平行，光路光束均需通过各光学元件的中心（经光栅分光后，光束应打在第二个凹面镜的边缘，使得该凹面镜可以接收到红移方向更宽的光谱。同理，光束也应该打在 CCD 的一端）。

（1）组装实验平台，首先将仪器箱体垂直于水平面的 4 条铝型材用螺丝固定在光学底板上，安装必要的面板使得带有狭缝安装孔的内隔板可以固定，并将狭缝竖直安装在内隔板上。将“狭缝中心高度”（距离光学底板理论值为 105mm，因存在装配偏差，故以操作中的实测值为准）所在水平面视为“工作平面”，并确保激光束以及所有光学元件的中心高度始终处于这一平面。

（2）将各光学元件与其相对应的支撑套件组装在一起，形成套组。可将组装好的套组初步固定在将要安装 CCD 一侧的光学平板上，再按步骤逐个用螺丝安装在最终需要安装的位置，以免光学套组跌倒致破损。

（3）将激光器光源套组固定在光学平板中间偏左（以操作者面向前侧板来划分前后左右）的位置，令激光出射方向水平向左。调节支杆，尽量使光路平面高度与狭缝中心高度一致，拧紧螺丝固定激光套组。打开激光电源，旋转安全钥匙，将电流调至 0.3～0.5A，确保可以看见光束但不至于太耀眼。

（4）将可调二向色分光镜套组固定在激光光源左侧约 50mm 位置，先通过改变二向色分光镜固定螺纹孔与镜架角度进行粗略调整，再通过旋转镜架上的调节旋钮进行精确调整，使激光照在二向色分光镜的正中，尽量确保与镜面成 45°夹角，且反射光平行于桌面。

（5）沿反射光方向固定物镜套组，令激光完全进入物镜，形成会聚光，用一白纸确定焦点位置。物镜安装时注意镜身轴向保持与底板平面平行，聚光焦点在光轴前行方向上的成像面中心位置。将样品池架固定于此处。也可在焦点处固定一面额外的反光镜，令光原路返回，经物镜还原为平行光后穿过二向色分光镜，用纸片沿二向色分光镜之后的透射光光轴来回移动观察光斑大小是否保持不变，如大小仍然变化，则返回检查步骤（3），重复步骤（4）～（5），直至光斑大小不变。为便于后续组装，可暂时不固定样品池架。

（6）沿穿过二向色分光镜的透射光方向固定可调平面镜套组，与二向色分光镜类似，通过调节令透射光照在平面镜的正中，与镜面成 45°夹角，且反射光平行于桌面射向右侧，尽量使光斑中心与狭缝中心重合。

（7）在平面镜与狭缝之间距狭缝中心 100mm（凸透镜理论焦距）处，固定凸透镜套组，令激光从透镜中心垂直穿过，且焦点位置位于狭缝中心。用纸片观察狭缝前与狭缝后的光斑大小是否一致，在狭缝前后两侧各沿着光轴方向远离狭缝时光斑应逐渐增大，若不满足，则重复步骤（6）～（7）。

（8）沿狭缝右侧顺激光方向 150mm（凹面镜理论焦距）处，固定一个不可调凹面镜套组，调节令激光照在凹面镜的正中，与镜面法线成一小的夹角，通过纸片沿光路移动，观测光斑大小不变，使凹面镜反射光平行于桌面且近似于平行光。

（9）沿凹面镜反射光方向于合适位置安装光栅套组，调节令激光照在光栅的正中，反射光平行于桌面射向右侧，反复调节光栅与激光之间的夹角，并用纸片确定分光方向，直至得到较强的一级衍射（为方便观察，可用手机光源作为白光置于凹面镜位置，调节光栅角度直到得到较强的彩虹光斑）。调节使一级衍射光平行于桌面。

（10）在一级衍射光位置固定可调凹面镜套组，如果光栅的分光方向使红移光谱位于靠 USB 接口一侧，则应当令激光照在可调凹面镜靠开合门一侧的边缘，反之亦然。

(11) 调整可调凹面镜套组的角度螺丝，使反射光平行于光学底板，焦斑处于光轴上。确定可调凹面镜反射光焦点位置，放置 CCD 检测器，CCD 与可调凹面镜距离为 150mm (凹面镜理论焦距)。

(12) 反复调节可调凹面镜角度螺丝、CCD 检测器偏转角度，可同时微移 CCD 检测器位置，使焦点聚焦在 CCD 感光面上。

(13) 用 USB 线将 CCD 与电脑连接。将 Edge 滤光片套组固定于平面镜与凸透镜之间 (凸透镜与狭缝之间亦可)，确保激光垂直穿过滤光片中央。

(14) 将样品池（比色皿）放入样品池架，固定样品架。组装好遮光系统其它侧板，盖合上盖板。

2. 激光拉曼光谱仪的准直及乙醇的拉曼光谱测定

(1) 在仪器完全遮光后采集背景噪声数据，并在扣除背景噪声的模式下进行后续测定。

(2) 将乙醇放入样品槽，盖上盖板，打开后侧板的开合门，用遮光布罩住仪器四周，从开合门处重复第 1 部分的步骤 (11)～(12)、第 2 部分步骤 (1)，注意调整光路时确保遮光布遮严手臂及缝隙，防止杂散光过强导致的 CCD 饱和引起的信号溢出，同时结合改变采谱的软件积分时间等，先在像素区可观测范围内获得清晰可见的 7 个峰，再微调优化，使各峰相对强度与乙醇标准谱各峰的相对强度一致。至此光谱仪的准直就完成了。

(3) 对照乙醇特征峰 $884cm^{-1}$、$1063cm^{-1}$、$1097cm^{-1}$、$1455cm^{-1}$、$2876cm^{-1}$、$2927cm^{-1}$、$2973cm^{-1}$七个峰的标准值，将实验所得 CCD 像素点图和标准乙醚拉曼波数值进行转换计算，获得每一像素点所对应的波数对应关系。

(4) 将所得的乙醇像素图转化为拉曼频移图，最终绘制出乙醇的强度-波数拉曼光谱图。至此光谱仪的标定就完成了。

3. 结束实验

关闭电源，拷贝数据，关闭 CCD 系统、采谱软件及电脑，拆卸光谱仪，所有元件恢复原状。

【思考题】

1. 如何设计光路可以扩大拉曼频移的测试范围？

2. 分别指认乙醇的特征峰对应的分子振动模，从分子简谐振动出发解释拉曼频移是由哪两个要素决定的。

附 录

附录一 常用原子量表

国际纯粹与应用化学联合会（IUPAC）2018 年 6 月公布

元素符号	元素中文名称	元素英文名称	常用原子量
H	氢	hydrogen	1.008
He	氦	helium	4.0026
Li	锂	lithium	6.94
Be	铍	beryllium	9.0122
B	硼	boron	10.81
C	碳	carbon	12.011
N	氮	nitrogen	14.007
O	氧	oxygen	15.999
F	氟	fluorine	18.998
Ne	氖	neon	20.18
Na	钠	sodium	22.99
Mg	镁	magnesium	24.305
Al	铝	aluminium	26.982
Si	硅	silicon	28.085
P	磷	phosphorus	30.974
S	硫	sulfur	32.06
Cl	氯	chlorine	35.45
Ar	氩	argon	39.95
K	钾	potassium	39.098
Ca	钙	calcium	40.078(4)
Sc	钪	scandium	44.956
Ti	钛	titanium	47.867
V	钒	vanadium	50.942
Cr	铬	chromium	51.996
Mn	锰	manganese	54.938
Fe	铁	iron	55.845(2)
Co	钴	cobalt	58.933

续表

元素符号	元素中文名称	元素英文名称	常用原子量
Ni	镍	nickel	58.693
Cu	铜	copper	63.546(3)
Zn	锌	zinc	65.38(2)
Ga	镓	gallium	69.723
Ge	锗	germanium	72.630(8)
As	砷	arsenic	74.922
Se	硒	selenium	78.971(8)
Br	溴	bromine	79.904
Kr	氪	krypton	83.798(2)
Rb	铷	rubidium	85.468
Sr	锶	strontium	87.62
Y	钇	yttrium	88.906
Zr	锆	zirconium	91.224(2)
Nb	铌	niobium	92.906
Mo	钼	molybdenum	95.95
Ru	钌	ruthenium	101.07(2)
Rh	铑	rhodium	102.91
Pd	钯	palladium	106.42
Ag	银	silver	107.87
Cd	镉	cadmium	112.41
In	铟	indium	114.82
Sn	锡	tin	118.71
Sb	锑	antimony	121.76
Te	碲	tellurium	127.60(3)
I	碘	iodine	126.9
Xe	氙	xenon	131.29
Cs	铯	caesium	132.91
Ba	钡	barium	137.33
La	镧	lanthanum	138.91
Ce	铈	cerium	140.12
Pr	镨	praseodymium	140.91
Nd	钕	neodymium	144.24
Sm	钐	samarium	150.36(2)
Eu	铕	europium	151.96
Gd	钆	gadolinium	157.25(3)
Tb	铽	terbium	158.93
Dy	镝	dysprosium	162.5

续表

元素符号	元素中文名称	元素英文名称	常用原子量
Ho	钬	holmium	164.93
Er	铒	erbium	167.26
Tm	铥	thulium	168.93
Yb	镱	ytterbium	173.05
Lu	镥	lutetium	174.97
Hf	铪	hafnium	178.49(2)
Ta	钽	tantalum	180.95
W	钨	tungsten	183.84
Re	铼	rhenium	186.21
Os	锇	osmium	190.23(3)
Ir	铱	iridium	192.22
Pt	铂	platinum	195.08
Au	金	gold	196.97
Hg	汞	mercury	200.59
Tl	铊	thallium	204.38
Pb	铅	lead	207.2
Bi	铋	bismuth	208.98
Th	钍	thorium	232.04
Pa	镤	protactinium	231.04
U	铀	uranium	238.03

* 原子量末位数的不确定度加注在其后的括号内。例如：钙的标准原子量 40.078(4)，表明钙的最佳测量结果值为 40.074～40.082。

附录二　常用化合物分子量表

分子式	M_r	分子式	M_r
$AgBr$	187.77	$Ba(OH)_2\cdot 8H_2O$	315.47
$AgCl$	143.32	$BaSO_4$	233.39
AgI	234.77	$CaCO_3$	100.09
$AgNO_3$	169.87	CaC_2O_4	128.10
$AlCl_3$	133.34	$CaCl_2$	110.99
Al_2O_3	101.96	$CaCl_2\cdot 6H_2O$	219.08
As_2O_3	197.84	CaO	56.08
$BaCO_3$	197.34	$Ca(OH)_2$	74.09
$BaCl_2\cdot 2H_2O$	244.26	$Ca_3(PO_4)_2$	310.18
BaO	153.33	$CaSO_4$	136.14

续表

分子式	M_r	分子式	M_r
CO_2	44.01	MgO	40.30
$CuCl_2$	134.45	$Mg(OH)_2$	58.32
CuO	79.55	$Mg_2P_2O_7$	222.55
Cu_2O	143.09	$NaHCO_3$	84.01
$CuSO_4\cdot 5H_2O$	249.69	$Na_2HPO_4\cdot 12H_2O$	358.14
$FeCl_3\cdot 6H_2O$	270.30	$NaNO_2$	69.00
FeO	71.85	Na_2O	61.98
Fe_2O_3	159.69	$NaOH$	40.00
HNO_3	63.01	$NaBr$	102.89
H_2O	18.02	$NaCl$	58.49
H_2O_2	34.01	Na_2CO_3	105.99
H_3PO_4	98.00	$Na_2B_4O_7\cdot 10H_2O$	381.37
H_2SO_4	98.08	$Na_2S_2O_3$	158.11
I_2	253.80	$Na_2S_2O_3\cdot 5H_2O$	248.19
$KAl(SO_4)_2\cdot 12H_2O$	474.39	NH_3	17.03
KBr	119.00	NH_4Cl	53.49
$KBrO_3$	167.00	NH_4OH	35.05
KCl	74.55	$(NH_4)_3PO_4\cdot 12MoO_3$	1876.35
$KClO_4$	138.55	$(NH_4)_2SO_4$	132.14
K_2CO_3	138.21	$PbCrO_4$	323.19
K_2CrO_4	194.19	PbO_2	239.20
$K_2Cr_2O_7$	294.19	$PbSO_4$	303.26
KH_2PO_4	136.09	P_2O_5	141.95
$KHSO_4$	136.17	SiO_2	60.09
KI	166.00	SO_2	64.07
KIO_3	214.00	SO_3	80.06
$KIO_3\cdot HIO_3$	389.91	ZnO	81.39
$KMnO_4$	158.03	$HC_2H_3O_2$(乙酸)	60.05
KNO_2	85.10	$H_2C_2O_4\cdot 2H_2O$(草酸)	126.07
KOH	56.11	$KHC_4H_4O_6$(酒石酸氢钾)	188.18
K_2PtCl_6	486.00	$KHC_8H_4O_4$(邻苯二甲酸氢钾)	204.22
$KSCN$	97.18	$Na_2C_2O_4$(草酸钠)	134.00
$MgCO_3$	84.31	$NaC_7H_5O_2$(苯甲酸钠)	144.11
$MgCl_2$	95.21	$Na_3C_6H_5O_7\cdot 2H_2O$(柠檬酸钠)	294.12
$MgSO_4\cdot 7H_2O$	246.48	$Na_2H_2C_{10}H_{12}O_8N_2\cdot 2H_2O$	372.24
$MgNH_4PO_4\cdot 6H_2O$	245.41	(EDTA二钠二水合物)	

附录三　常用浓酸浓碱的密度、含量和浓度

试剂名称	密度 ρ/g·mL^{-1}	含量/%	浓度 c/mol·L^{-1}
盐酸	1.18～1.19	36～38	11.6～12.4
硝酸	1.39～1.40	65.0～68.0	14.4～15.2
硫酸	1.38～1.84	95～98	17.8～18.4
磷酸	1.69	85	14.6
高氯酸	1.68	70.0～72.0	11.7～12.0
冰醋酸	1.05	99.0(A.R.、C.P.)	17.4
氢氟酸	1.13	40	22.5
氢溴酸	1.49	47.0	8.6
氨水	0.88～0.90	25.0～28.0	13.3～14.8

附录四　常用基准物质的干燥条件和应用

基准物质名称	基准物质分子式	干燥后的组成	干燥条件/℃	标定对象
碳酸氢钠	$NaHCO_3$	Na_2CO_3	270～300	酸
十水合碳酸钠	$Na_2CO_3 \cdot 10H_2O$	Na_2CO_3	270～300	酸
硼砂	$Na_2B_4O_7 \cdot 10H_2O$	$Na_2B_4O_7 \cdot 10H_2O$	放在装有 NaCl 和蔗糖饱和溶液的干燥器中	酸
碳酸氢钾	$KHCO_3$	K_2CO_3	270～300	酸
二水合草酸	$H_2C_2O_4 \cdot 2H_2O$	$H_2C_2O_4 \cdot 2H_2O$	室温,空气干燥	碱或 $KMnO_4$
邻苯二甲酸氢钾	$KHC_8H_4O_4$	$KHC_8H_4O_4$	110～120	碱
重铬酸钾	$K_2Cr_2O_7$	$K_2Cr_2O_7$	140～150	还原剂
溴酸钾	$KBrO_3$	$KBrO_3$	130	还原剂
碘酸钾	KIO_3	KIO_3	130	还原剂
铜	Cu	Cu	室温,干燥器中保存	还原剂
三氧化二砷	As_2O_3	As_2O_3	室温,干燥器中保存	氧化剂
草酸钠	$Na_2C_2O_4$	$Na_2C_2O_4$	130	氧化剂
碳酸钙	$CaCO_3$	$CaCO_3$	110	EDTA
锌	Zn	Zn	室温,干燥器中保存	EDTA
氧化锌	ZnO	ZnO	900～1000	EDTA
氯化钠	NaCl	NaCl	500～600	$AgNO_3$
氯化钾	KCl	KCl	500～600	$AgNO_3$
硝酸银	$AgNO_3$	$AgNO_3$	220～250	氯化物

附录五　常用弱酸及其共轭碱在水中的解离常数（25℃，$I=0$）

名称	分子式	K_a	pK_a
砷酸	H_3AsO_4	$6.3\times10^{-3}(K_{a1})$	2.20
		$1.0\times10^{-7}(K_{a2})$	7.00
		$3.2\times10^{-12}(K_{a3})$	11.50
亚砷酸	$HAsO_2$	6.0×10^{-10}	9.22
硼酸	H_3BO_3	5.8×10^{-10}	9.24
焦硼酸	$H_2B_4O_7$	$1.0\times10^{-4}(K_{a1})$	4
		$1.0\times10^{-9}(K_{a2})$	9
碳酸	$H_2CO_3(CO_2+H_2O)$①	$4.2\times10^{-7}(K_{a1})$	6.38
		$5.6\times10^{-11}(K_{a2})$	10.25
氢氰酸	HCN	6.2×10^{-10}	9.21
铬酸	H_2CrO_4	$1.8\times10^{-1}(K_{a1})$	0.74
		$3.2\times10^{-7}(K_{a2})$	6.50
氢氟酸	HF	6.6×10^{-4}	3.18
亚硝酸	HNO_2	5.1×10^{-4}	3.29
过氧化氢	H_2O_2	1.8×10^{-12}	11.75
磷酸	H_3PO_4	$7.6\times10^{-3}(K_{a1})$	2.12
		$6.3\times10^{-8}(K_{a2})$	7.20
		$4.4\times10^{-13}(K_{a3})$	12.36
焦磷酸	$H_4P_2O_7$	$3.0\times10^{-2}(K_{a1})$	1.52
		$4.4\times10^{-3}(K_{a2})$	2.36
		$2.5\times10^{-7}(K_{a3})$	6.60
		$5.6\times10^{-10}(K_{a4})$	9.25
亚磷酸	H_3PO_3	$5.0\times10^{-2}(K_{a1})$	1.30
		$2.5\times10^{-7}(K_{a2})$	6.60
氢硫酸	H_2S	$1.3\times10^{-7}(K_{a1})$	6.88
硫酸	HSO_4^-	$1.0\times10^{-2}(K_{a2})$	1.99
亚硫酸	$H_2SO_3(SO_2+H_2O)$	$1.3\times10^{-2}(K_{a1})$	1.90
		$6.3\times10^{-8}(K_{a2})$	7.20
偏硅酸	H_2SiO_3	$1.7\times10^{-10}(K_{a1})$	9.77
		$1.6\times10^{-12}(K_{a2})$	11.8
甲酸	$HCOOH$	1.8×10^{-4}	3.74
乙酸	CH_3COOH	1.8×10^{-5}	4.74
一氯乙酸	$CH_2ClCOOH$	1.4×10^{-3}	2.86
二氯乙酸	$CHCl_2COOH$	5.0×10^{-2}	1.30
三氯乙酸	CCl_3COOH	0.23	0.64
氨基乙酸盐	$^+NH_3CH_2COOH$	$4.5\times10^{-3}(K_{a1})$	2.35
	$^+NH_3CH_2COO^-$	$2.5\times10^{-10}(K_{a2})$	9.60
抗坏血酸	$C_6H_8O_6$	$6.76\times10^{-5}(K_{a1})$	4.17
		$2.69\times10^{-12}(K_{a2})$	11.57
乳酸	$CH_3CHOHCOOH$	1.4×10^{-4}	3.86
苯甲酸	C_6H_5COOH	6.2×10^{-5}	4.21
草酸	$H_2C_2O_4$	$5.9\times10^{-2}(K_{a1})$	1.22
		$6.4\times10^{-5}(K_{a2})$	4.19
邻苯二甲酸	COOH COOH	$1.1\times10^{-3}(K_{a1})$	2.95
		$3.9\times10^{-5}(K_{a2})$	5.41

续表

名称	分子式	K_a	pK_a
柠檬酸	CH_2COOH | $C(OH)COOH$ | CH_2COOH	$7.4\times10^{-4}(K_{a1})$ $1.7\times10^{-5}(K_{a2})$ $4.0\times10^{-7}(K_{a3})$	3.13 4.76 6.40
苯酚	C_6H_5OH	1.1×10^{-10}	9.95
乙二胺四乙酸	H_6-$EDTA^{2+}$	$1.3\times10^{-1}(K_{a1})$	0.9
	H_5-$EDTA^{+}$	$3.0\times10^{-2}(K_{a2})$	1.6
	H_4-EDTA	$1.0\times10^{-2}(K_{a3})$	2.0
	H_3-$EDTA^{-}$	$2.1\times10^{-3}(K_{a4})$	2.67
	H_2-$EDTA^{2-}$	$6.9\times10^{-7}(K_{a5})$	6.16
	H-$EDTA^{3-}$	$5.5\times10^{-11}(K_{a6})$	10.26
铵离子	NH_4^+	5.5×10^{-10}	9.26
联氨离子	$^+H_3NNH_3^+$	3.3×10^{-9}	8.48
羟氨离子	$^+NH_3OH$	1.1×10^{-6}	5.96
甲胺离子	$CH_3NH_3^+$	2.4×10^{-11}	10.62
乙胺离子	$C_2H_5NH_3^+$	1.8×10^{-11}	10.75
二甲胺离子	$(CH_3)_2NH_2^+$	8.5×10^{-11}	10.07
二乙胺离子	$(C_2H_5)_2NH_2^+$	7.8×10^{-12}	11.11
乙醇胺离子	$HOCH_2CH_2NH_3^+$	3.2×10^{-10}	9.50
三乙醇胺离子	$(HOCH_2CH_2)_3NH^+$	1.7×10^{-8}	7.76
六亚甲基四胺离子	$(CH_2)_6N_4H^+$	7.1×10^{-6}	5.15
乙二胺离子	$^+H_3NCH_2CH_2NH_3^+$	1.4×10^{-7}	6.85
	$^+H_3NCH_2CH_2NH_2$	1.2×10^{-10}	9.93
吡啶离子	$\overset{+}{N}H$	5.9×10^{-6}	5.23

① 如不计水合 CO_2，H_2CO_3 的 $pK_{a1}=3.76$。

附录六 常用缓冲溶液

缓冲溶液	酸	共轭碱	pK_a
氨基乙酸-HCl	$^+NH_3CH_2COOH$	$^+NH_3CH_2COO^-$	2.35(pK_{a1})
一氯乙酸-NaOH	$CH_2ClCOOH$	CH_2ClCOO^-	2.86
邻苯二甲酸氢钾-HCl	COOH COOH	COO^- COOH	2.95(pK_{a1})
甲酸-NaOH	HCOOH	$HCOO^-$	3.76
HAc-NaAc	HAc	Ac^-	4.74
六亚甲基四胺-HCl	$(CH_2)_6N_4H^+$	$(CH_2)_6N_4$	5.15
NaH_2PO_4-Na_2HPO_4	$H_2PO_4^-$	HPO_4^{2-}	7.20(pK_{a2})
三乙醇胺-HCl	$^+HN(CH_2CH_2OH)_3$	$N(CH_2CH_2OH)_3$	7.76
Tris①-HCl	$^+NH_3C(CH_2OH)_3$	$NH_2C(CH_2OH)_3$	8.21
$Na_2B_4O_7$-HCl	H_3BO_3	$H_2BO_3^-$	9.24(pK_{a1})
$Na_2B_4O_7$-NaOH	H_3BO_3	$H_2BO_3^-$	9.24(pK_{a1})

续表

缓冲溶液	酸	共轭碱	pK_a
NH_3-NH_4Cl	$^+NH_4$	NH_3	9.26
乙醇胺-HCl	$^+NH_3CH_2CH_2OH$	$NH_2CH_2CH_2OH$	9.50
氨基乙酸-NaOH	$^+NH_3CH_2COO^-$	$NH_2CH_2COO^-$	9.60(pK_{a2})
$NaHCO_3$-Na_2CO_3	HCO_3^-	CO_3^{2-}	10.25(pK_{a2})

① 三羟甲基氨基甲烷。

附录七　常用的酸碱指示剂及其变色范围

指示剂	指示剂浓度	变色范围 pH	酸色	碱色	pK_{HIn}
百里酚蓝(第一次变色)	0.1%(20%乙醇溶液)	1.2～2.8	红色	黄色	1.6
甲基黄	0.1%(90%乙醇溶液)	2.9～4.0	红色	黄色	3.3
甲基橙	0.05%水溶液	3.1～4.4	红色	黄色	3.4
溴酚蓝	0.1%(20%乙醇溶液)或指示剂钠盐的水溶液	3.1～4.6	黄色	紫色	4.1
溴甲酚绿	0.1%水溶液,每100mg指示剂加0.05mol·L^{-1} NaOH 2.9mL	3.8～5.4	黄色	蓝色	4.9
甲基红	0.1%(60%乙醇溶液)或指示剂钠盐的水溶液	4.4～6.2	红色	黄色	5.2
溴百里酚蓝	0.1%(20%乙醇溶液)或指示剂钠盐的水溶液	6.0～7.6	黄色	蓝色	7.3
中性红	0.1%(60%乙醇溶液)	6.8～8.0	红色	黄橙色	7.4
酚红	0.1%(60%乙醇溶液)或指示剂钠盐的水溶液	6.7～8.4	黄色	红色	8.0
酚酞	0.1%(90%乙醇溶液)	8.0～9.6	无色	红色	9.1
百里酚蓝(第二次变色)	0.1%(20%乙醇溶液)	8.0～9.6	黄色	蓝色	8.9
百里酚酞	0.1%(90%乙醇溶液)	9.4～10.6	无色	蓝色	10.0

附录八　常用的酸碱混合指示剂及其变色范围

指示剂溶液的组成	变色点pH	酸色	碱色	备注
一份0.1%甲基黄乙醇溶液 一份0.1%亚甲基蓝乙醇溶液	3.25	蓝紫色	绿色	pH 3.4 绿色 pH 3.2 蓝紫色
一份0.1%甲基橙水溶液 一份0.25%靛蓝二磺酸钠水溶液	4.1	紫色	黄绿色	
三份0.1%溴甲酚绿乙醇溶液 一份0.2%甲基红乙醇溶液	5.1	酒红色	绿色	
一份0.1%溴甲酚绿钠盐水溶液 一份0.1%氯酚红钠盐水溶液	6.1	黄绿色	蓝紫色	pH 5.4 蓝紫色,pH 5.8 蓝色,pH 6.0 蓝带紫色,pH 6.2 蓝紫色
一份0.1%中性红乙醇溶液 一份0.1%亚甲基蓝乙醇溶液	7.0	蓝紫色	绿色	pH 7.0 蓝紫色

续表

指示剂溶液的组成	变色点 pH	酸色	碱色	备注
一份 0.1%甲酚红钠盐水溶液 三份 0.1%百里酚蓝钠盐水溶液	8.3	黄色	紫色	pH 8.2 玫瑰色,pH 8.4 清晰的紫色
一份 0.1%百里酚蓝 50%乙醇溶液 三份 0.1%酚酞 50%乙醇溶液	9.0	黄色	紫色	从黄色到绿色再到紫色
二份 0.1%百里酚酞乙醇溶液 一份 0.1%茜素黄乙醇溶液	10.2	黄色	紫色	

附录九　标准电极电位表（18～25℃）

半反应	$E^\ominus$/V
$F_2(g)+2H^++2e^- = 2HF$	3.06
$O_3+2H^++2e^- = O_2+H_2O$	2.07
$S_2O_8^{2-}+2e^- = 2SO_4^{2-}$	2.01
$H_2O_2+2H^++2e^- = 2H_2O$	1.77
$MnO_4^-+4H^++3e^- = MnO_2(s)+2H_2O$	1.695
$PbO_2(s)+SO_4^{2-}+4H^++2e^- = PbSO_4(s)+2H_2O$	1.685
$HClO_2+2H^++2e^- = HClO+H_2O$	1.64
$HClO+H^++e^- = 1/2Cl_2+H_2O$	1.63
$Ce^{4+}+e^- = Ce^{3+}$	1.61
$H_5IO_6+H^++2e^- = IO_3^{2-}+3H_2O$	1.60
$HBrO+H^++e^- = 1/2Br_2+H_2O$	1.59
$BrO_3^-+6H^++5e^- = 1/2Br_2+3H_2O$	1.52
$MnO_4^-+8H^++5e^- = Mn^{2+}+4H_2O$	1.51
$Au(Ⅲ)+3e^- = Au$	1.50
$HClO+H^++2e^- = Cl^-+H_2O$	1.49
$ClO_3^-+6H^++5e^- = 1/2Cl_2+3H_2O$	1.47
$PbO_2(s)+4H^++2e^- = Pb^{2+}+2H_2O$	1.455
$HIO+H^++e^- = 1/2I_2+H_2O$	1.45
$ClO_3^-+6H^++6e^- = Cl^-+3H_2O$	1.45
$BrO_3^-+6H^++6e^- = Br^-+3H_2O$	1.44
$Au(Ⅲ)+2e^- = Au(Ⅰ)$	1.41
$Cl_2(g)+2e^- = 2Cl^-$	1.3595
$ClO_4^-+8H^++7e^- = 1/2Cl_2+4H_2O$	1.34
$Cr_2O_7^{2-}+14H^++6e^- = 2Cr^{3+}+7H_2O$	1.33
$MnO_2(s)+4H^++2e^- = Mn^{2+}+2H_2O$	1.23
$O_2(g)+4H^++4e^- = 2H_2O$	1.229
$IO_3^-+6H^++5e^- = 1/2I_2+3H_2O$	1.20

续表

半反应	$E^{\ominus}$/V
$ClO_4^- + 2H^+ + 2e^- \longrightarrow ClO_3^- + H_2O$	1.19
$Br_2(aq) + 2e^- \longrightarrow 2Br^-$	1.087
$NO_2 + H^+ + e^- \longrightarrow HNO_2$	1.07
$Br_3^- + 2e^- \longrightarrow 3Br^-$	1.05
$HNO_2 + H^+ + e^- \longrightarrow NO(g) + H_2O$	1.00
$VO_2^+ + 2H^+ + e^- \longrightarrow VO^{2+} + H_2O$	1.00
$HIO + H^+ + 2e^- \longrightarrow I^- + H_2O$	0.99
$NO_3^- + 3H^+ + 2e^- \longrightarrow HNO_2 + H_2O$	0.94
$ClO^- + H_2O + 2e^- \longrightarrow Cl^- + 2OH^-$	0.89
$H_2O_2 + 2e^- \longrightarrow 2OH^-$	0.88
$Cu^{2+} + I^- + e^- \longrightarrow CuI(s)$	0.86
$Hg^{2+} + 2e^- \longrightarrow Hg$	0.845
$NO_3^- + 2H^+ + e^- \longrightarrow NO_2 + H_2O$	0.80
$Ag^+ + e^- \longrightarrow Ag$	0.7995
$Hg_2^{2+} + 2e^- \longrightarrow 2Hg$	0.793
$Fe^{3+} + e^- \longrightarrow Fe^{2+}$	0.771
$BrO^- + H_2O + 2e^- \longrightarrow Br^- + 2OH^-$	0.76
$O_2(g) + 2H^+ + 2e^- \longrightarrow H_2O_2$	0.682
$AsO_2^- + 2H_2O + 3e^- \longrightarrow As + 4OH^-$	0.68
$2HgCl_2 + 2e^- \longrightarrow Hg_2Cl_2(s) + 2Cl^-$	0.63
$Hg_2SO_4(s) + 2e^- \longrightarrow 2Hg + SO_4^{2-}$	0.6151
$MnO_4^- + 2H_2O + 3e^- \longrightarrow MnO_2(s) + 4OH^-$	0.588
$MnO_4^- + e^- \longrightarrow MnO_4^{2-}$	0.564
$H_3AsO_4 + 2H^+ + 2e^- \longrightarrow HAsO_2 + 2H_2O$	0.559
$I_3^- + 2e^- \longrightarrow 3I^-$	0.545
$I_2(s) + 2e^- \longrightarrow 2I^-$	0.5345
Mo(Ⅵ)$+e^- \longrightarrow$ Mo(Ⅴ)	0.53
$Cu^+ + 2e^- \longrightarrow Cu$	0.52
$4SO_2(aq) + 4H^+ + 6e^- \longrightarrow S_4O_6^{2-} + 2H_2O$	0.51
$HgCl_4^{2-} + 2e^- \longrightarrow Hg + 4Cl^-$	0.48
$2SO_2(aq) + 2H^+ + 4e^- \longrightarrow S_2O_3^{2-} + H_2O$	0.40
$Fe(CN)_6^{3-} + e^- \longrightarrow Fe(CN)_6^{4-}$	0.36
$Cu^{2+} + 2e^- \longrightarrow Cu$	0.337
$VO^{2+} + 2H^+ + e^- \longrightarrow V^{3+} + H_2O$	0.337
$BiO^+ + 2H^+ + 3e^- \longrightarrow Bi + H_2O$	0.32
$Hg_2Cl_2(s) + 2e^- \longrightarrow 2Hg + 2Cl^-$	0.2676
$HAsO_2 + 3H^+ + 3e^- \longrightarrow As + 2H_2O$	0.248
$AgCl(s) + e^- \longrightarrow Ag + Cl^-$	0.2223
$SbO^+ + 2H^+ + 3e^- \longrightarrow Sb + H_2O$	0.212
$SO_4^{2-} + 4H^+ + 2e^- \longrightarrow SO_2(aq) + H_2O$	0.17

续表

半反应	$E^{\ominus}/V$
$Cu^{2+}+e^- \longrightarrow Cu^+$	0.159
$Sn^{4+}+2e^- \longrightarrow Sn^{2+}$	0.154
$S+2H^++2e^- \longrightarrow H_2S(g)$	0.141
$Hg_2Br_2+2e^- \longrightarrow 2Hg+2Br^-$	0.1395
$TiO^{2+}+2H^++e^- \longrightarrow Ti^{3+}+H_2O$	0.1
$S_4O_6^{2-}+2e^- \longrightarrow 2S_2O_3^{2-}$	0.08
$AgBr(s)+e^- \longrightarrow Ag+Br^-$	0.071
$2H^++2e^- \longrightarrow H_2$	0.000
$O_2+H_2O+2e^- \longrightarrow HO_2^-+OH^-$	−0.067
$TiOCl^++3Cl^-+2H^++e^- \longrightarrow TiCl_4^-+H_2O$	−0.09
$Pb^{2+}+2e^- \longrightarrow Pb$	−0.126
$Sn^{2+}+2e^- \longrightarrow Sn$	−0.136
$AgI(s)+e^- \longrightarrow Ag+I^-$	−0.152
$Ni^{2+}+2e^- \longrightarrow Ni$	−0.246
$H_3PO_4+2H^++2e^- \longrightarrow H_3PO_3+H_2O$	−0.276
$Co^{2+}+2e^- \longrightarrow Co$	−0.277
$Tl^++e^- \longrightarrow Tl$	−0.336
$In^{3+}+3e^- \longrightarrow In$	−0.345
$PbSO_4(s)+2e^- \longrightarrow Pb+SO_4^{2-}$	−0.3553
$SeO_3^{2-}+3H_2O+4e^- \longrightarrow Se+6OH^-$	−0.366
$As+3H^++3e^- \longrightarrow AsH_3$	−0.38
$Se+2H^++2e^- \longrightarrow H_2Se$	−0.40
$Cd^{2+}+2e^- \longrightarrow Cd$	−0.403
$Cr^{3+}+e^- \longrightarrow Cr^{2+}$	−0.41
$Fe^{2+}+2e^- \longrightarrow Fe$	−0.440
$S+2e^- \longrightarrow S^{2-}$	−0.48
$2CO_2+2H^++2e^- \longrightarrow H_2C_2O_4+H_2O$	−0.49
$H_3PO_3+2H^++2e^- \longrightarrow H_3PO_2+H_2O$	−0.50
$Sb+3H^++3e^- \longrightarrow SbH_3$	−0.51
$HPbO_2^-+H_2O+2e^- \longrightarrow Pb+3OH^-$	−0.54
$Ga^{3+}+3e^- \longrightarrow Ga$	−0.56
$TeO_3^{2-}+3H_2O+4e^- \longrightarrow Te+6OH^-$	−0.57
$2SO_3^{2-}+3H_2O+4e^- \longrightarrow S_2O_3^{2-}+6OH^-$	−0.58
$SO_3^{2-}+3H_2O+4e^- \longrightarrow S+6OH^-$	−0.66
$AsO_4^{3-}+2H_2O+2e^- \longrightarrow AsO_2^-+4OH^-$	−0.67
$Ag_2S(s)+2e^- \longrightarrow 2Ag+S^{2-}$	−0.69
$Zn^{2+}+2e^- \longrightarrow Zn$	−0.763

续表

半反应	$E^{\ominus}/V$
$2H_2O+2e^- = H_2+2OH^-$	−0.828
$Cr^{2+}+2e^- = Cr$	−0.91
$HSnO_2^-+H_2O+2e^- = Sn+3OH^-$	−0.91
$Se+2e^- = Se^{2-}$	−0.92
$Sn(OH)_6^{2-}+2e^- = HSnO_2^-+H_2O+3OH^-$	−0.93
$CNO^-+H_2O+2e^- = CN^-+2OH^-$	−0.97
$Mn^{2+}+2e^- = Mn$	−1.182
$ZnO_2^{2-}+2H_2O+2e^- = Zn+4OH^-$	−1.216
$Al^{3+}+3e^- = Al$	−1.66
$H_2AlO_3^-+H_2O+3e^- = Al+4OH^-$	−2.35
$Mg^{2+}+2e^- = Mg$	−2.37
$Na^++e^- = Na$	−2.714
$Ca^{2+}+2e^- = Ca$	−2.87
$Sr^{2+}+2e^- = Sr$	−2.89
$Ba^{2+}+2e^- = Ba$	−2.90
$K^++e^- = K$	−2.925
$Li^++e^- = Li$	−3.042

参考文献

[1] 金谷，姚奇志，江万权，胡祥余，李娇．分析化学实验．合肥：中国科学技术大学出版社，2010.

[2] 武汉大学化学与分子科学学院实验中心．分析化学实验．武汉：武汉大学出版社，2003.

[3] 杭州大学化学系分析化学教研室．分析化学手册（第一分册）．第2版．北京：化学工业出版社，1997.

[4] 北京大学化学与分子工程学院实验室安全技术教学组．化学实验室安全知识教程．北京：北京大学出版社，2012.

[5] 单伟一，孙鹏，于立娟，李广义．浅谈实验室用水制备技术．山东化工，2018，47（13）：58-59.

[6] 周方．浅谈移液器在实验室中的使用技巧和注意事项．仪器仪表标准化与计量，2018（02）：38-39.

[7] 张淑华．现代生物仪器设备分析技术．北京：北京理工大学出版社，2017.

[8] 程环，李咏雪．常用医学实验仪器设备质量控制检测技术．北京：中国质检出版社，2016.

[9] 张国平．基础化学实验．北京：化学工业出版社，2019.

[10] 李兆陇，阴金香，林天舒．有机化学实验．北京：清华大学出版社，2001.

[11] 兰州大学，复旦大学．有机化学实验．北京：高等教育出版社，1994.

[12] 谢晶曦．红外光谱在有机化学和药物化学中的应用．北京：科学出版社，1987.

[13] 朱明华．仪器分析．北京：高等教育出版社，2000.

[14] 赵文宽，张悟铭，王长发，周性尧．仪器分析实验．北京：高等教育出版社，1997.

[15] 北京大学化学系分析化学教学组．基础分析化学实验．第2版．北京：北京大学出版社，1998.

[16] 张剑荣，戚苓，方惠群．仪器分析实验．北京：科学出版社，2002.

[17] 田丹碧．仪器分析．北京：化学工业出版社，2004.

[18] 武汉大学化学与分子科学学院实验中心．仪器分析实验．武汉：武汉大学出版社，2005.

[19] 汪乃兴，谌英武等．咖啡碱的微分脉冲伏安行为及其在药物制剂中的测定．药物分析杂志，1991，11（2）：85.

[20] 穆华荣．仪器分析实验．第2版．北京：化学工业出版社，2004.

[21] 徐家宁．基础化学实验：下册，物理化学和仪器分析实验．北京：高等教育出版社，2006.

[22] 陈培榕．现代仪器分析实验与技术．北京：高等教育出版社，1999.

[23] 武汉大学化学系．仪器分析．北京：高等教育出版社，2001.

[24] 张剑荣．仪器分析实验．北京：高等教育出版社，1999.

[25] 首都师范大学《仪器分析实验》教材编写组编．仪器分析实验．北京：科学出版社，2016.

[26] 张济新，孙海霖，朱明华．仪器分析实验．北京：高等教育出版社，1994.

[27] GB/T 19681—2005. 食品中苏丹红染料的检测方法高效液相色谱法.

[28] 李兆陇，阴金香，林天舒．有机化学实验．北京：清华大学出版社，2001.

[29] 谢晶曦．红外光谱在有机化学和药物化学中的应用．北京：科学出版社，1987.

[30] 华中师范大学，东北师范大学等编．分析化学实验．第4版．北京：高等教育出版社，2015.

[31] 武汉大学．分析化学实验：上册．第5版．北京：高等教育出版社，2011.

[32] 叶明德．综合化学实验．杭州：浙江大学出版社，2011.

[33] 陈伟，柏正武．纤维素型手性固定相制备及手性分离综合实验设计．实验技术与管理，2017，34（05）：44-47.

[34] 中国科学技术大学化学与材料科学学院实验中心．仪器分析实验．合肥：中国科学技术大学出版社，2011.

[35] 张宗培．仪器分析实验．河南：郑州大学出版社，2009.

[36] 柏松．农林废弃物在重金属废水吸附处理中的研究进展．环境科学与技术，2014（37）：94-98.

[37] 余军霞，池汝安，徐源来，张越非．改性甘蔗渣的制备及其对重金属离子的吸附性能综合化学实验．实验技术与管理，2015，32（11）：39-42.

[38] 唐胜君，张志伟．微型光纤光谱仪在紫外-可见吸收测量中的应用．现代科学仪器，2007，4：121-122.

[39] 孙增强，姚志湘，粟晖，武文强．一种葡萄糖发酵液中乙醇含量的拉曼光谱分析方法．光散射学报，2015，27：179-183.

[40] 万其进．碱式滴定管的清洗方法．理化检验（化学分册），1994，（03）：143.